凸包データを重ね合わせた結果（図 1-16）

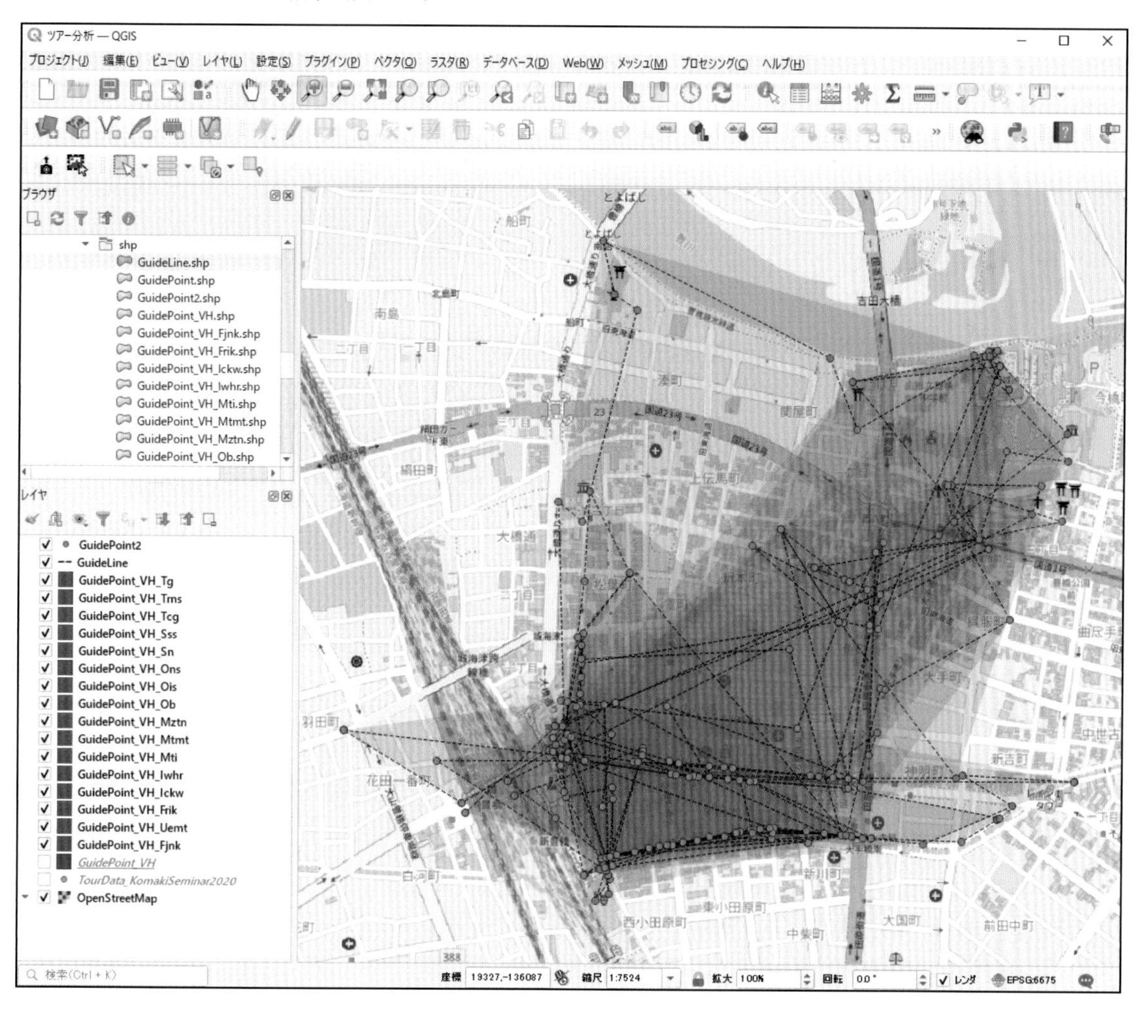

2015 年町街道の三次元表現（図 2-24）

②

新美南吉の作品に登場した地名と大正 9 年の土地利用（図 3-25）

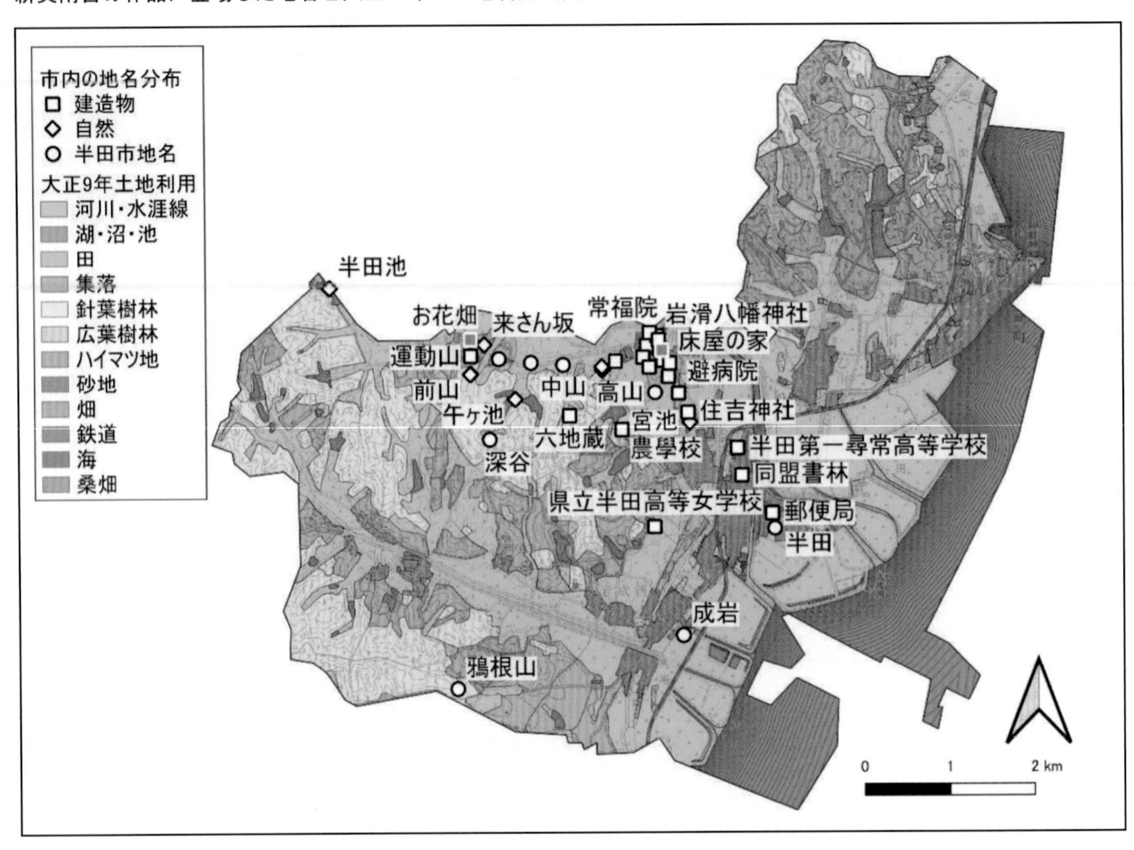

新美南吉の作品に登場した地名と大正 9 年の土地利用（生家周辺の拡大図）（図 3-26）

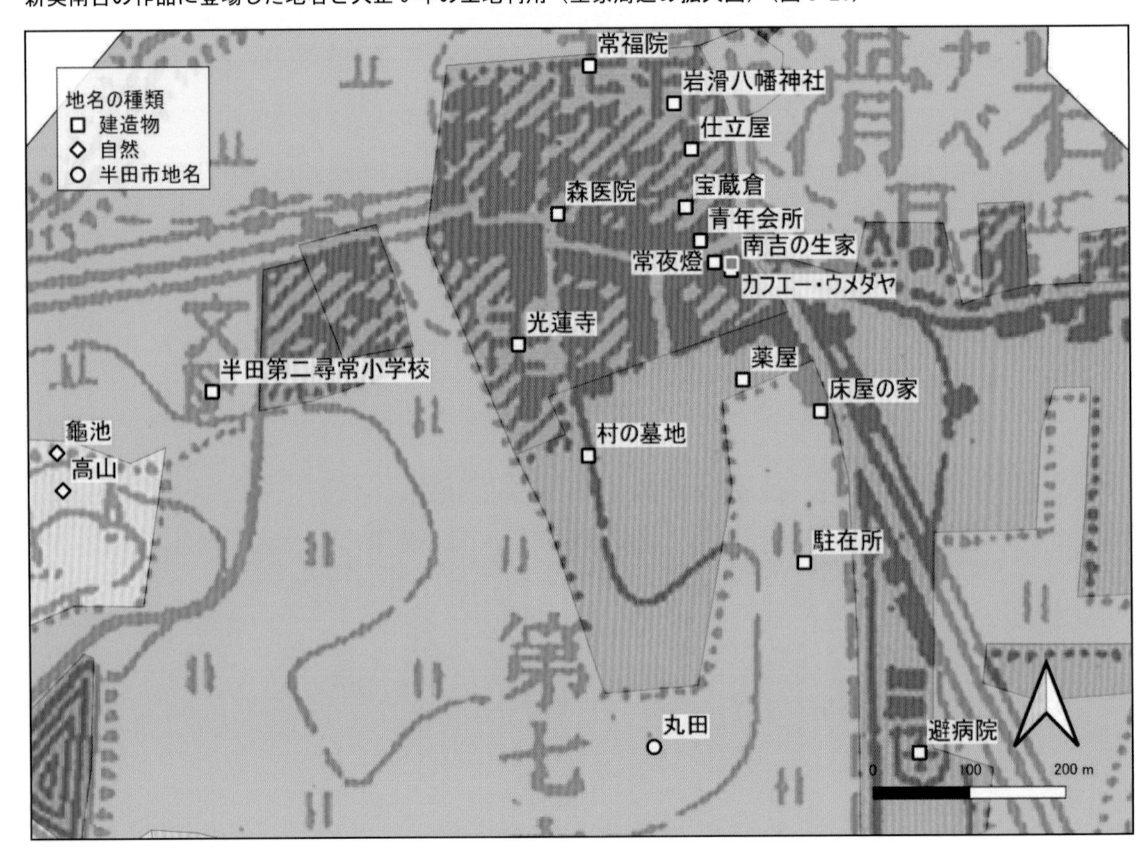

浸水深さと住宅の階層（図 4-22）

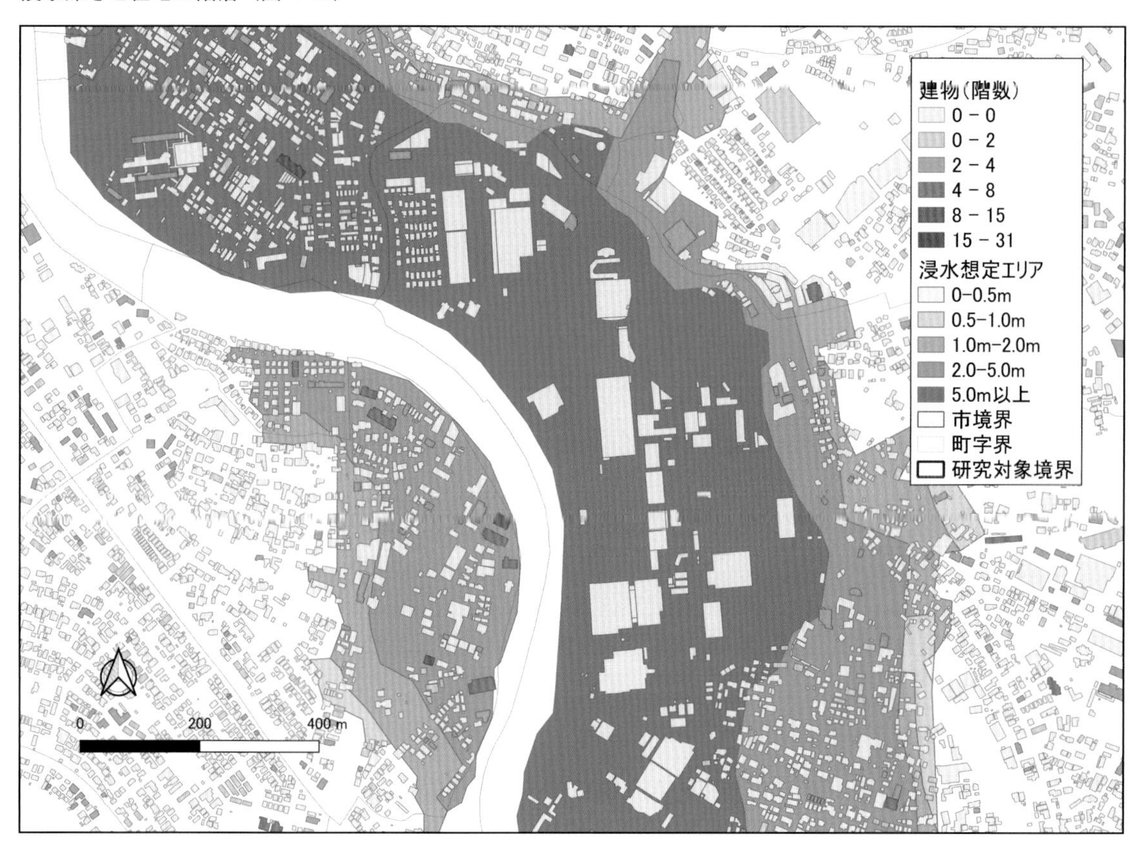

避難共助体制の可視化（図 5-22）

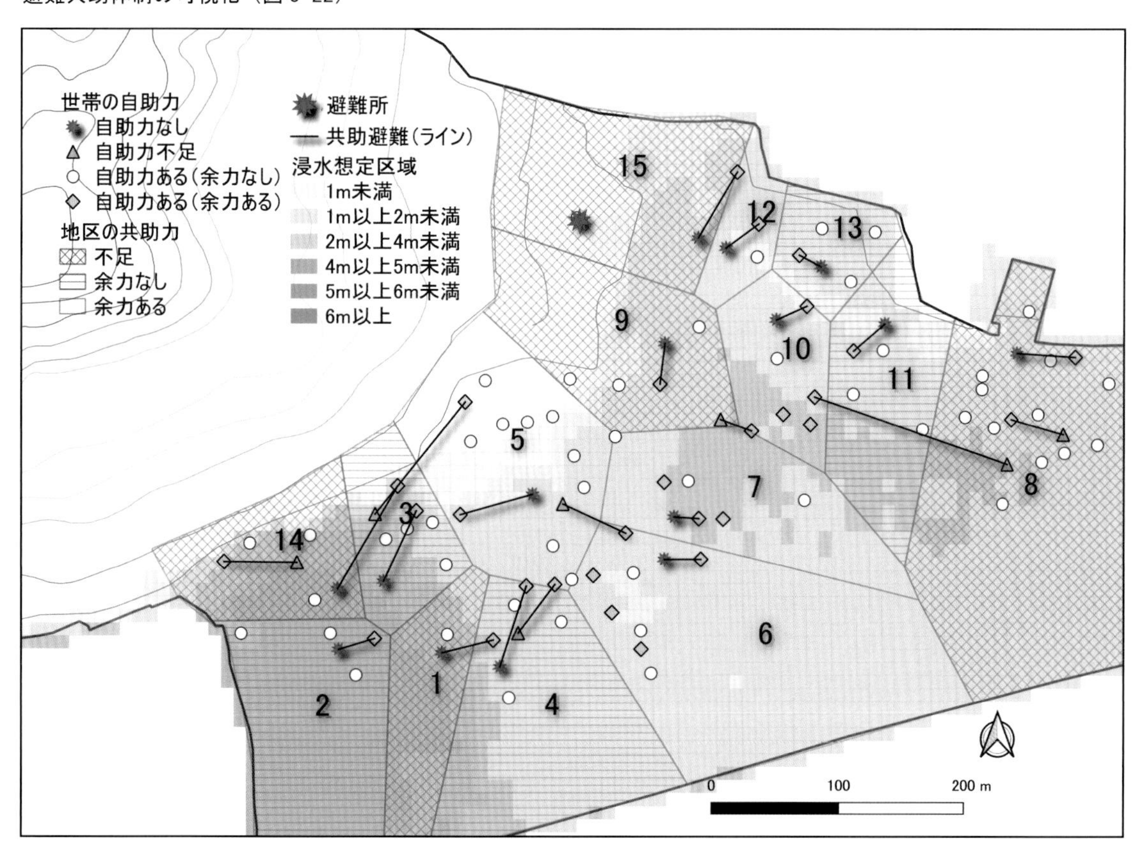

④

避難行動のGISシミュレーション（図5-50）

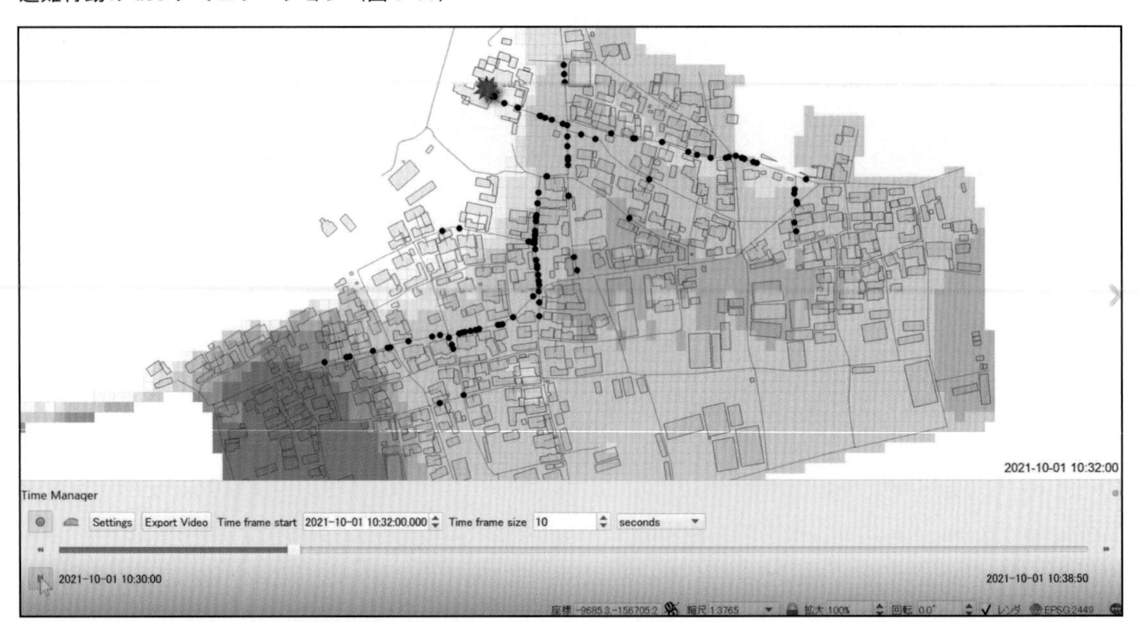

産業集積エリア（図6-20）

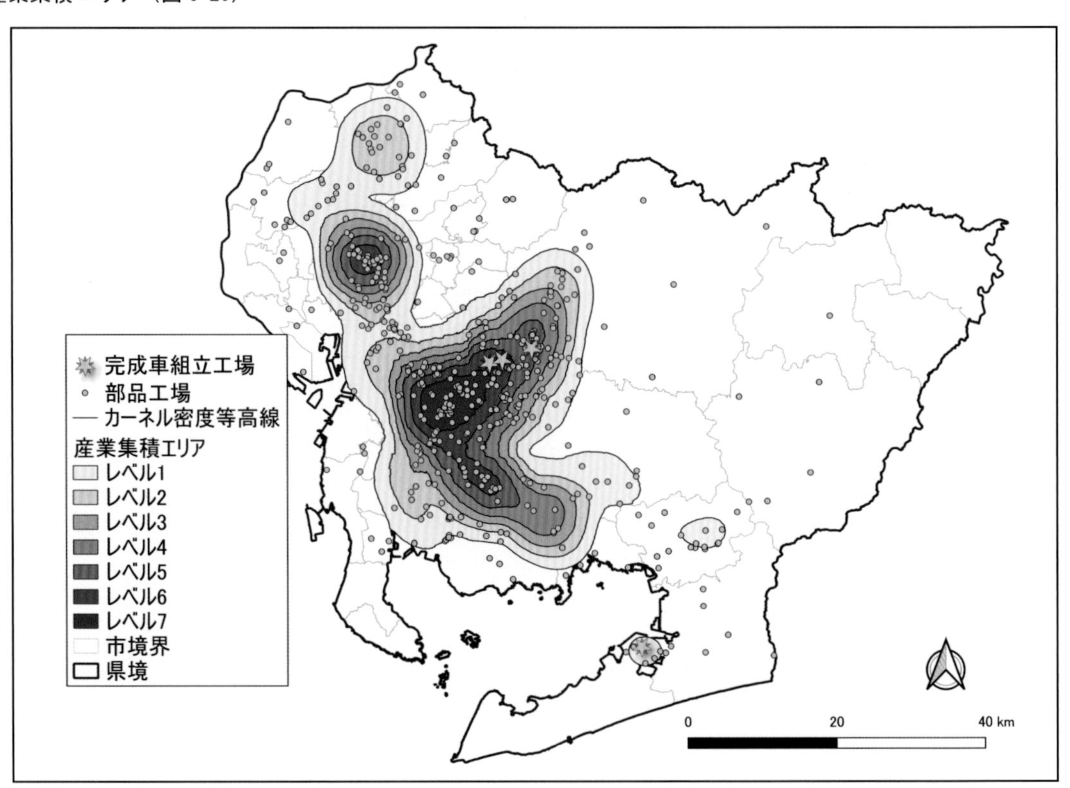

到達圏に基づいた産業集積エリア（図 6-37, 図 6-44）

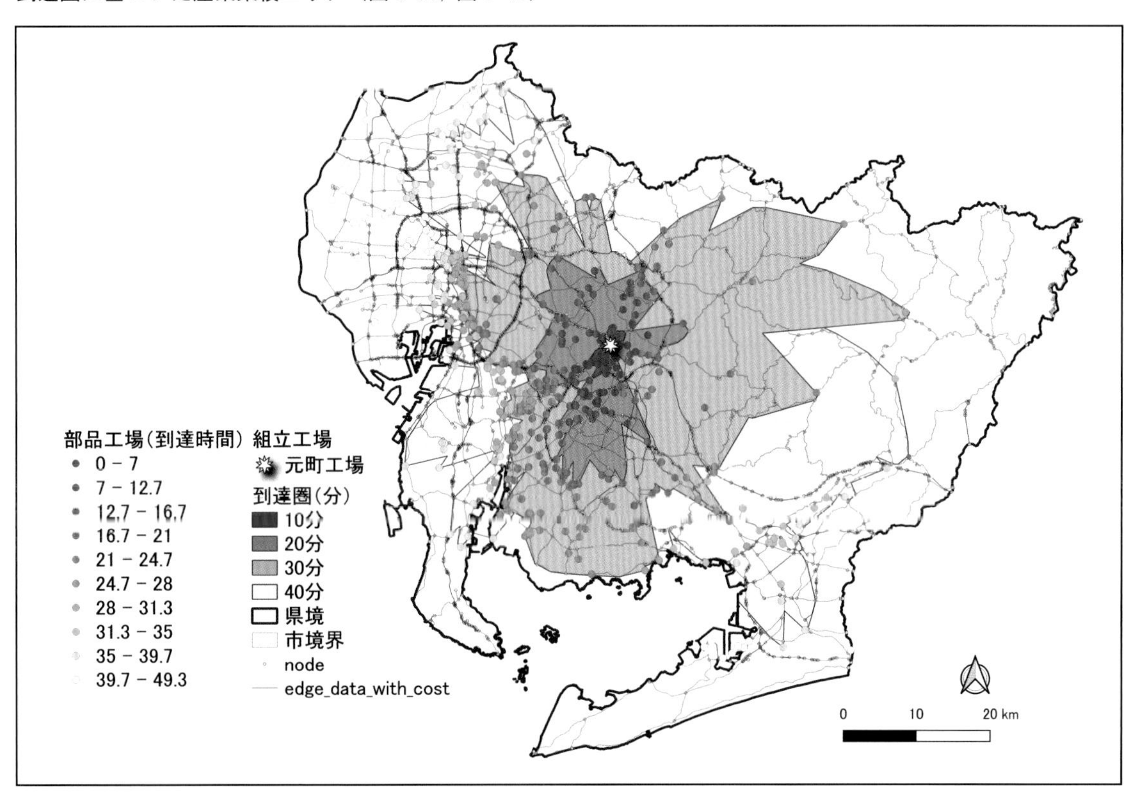

トヨタ関連協力会（系列）組織のネットワーク構造（図 7-10）

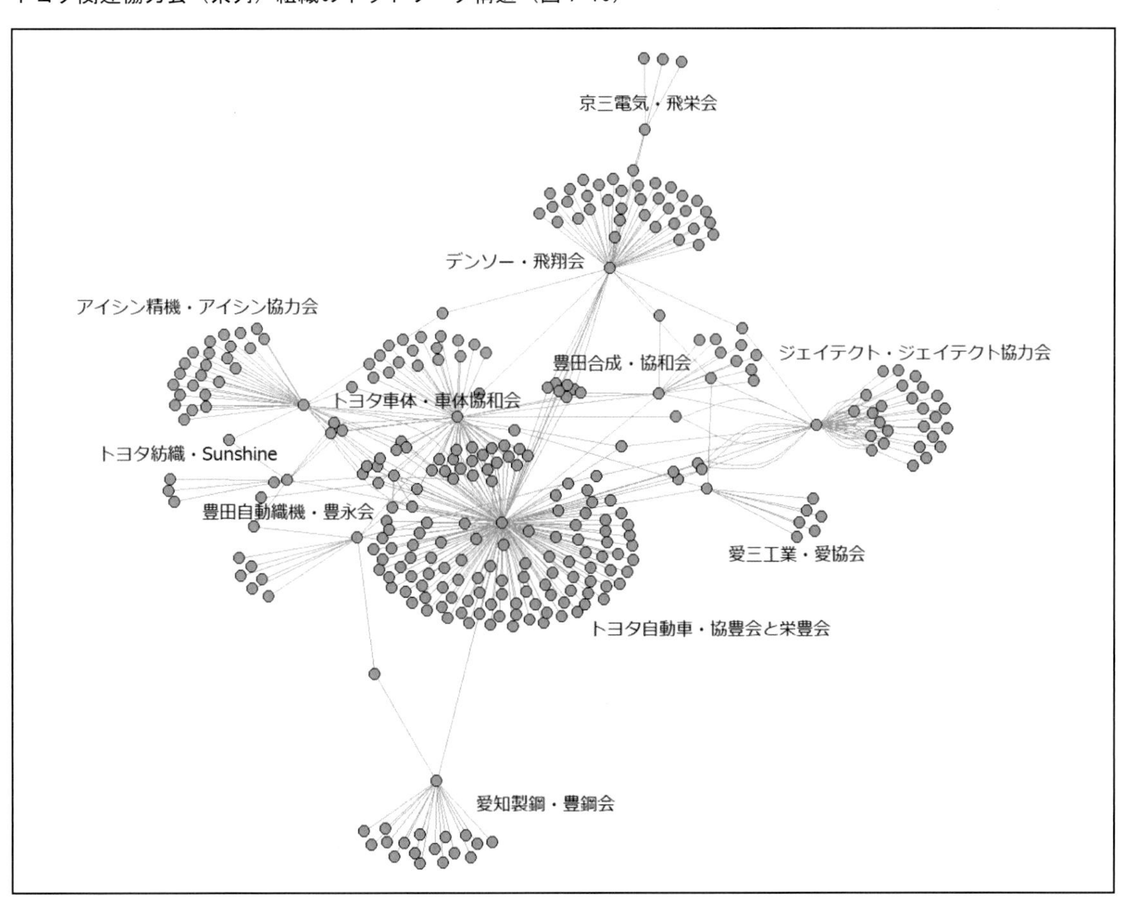

⑥

トヨタ関連協力会（系列）組織のジオメトリネットワーク構造（図 7-11）

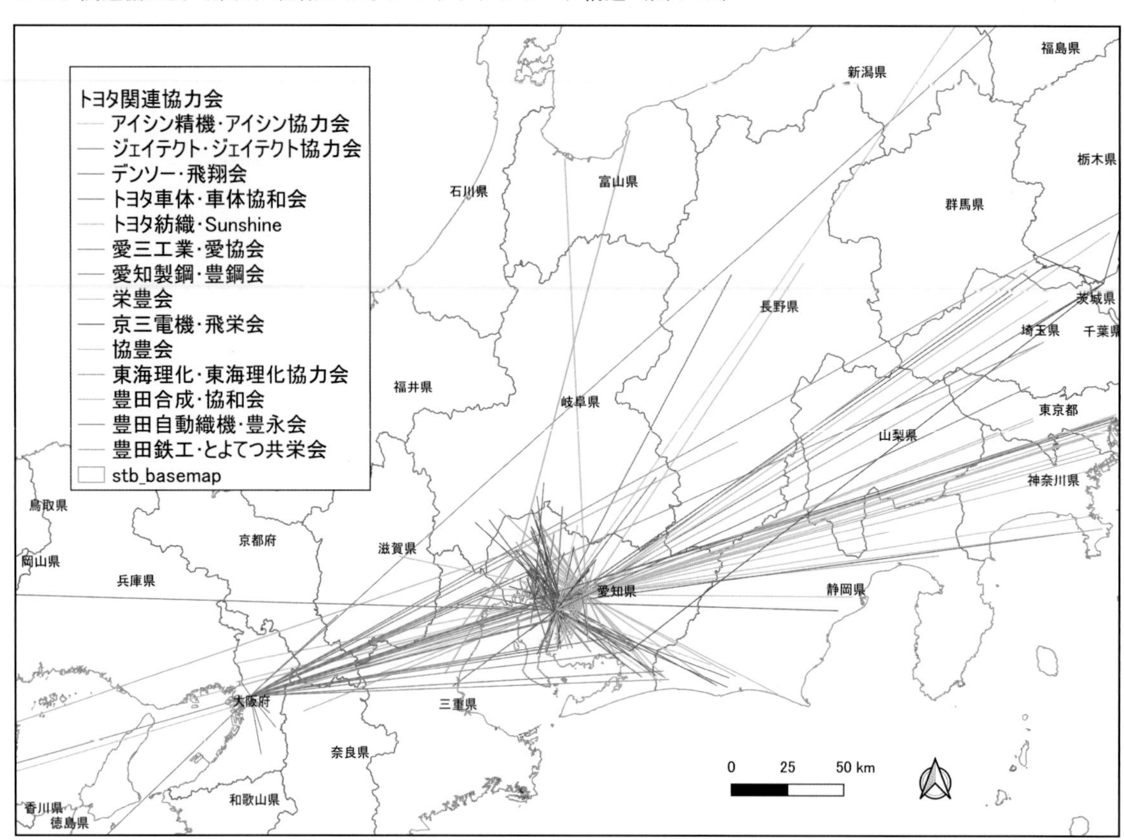

GISトポロジーに基づいた協豊会サプライチェーンの可視化（図 7-21）

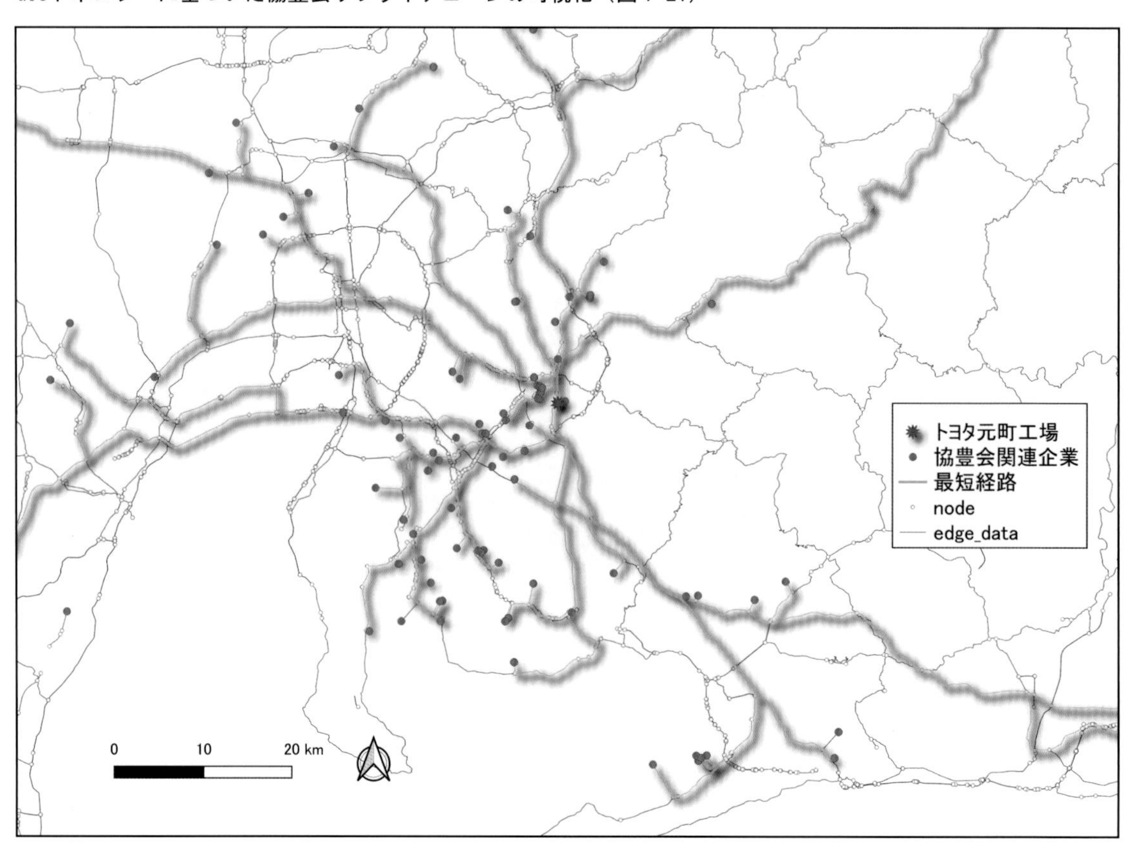

道路環状線周辺エリアと産業集積（図 8-12）

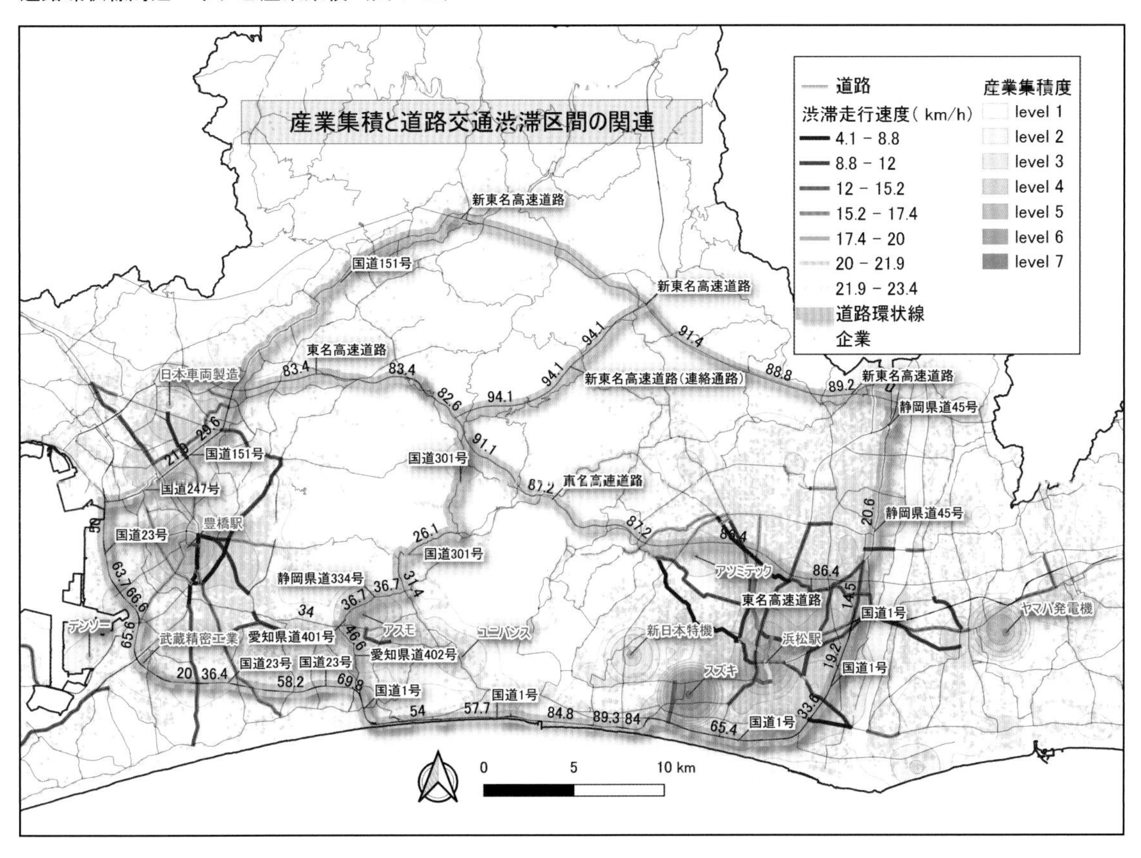

道路環状線と人口分布の関係（図 8-15）

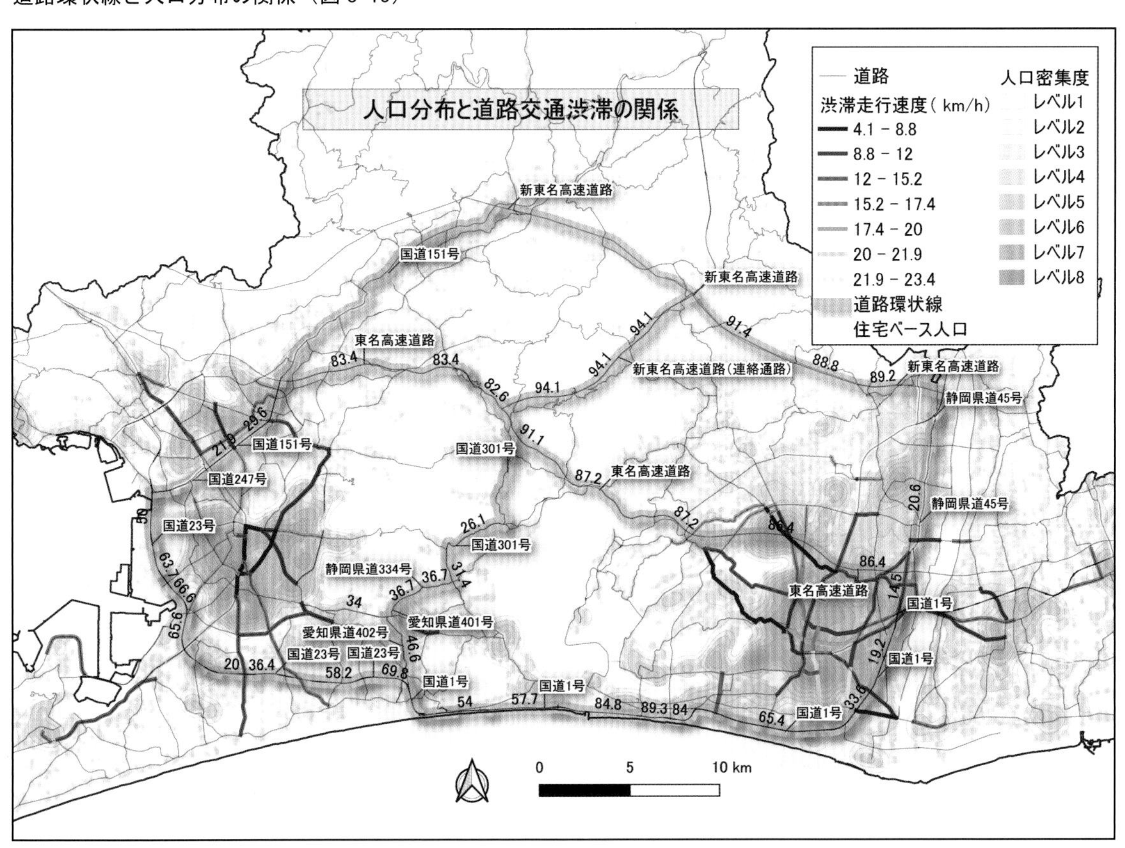

⑧

道路環状線と津波浸水想定区域（図 8-16）

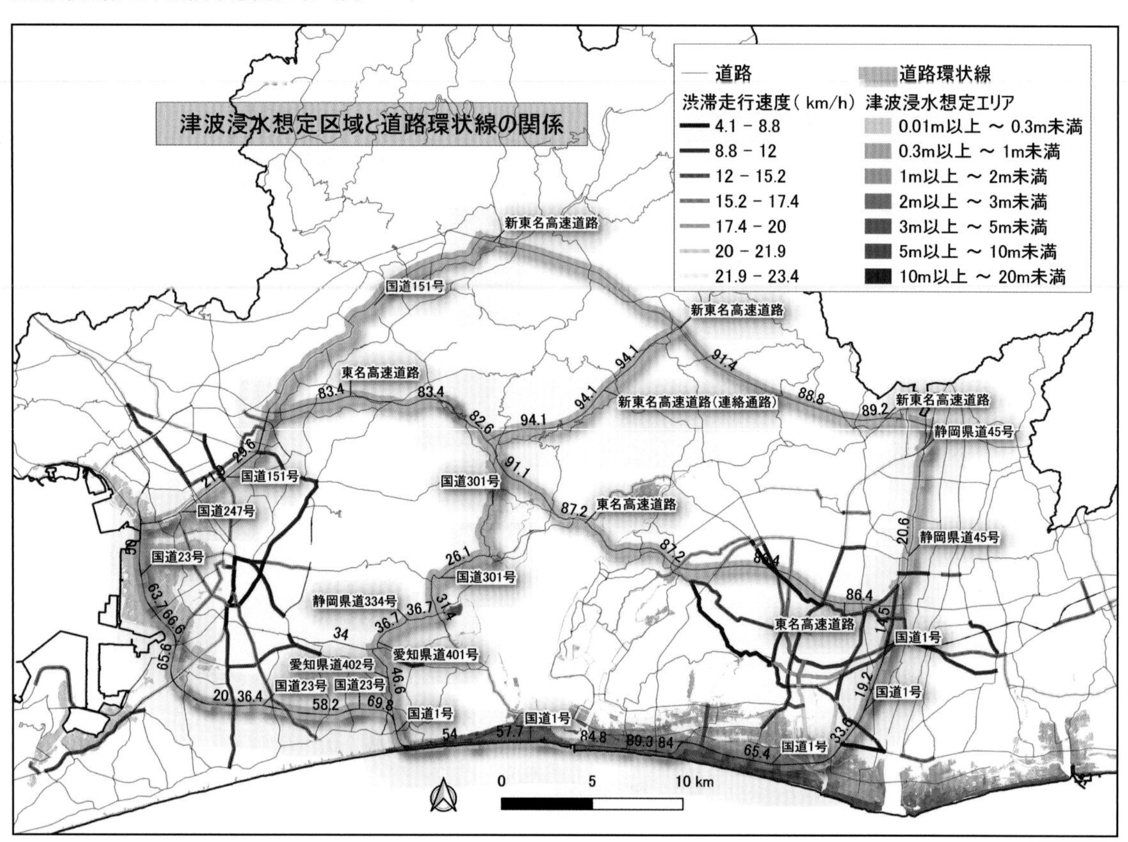

トポロジー node の標高分布（図 9-15）

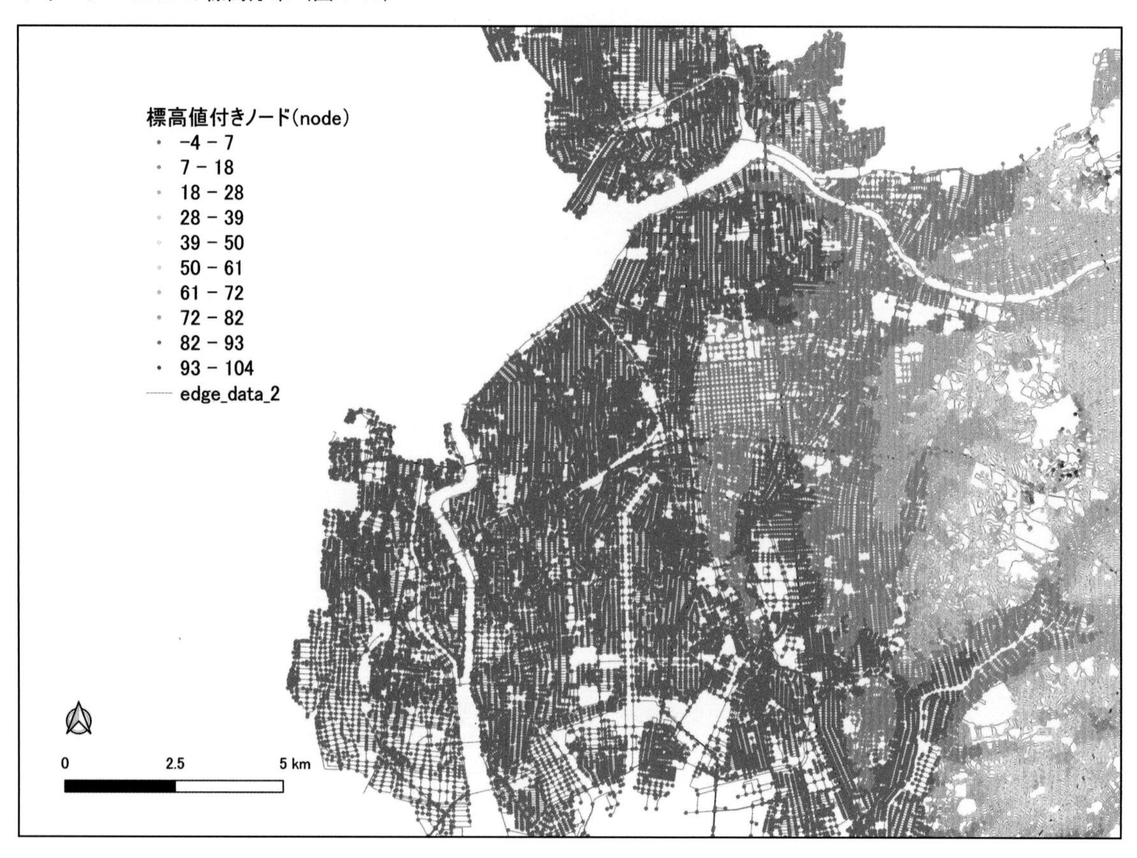

地域研究のための空間データ分析 応用編

―QGISとPostGISを用いて―

愛知大学三遠南信地域連携研究センター〔編〕
蒋　湧〔監修〕

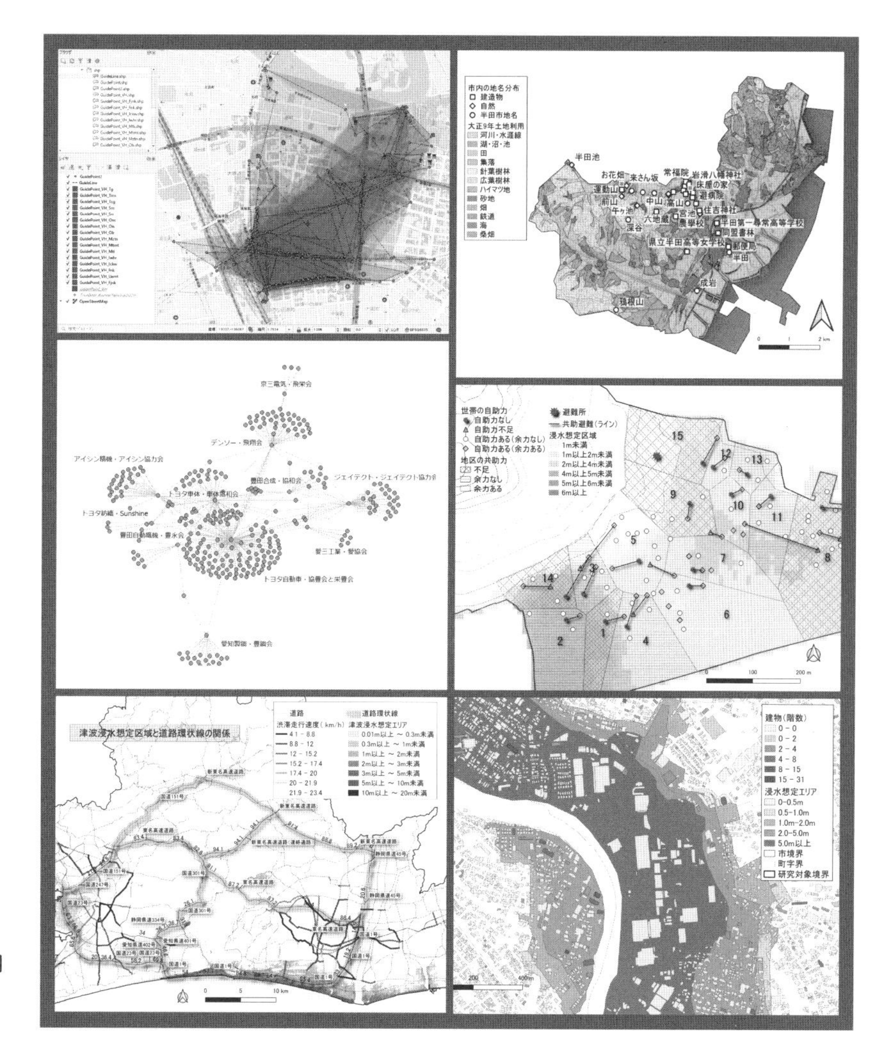

蒋　湧
駒木伸比古
飯塚　公藤〔著〕

古今書院

刊行によせて

本書は、愛知大学三遠南信地域連携研究センターの事業成果の一つとして生み出されたものであり、2019年3月に刊行された「地域研究のための空間データ分析入門 -QGIS と PostGIS を用いて -」の続編である。

三遠南信地域連携研究センターは、名称の「三遠南信地域」に示されるように、愛知県東三河地域の「三」、静岡県遠州地域の「遠」、長野県南信州地域の「南信」からなる県境地域を対象とした研究機関であり、主要テーマは、県境に代表される行政境界を越える「越境」である。2010年～2012年には、文部科学省の「私立大学戦略的研究基盤形成支援事業」によって「三遠南信地域における『地域連携型 GIS』の研究」を行い、「地域に根差した GIS」の基盤を形成した。その後、2013年～2018年は「共同利用・共同研究拠点事業」による「越境地域政策研究拠点」、引き続いて2018年～2022年は「私立大学研究ブランディング事業（以下、ブランディング事業）」において、「『越境地域マネジメント研究』を通じて縮減する社会に持続性を生み出す大学」として全学的な研究に発展している。

ブランディング事業では、「計画行政コア」と「地域システムコア」の2つのコアが研究に当たっているが、本書は蒋教授をリーダーとする「地域システムコア」の成果である。ブランディング事業は、1. 基盤研究、2. 事業協働、3. 担い手育成、の3層で構成されており、政策の担い手育成にも注力するものとなっている。特に、越境地域政策を立案・実施する上での重要な要素は、政策基盤となる地域情報の一体化であり、そのための GIS 教育が不可欠なものとなっている。ブランディング事業においても、行政職員を対象とした GIS 講座等を行ってきたが、本学の GIS 研究・教育で蓄積されてきた経験が本書にまとめられたことは、越境地域政策に関する担い手育成のみならず、地域政策全体にとって意義深いものである。

本書の内容は、「地域に根差した GIS」を目標として、教員・学生による協働研究成果が蓄積されたものであり、取り上げる事例も地域性と実用性を有している。応用編である本書と先に出版された入門編が、大学教育や地域政策実務の場で活用されることによって、データに裏打ちされた地域政策立案が促進され、各地域の持続性が確保されていくことを期待している。

愛知大学三遠南信地域連携研究センター長　戸田敏行

前書き

本書『地域研究のための空間データ分析【応用編】－ QGIS と PostGIS を用いて』(以下では『応用編』とする)は、2019 年 3 月に刊行した『地域研究のための空間データ分析入門－ QGIS と PostGIS を用いて』(以下では『入門編』とする）の姉妹編として、地域研究における空間データ分析の応用事例を紹介するものである。

『入門編』では基本操作に軸を置くことを念頭に置き、GIS の基礎概念をはじめ、QGIS の基本操作、主題図の作成方法、PostGIS を用いた空間解析などを中心とした演習形式により操作手法を紹介した。これに対し、『応用編』では筆者らによる地域での研究事例を通して、GIS を用いた地域研究へのアプローチを解説することとした。

本書は 9 つの章で構成され、9 件の研究事例がとりあげられている。研究事例はいずれも愛知大学地域政策学部に在籍した学生の卒業研究や執筆した教員個人の研究によるものであり、「まちなか」、「歴史」、「防災」、「産業」、「道路」の 5 つの地域研究の分野における研究をベースとし、本書向けに編集を加えたものである。また、各々の研究事例の概要と特徴を素早く把握するために、各章の冒頭に研究事例に関わるキーワードを「研究内容」、「システム環境」、「主なデータ」、「分析手法」の 4 つのカテゴリに分けて提示した。なお、『入門編』にて既に紹介した QGIS や PostGIS の操作方法については、『応用編』ではその重複解説を省くこととし、代わりに本文中で「**【☞ 6.2.1「住所録から緯度経度の取得」】**（この場合は『入門編』の第 6 章 2 節 1 項を参照することを意味する)」の形式で参照先を示した。『応用編』の読者には、手元に常に『入門編』も置くことを勧めたい。

このように『応用編』である本書は、QGIS や PostGIS の基礎知識とスキルを有する方々を対象にしている。初学者の方々には、『入門編』の関連部分を先に目を通してから『応用編』を読み進めることをお勧めする。

なお、本書においてはいくつかの地域は実名で取り上げ、その地域データを用いた研究事例を紹介している。しかし、あくまで GIS を用いた地域研究のアプローチを説明するためのものであり、データの新しさや精確さにやや課題があるケースもあることをご容赦頂きたい。また、事例分析の結果においても、GIS を用いた空間分析による結果であり、特定の地域や対象における問題指摘ではないことにもご理解を頂きたい。

本書が GIS を用いた地域研究の参考書として、地域の課題に向き合う行政職員の方々、並びに地域住民の方々、または卒業研究に取り組む学生の方々それぞれが自らのニーズに合わせて活用されることを期待する。

著者を代表して
愛知大学地域政策学部・教授
蒋　湧

目　次

【歴 史】

【防 災】

【産　業】

【まちなか】
第1章

バーチャルまちあるきツアー作成とその空間的特徴

KEYWORDS

研究内容	まちあるき、バーチャルまちあるき、まちづくり、空間解析
システム環境	QGIS3.16
主なデータ	学生が作成したまちあるきツアーの説明スポットに関するデータ
分析手法	凸包、カーネル密度推定（ヒートマップ）

1.1　はじめに

1.1.1　研究の背景

筆者の愛知大学地域政策学部駒木ゼミでは、毎年、豊橋まちなかを対象としたフィールドワークを実施し、まちづくりイベント（「とよはし都市型アートイベント sebone」）での調査研究発表およびまちあるきツアーの実施の2点を行っていた。しかし、2020年1月からのCOVID-19感染拡大により、予定されていたイベントやフィールドワークが全て中止または延期となった。

そこで、代替案を模索した結果、豊橋まちなかを対象としたオンラインでのバーチャルまちあるきツアーの作成・提案を行うこととした。ゼミ学生は2019年度に豊橋まちなかを対象としたフィールドワークを経験しており、豊橋まちなかの知識は得ていた。また、オンラインであれば、COVID-19の感染状況に関係なく調査が可能である。また、作成したツアーはWebを通じて発信できるため、アーカイブも容易である。

ツールとしては、© 東京都立大学観光情報研究室（東京都立大学都市環境学部・倉田陽平准教授）による「だれでもガイド！」を利用した（図1-1、図1-2）。これは、Googleストリートビューにガイド役のキャラクターを重ね、仮想ツアーをWeb上で作成できるツールである。いわゆる「ビジュアルノベル」形式であり、Googleストリートビューの画像、

図1-1　だれでもガイド！ホームページ
ホームページでは仮想ツアー作成ツール、マニュアル、デモ動画が提供されており、ツールを用いて作成された仮想ツアーの作品を見ることもできる。
https://www.comp.tmu.ac.jp/kurata/DaredemoGuide/

図1-2　仮想ツアーの様子
Webブラウザ上で配信されるツアーでは、ストリートビューをはじめとする背景画像、キャラクター、説明テキスト、音楽などがコンテンツとして提供されている。

テキスト、キャラクターなどを配置できる。したがって、Google ストリートビューのデータがある場所であれば、日本に限らず地球上どこでも様々な場所のツアーが作成可能である。

ツアー作成にあたり、まずは「豊橋まちなか」に対するイメージや、まちあるきツアーで伝えたいことなどについて、ワークショップ形式で意見を出し合った。また、作成の前には、各個人のテーマ、シナリオ、ターゲットを共有した。さらに、地域の関係者を招いたオンライン中間報告を行い、得られた意見をもとに修正を行った。完成したツアーは、教員（駒木）のホームページで公開した。ツアーは表 1-1 の通りである。

表 1-1　ツアー一覧

- 沿線をゆくまちあるき
- 路面電車を使った豊橋の魅力スポット巡り
- 豊橋の "いま" を切り取る
- 豊橋食べまちあるき
- 豊橋歴史まちあるき～駅前エリアと戦後復興～
- 水上ビル周辺の街探索
- 豊橋まちあるき～豊橋の魅力を知ろう！～
- 路面電車と一緒に歩こう豊橋のまち
- 豊橋のまちなか満喫旅
- 豊橋 レトロ旅～60 年前にタイムスリップしよう～
- 豊橋の昔へタイムスリップ！
- 朝から楽しめる豊橋
- 豊橋市でアートなまち巡りをしよう！
- 路面電車と歩くまち
- 豊橋まち歩き～フォトスポットを知る～
- 豊橋まちなかあるき～一度は足を運んでおきたい場所を巡る～

本章では、こうして作成したバーチャルまちあるきツアーの空間的特性の解析手法を解説する。

1.1.2　分析方法

だれでもガイド！のページ構造を図 1-3 に示した。「ページ」ごとにセリフなどが設定されるが、ストリートビュー背景を用いたページには、緯度経度が付される。すなわち、ページはポイントデータとしてみなすことができ、ルートの計測や紹介される地点などの分布など、地理的特徴や空間特性を計測することが可能となる。

例えば、「紹介したい」と思える地点や景観が多

図 1-3　だれでもガイド！のページ構成
1 つの「ページ」は背景画像、テキスト、キャラクターなどから構成されており、この「ページ」の順番を設定することにより、仮想ツアーは構成される。

いほどその分布は密になる。またツアーの空間的広さを比較することにより、学生が紹介したいエリアの広さや形状などの傾向を知ることが可能となる。

本章では、ツアーの距離（1.3.1）、ツアーの拡がり（1.3.2）、ツアーの説明スポットの分布特性（1.3.3）の 3 つのテーマを設定し、その分析方法や手順、考察の結果を紹介する。

1.2　データの概要とその整理

1.2.1　データの概要

だれでもガイド！で作成した仮想ツアーは、json 形式でローカル PC などに保存が可能である。実際のデータの内容を、図 1-4 で示した。

そのデータを整形し、図 1-5 のように、各地点の名前、緯度経度、セリフなどをデータベース化した。またその際、ツアー作成者を示すフィールド（ここでは「Name」）と、それぞれの順番を示すフィールド（ここでは「PageNum」）を設定した。

```
callback({"title":"豊橋歴史まちあるき〜駅前エリアと戦後復興〜","author":"[illegible]","info":"","titleBackground":"表紙","endingBackground":"","pages":[{"id":"豊橋駅1","speaker":"ガイドさん","text":"こんにちは！「豊橋歴史まちあるき」にご参加いただきありがとうございます！¥n本日ご案内させていただくガイドです！よろしくお願いします！","sound":"","choices":[],"characters":[{"name":"ガイドさん","pose":"通常","position":"right"}],"background":"豊橋駅"},{"id":"豊橋駅２","speaker":"ガイドさん","text":"このまちあるきでは、豊橋駅周辺の歴史を戦後復興を中心に紹介していきます。¥nそれでは、しゅっぱ〜つ！","sound":"","choices":[],"characters":[{"name":"ガイドさん","pose":"通常","position":"right"}],"background":"豊橋駅"},{"id":"新豊橋駅","speaker":"ガイドさん","text":"ここは豊橋鉄道渥美線、新豊橋駅です。奥に駅名がかいてありますね。¥nここから少し行くと高校や大学があって、学生たちはこの路線に乗っていきます。平日の朝は学生でとても混み合うんですよ〜。","sound":"","choices":[],"characters":[{"name":"ガイドさん","pose":"右手で案内","position":"right"}],"background":"新豊橋駅"},{"id":"水上ビル入り口","speaker":"ガイドさん","text":"本日の見所、着きました！水上ビルです。","sound":"","choices":[],"characters":[{"name":"ガイドさん","pose":"左手で指さす","position":"left"}],"background":"水上ビル入り口"},{"id":"水上ビル入り口-クイズ","speaker":"ガイドさん","text":"突然ですがここでクイズです！¥n水上ビルの名前の由来は次のうちどれでしょうか？？","sound":"","choices":[],"characters":[{"name":"ガイドさん","pose":"考えている２","position":"left"}],"background":"水上ビル入り口"},{"id":"水上ビル入り口-クイズ2","speaker":"ガイドさん","text":"１番、水上（みなかみ）さんが作ったビルだから¥n２番、水の上に立っているから¥n３番、水をたくさん使っているから","sound":"","choices":[{"text":"1番","jumpTo":"水上ビル入り口-クイズ2-1"},{"text":"2番","jumpTo":"水上ビル入
```


図 1-4　だれでもガイド！ json ファイルの内容
テキストエディタで表示させた例。

No	Name	PageNum	idName	BgName	lat	lon	xyflg	phot	misc	text
1	Fjnk	1	豊橋駅1	豊橋駅	34.76292	137.381921	1	0		こんにちは！「豊橋歴史まちあるき」に
2	Fjnk	2	豊橋駅2	豊橋駅	34.76292	137.381921	1	0		このまちあるきでは、豊橋駅周辺の歴
3	Fjnk	3	新豊橋駅	新豊橋駅	34.76223317	137.3830143	1	0		ここは豊橋鉄道渥美線、新豊橋駅で
4	Fjnk	4	水上ビル入り口	水上ビル入り口	34.76152019	137.3841527	1	0		本日の見所、着きました！水上ビルで
5	Fjnk	5	水上ビル入り口-クイズ	水上ビル入り口	34.76152019	137.3841527	1	0	選択	突然ですがここでクイズです！水上ビ
6	Fjnk	6	水上ビル入り口-クイズ2	水上ビル入り口	34.76152019	137.3841527	1	0	選択肢	1番、水上(みなかみ)さんが作ったビ
7	Fjnk	7	水上ビル入り口-クイズ2-1	水上ビル入り口	34.76152019	137.3841527	1	0	選択肢	残念、不正解〜。答えは「2．水の上に
8	Fjnk	8	水上ビル入り口-クイズ2-2	水上ビル入り口	34.76152019	137.3841527	1	0	選択肢	正解です！もしかして簡単でしたか？
9	Fjnk	9	水上ビル入り口クイズ2－3	水上ビル入り口	34.76152019	137.3841527	1	0		残念、不正解〜。正解は「2．水の上に
10	Fjnk	10	水上ビル入り口ー出発	水上ビル入り口	34.76152019	137.3841527	1	0		この水上ビルは、日本で唯一、農業用
11	Fjnk	11	豊橋ビル1	豊橋ビル	34.76158211	137.3843395	1	0		水上ビルは「豊橋ビル」、「大豊ビル」
12	Fjnk	12	豊橋ビル2	豊橋ビル2	34.7616286	137.3848152	1	0		ここは豊橋ビル。1965年に建てられた
13	Fjnk	13	豊橋ビル3にて	豊橋ビル3	34.76169081	137.3851495	1	0		飲食店さんが集中していて、おいしい
14	Fjnk	14	大豊ビル入り口	大豊ビル入り口	34.76178104	137.3856891	1	0		2つ目のビル、「大豊ビル」の入り口に
15	Fjnk	15	大豊ビル1にて	大豊ビル1	34.76199013	137.3872382	1	0		豊橋は第二次世界大戦により空襲の
16	Fjnk	16	大豊ビル2	大豊ビル1	34.76199013	137.3872382	1	0		しかし、防災や美観の観点から移転
17	Fjnk	17	ハザマ橋	ハザマ橋	34.7620278	137.3874682	1	0		少し右を見てみましょう。先ほど水上
18	Fjnk	18	大豊ビル3	大豊ビル3	34.76205467	137.3876743	1	0		花火専門店やタバコ屋さん、はちみつ
19	Fjnk	19	大豊ビル4	大豊ビル4	34.76200315	137.3887474	1	0		各棟の入り口には案内の看板があり
20	Fjnk	20	大手ビル入り口	大手ビル入り口	34.76188883	137.3900618	1	0		ここは大手ビル。最後にできた水上ビ
21	Fjnk	21	大手ビル1	大手ビル1	34.76182397	137.3923186	1	0		シャッターが目立ち、現在ではあまり
22	Fjnk	22	大手ビル2	大手ビル2	34.76223515	137.3931541	1	0		水上ビル全体に言えることですが、老

図 1-5　整形したデータ

1.2.2　データ整備

Google ストリートビュー画像を背景としているページには緯度経度が付加されているが、地点によっては緯度経度が適切に付されていないものもある。そのため、ページによってはその修正が必要となる。修正については、(1) ポイントデータに変換後 GIS 上で移動させる、(2) 適切な緯度経度を取得する、の 2 つの方法がある。ここでは、地理院地図を用いた後者の方法について説明しよう。

地理院地図 Web サイト（https://maps.gsi.go.jp/）のデフォルト設定では、地図の中心地点を示す十字マークがある。この地点の緯度経度を任意の場所で表示することができる。左下にある右斜め上を示す矢印アイコンをクリックすると、図のように中心地点の緯度経度（度分秒および度単位）のものが表示される（図 1-6）。この際、日本国内については日本測地系 2011（JGD2011）であることに注意する。こうして得られた緯度経度を、図 1-5 のデータベースにおいて修正することで、正確な位置のポイントデータに変換することが可能である。また、地理院地図以外の Web サイトを利用した例については、前書第 6 章「観光振興の空間的な定量評価」を参照されたい【☞ 6.2.1「住所録から緯度経度の取得」】。

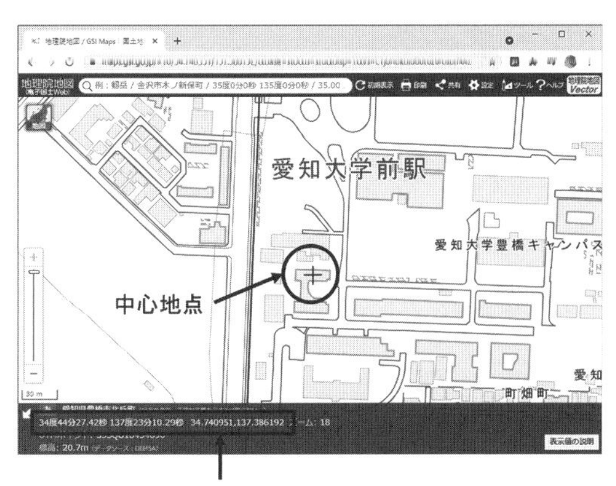

図 1-6　地理院地図を用いた緯度経度取得
中心地点は自由に移動させることができ、それに対応して緯度経度の数値も変化する。図の中心地点は、筆者の研究室のある地点を表示したものである。

こうして修正したデータを、csv ファイル形式で保存し、QGIS によりシェープファイル（ポイント形式）に変換する。方法については、前書第 4 章「地域の歴史と文化財に関する分析」を参照されたい【☞ 4.1.3「QGIS への読み込みとシェープファイル化」】。なお、プロジェクトの座標参照系（CRS）は、計測するため、JGD2011 / Japan Plane Rectangular CS VII（EPSG: 6675）とした（図 1-7）。

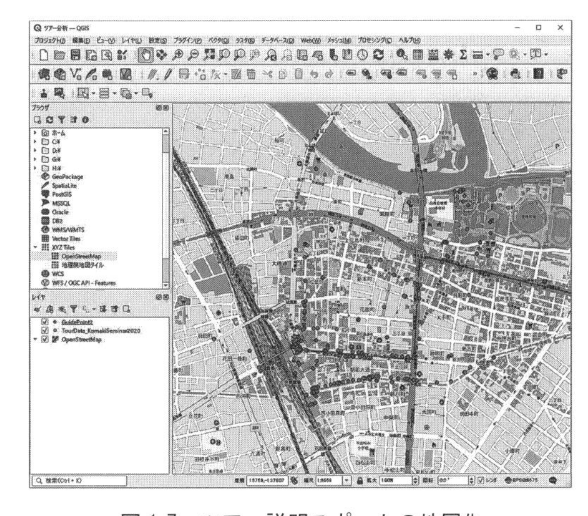

図 1-7　ツアー説明スポットの地図化
背景地図には OpenStreetMap を使用した（以下同）。

1.3　ツアー分析

1.3.1　ツアー距離の分析

まず、ツアーの距離を計測するためには、ポイントデータである地点を順番に結び、ラインデータにすれば良い。ポイントデータからラインデータの変換には、「プロセッシングツールボックス」の「ベクタ作成」→「点をつないで線に」を利用する（図1-8）。ただしこの際、ツアー作成者ごとに線をつないでいく必要があるため、①から③の手順で実施する。

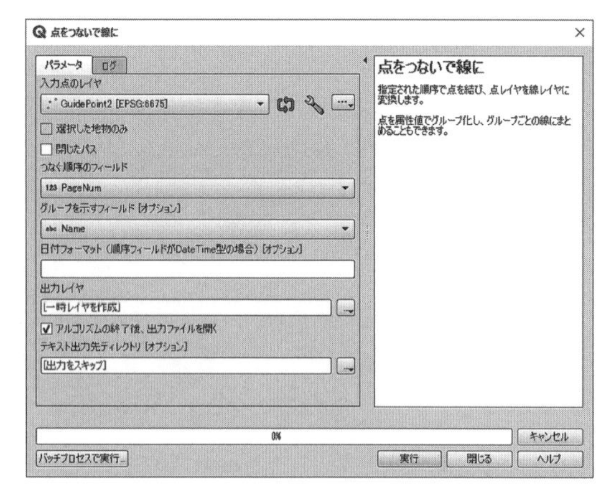

図 1-8　「点をつないで線に」ウィンドウ

①「入力点のレイヤ」に地点データ（ここでは「GuidePoint2」）を指定する。②「つなぐ順序のフィールド」に、作成者ごとの順番を示すフィールド（ここでは「PageNum」）を指定する。③「グループを示すフィールド」には、ツアー作成者を示すフィールド（ここでは「Name」）を設定する。

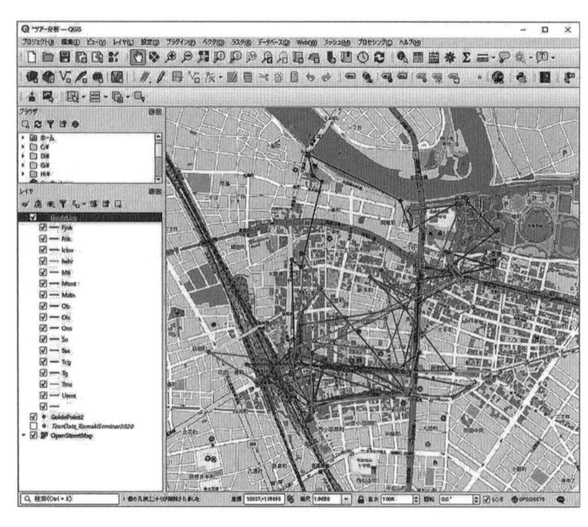

図 1-9　作成されたラインデータ

上記の操作を行うことで、作成者ごとのツアーラインデータを作成することができる（図1-9）。作成したデータは一時レイヤなので、シェープファイル形式に保存しておくと良い。

次に、ツアーごとの距離を計測する。属性テーブルを開き、距離を格納するフィールドを作成する。先ほど作成したラインデータの「フィールド計算機」を開き、フィールド名（ここではDistance）、フィールド型（ここでは小数点付き数値(real)）とした。ラインの長さを算出するためには、式に関数「$length」を指定すればよい（図1-10）。結果は、m単位で算出され、属性テーブルに格納される（図1-11）。

図 1-10　ラインの長さの算出

GuideLine :: 地物数 合計: 16、フィルタ: 16、選択: 0

	Name	begin	end	Distance
1	Fjnk	1	33	1986.672
2	Frik	1	29	3145.934
3	Ickw	1	40	3007.810
4	Iwhr	1	27	2707.003
5	Mti	1	22	3053.858
6	Mtmt	1	36	2061.406
7	Mztn	1	22	2468.532
8	Ob	1	14	2063.249
9	Ois	1	27	1248.279
10	Ons	1	19	434.228
11	Sn	1	15	2198.703
12	Sss	1	22	4047.206
13	Tcg	1	17	1893.101
14	Tg	1	30	3845.700
15	Tms	1	23	3817.025
16	Uemt	1	14	2884.229

全地物を表示

図 1-11　属性テーブルに格納されたライン長

こうして算出されたツアーの距離について、ヒストグラム形式で描画した（図1-12）。最短は434m、最長は4,047m、平均値は2,554m、中央値は2,587mとなった。また、スポット間の平均距離をみると、最短は23m、最長は206m、平均値は113m、中央値は112mとなった。徒歩ですべて移動（時速3km）し、各スポットで3分程度見学する、というように仮定すれば、ツアーの所要時間が計算できる。ゼミで活動を行った際には、とくに時間に関する指定はしなかったが、おおよそ2～3時間程度のツアーを組んだという結果となった。これは、まちあるきツアーとしては妥当な時間設定になっていると考えられる。

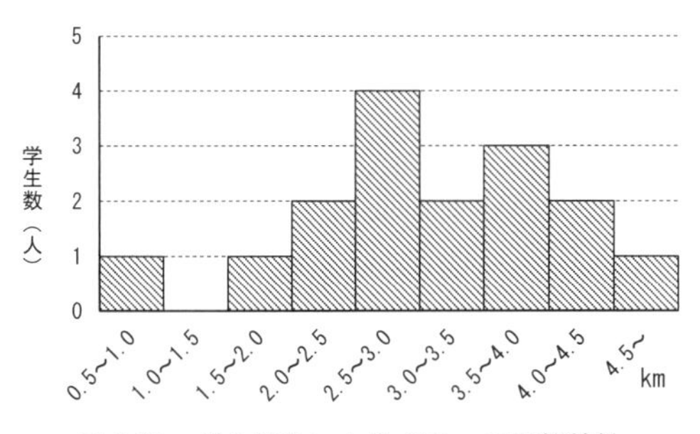

図1-12　ゼミ学生によるツアーの距離特性

1.3.2　ツアーの拡がりの分析

ツアーの空間的な拡がりの算出についてはいくつか方法があるが、ここでは「凸包」を利用することにしよう。凸包とは、任意の点における最小の凸集合のことである。直感的に判断するためには、板にいくつか釘が打たれているとき、それを輪ゴムで囲んだときに作られる図形（多角形）を想像すると良い（図1-13）。

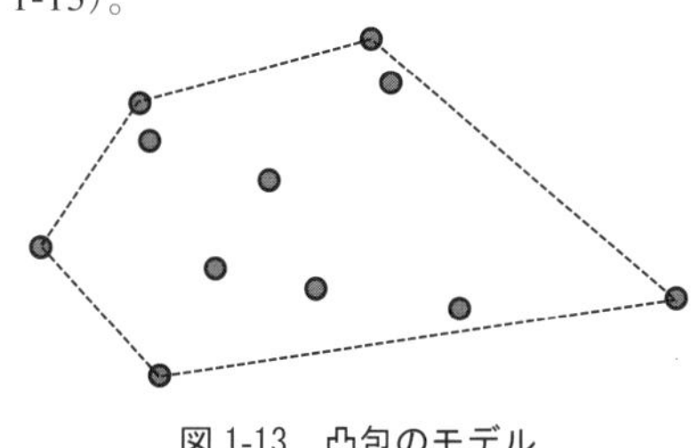

図1-13　凸包のモデル

凸包の作成には、プロセッシングツールボックスの「ベクタジオメトリ」→「最小境界ジオメトリ」を利用する（図1-14）。ただしこの際、ツアー作成者ごとに作成する必要があるため、①から③の手順で実施する。

①「入力レイヤ」に地点データ（ここでは「GuidePoint2」）を指定する。②「属性（地点をグループ化する場合）」には、ツアー作成者を示すフィールド（ここではName）を設定する。③「ジオメトリタイプ」には、「凸包 (convex hull)」を設定する。

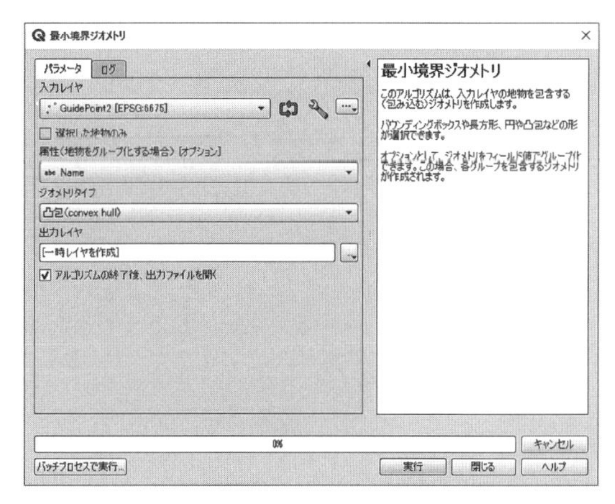

図1-14　「最小境界ジオメトリ」ウィンドウ

上記の操作を行うことで、作成者ごとの凸包データを作成することができる（図1-15）。それと同時に、凸包面積と周長もそれぞれ「area」、「perimeter」というフィールド名で属性テーブルに自動的に算出、格納される。

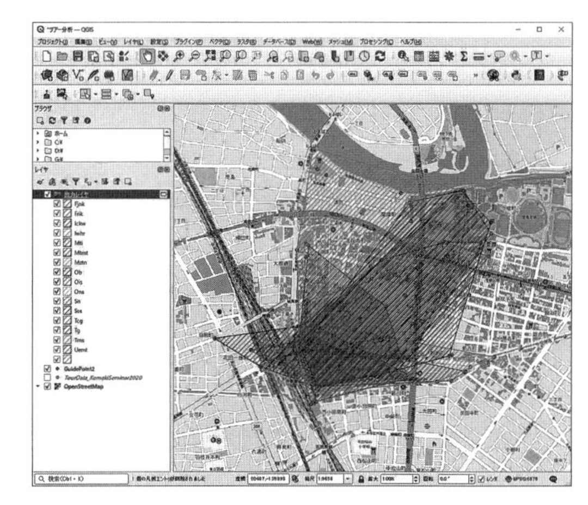

図1-15　作成された凸包データ

こうして作成された凸包データは、それぞれツアー作成者のプライベートな「まちなか」の範囲を示しているともいえる。そして、この凸包データの重なり具合を見ることで、パブリックなまちなかを見ることができるであろう。すなわち、重なり合い具合が多ければ多いほど、より「パブリック」なまちなかとしての認識が強いエリアであると言える。

そこで、今回は、凸包データを個人ごとのシェープファイルとして分割し、シンボロジの透過度を20%として重ね合わせてみた（図 1-16）。

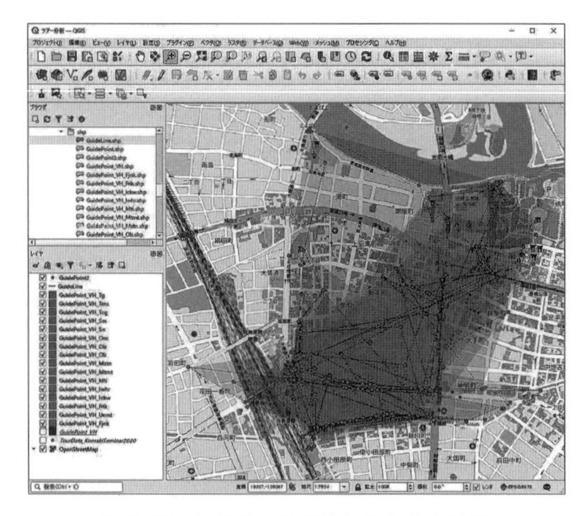

図 1-16　凸包データを重ね合わせた結果

こうすると、豊橋駅前から駅前大通りと水上ビルとの間における、いわゆる「駅前大通りエリア」と呼ばれる場所で重なり合いが高かった。また、路面電車に沿って、豊橋駅前から豊橋公園に向けてのエリアにおいても重なり合いが大きいことがわかった。すなわち、今回ツアーを作成した学生のなかでは、こうしたエリアが「まちなか」であると認識されていることを把握できた。

1.3.3　ツアー説明スポットの分布特性

図 1-7 で示されたツアーの説明スポットは、ツアー作成者が説明に値する価値のある地点であると理解することができる。それらの地点をみると、地理的密集度や分布傾向をとらえることができそうである。そこで、各ツアー作成者がどのエリアを重点的にとりあげようとしているか、そして駒木ゼミによる「まちなかツアー」が豊橋まちなかのどのエリアを重視しようとしているのか、を定量的に示すことを試みよう。この分析にあたり、カーネル密度推定法（ヒートマップ）を用いる。カーネル密度推定法はノンパラメトリックな推定の代表であり、点分布に任意のグリッドをかけ、任意のバンド幅内にある点を抽出し、カーネル関数により重みづけして各セルにおける点密度を算出する方法である。空間的に特異な値が集積する場所であるホットスポットの抽出に用いられており（山下 2013）、犯罪多発マップや交通事故発生マップの作製において注目・活用されている（村山・駒木 2013）。

カーネル密度推定を行うには、プロセッシングツールボックスの「内装」→「ヒートマップ（カーネル密度推定）」を利用する（図 1-17）。パラメータの設定は①から③の手順で実施する。

①「入力レイヤ（点）」には、地点データ（ここでは「GuidePoint2」）を指定する。②「半径」は、カーネル密度を計算する際のバンド幅（検索半径）である。分析方針によって設定する必要があるが、ここでは「100」および「300」とすることにした（単位はメートル）。③「行」「カラム」「ピクセルサイズ」は、結果として出力されるラスタデータの空間分解能（解像度、メッシュサイズ）である。この数値によってデータサイズが異なるが、ここではピクセルサイズを「1（メートル）」とすることにした。

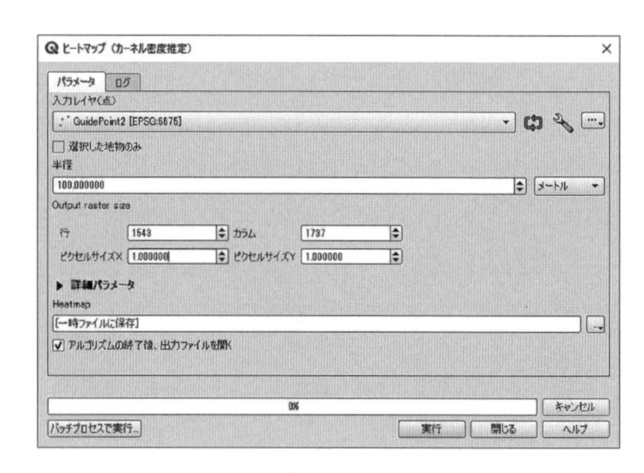

図 1-17　ヒートマップ（カーネル密度）ウィンドウ

上記の操作を行うことで、ヒートマップを作成することができる（図 1-18）。結果を見ると、半径が小さな 100m の場合は、豊橋駅前や新豊橋駅前で密度が特に高く、また豊橋公園やほの国百貨店などでやや密度が高い場所があることがわかり、ミクロな密集度が把握できる。一方、半径が 300m の場合は、豊橋駅から東にかけての範囲で密度が高く、豊橋公園や札木町付近でやや密度が高い場所がみられ、よりマクロな密集度を把握することができる。

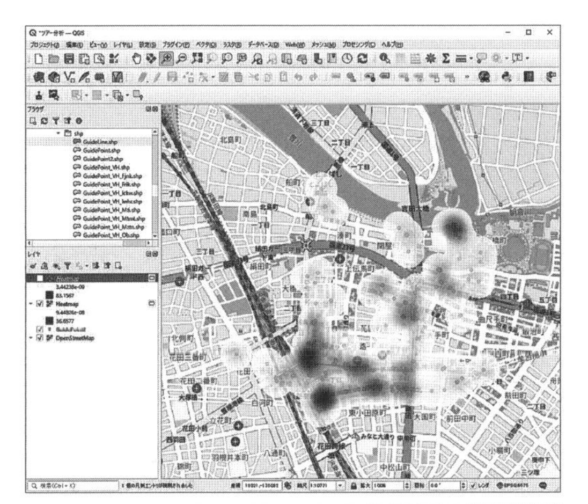

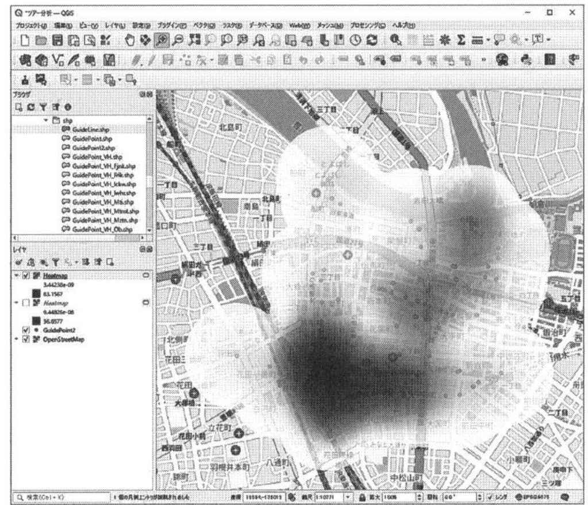

図 1-18　ヒートマップの結果
上がバンド幅 100m、下がバンド幅 300m の結果である。

また、地点ごとの属性によってヒートマップを作成し比較することで、その特性を把握することができる。例えば図 1-19 は都市型観光（飲食店以外の主な商業施設や商店街）と歴史・文化に関する説明地点とを比較したものである。都市型観光の場合は、PLAT から駅前大通り、国道 259 号にかけての「駅前大通りエリア」と呼ばれる場所で特に高い。一方、歴史・文化に関しては、都市型観光と同じ場所もあるものの、旧東海道沿いや豊橋公園など、豊橋駅からはなれた、近世から栄えた場所でもスポットがみられることを把握できた。

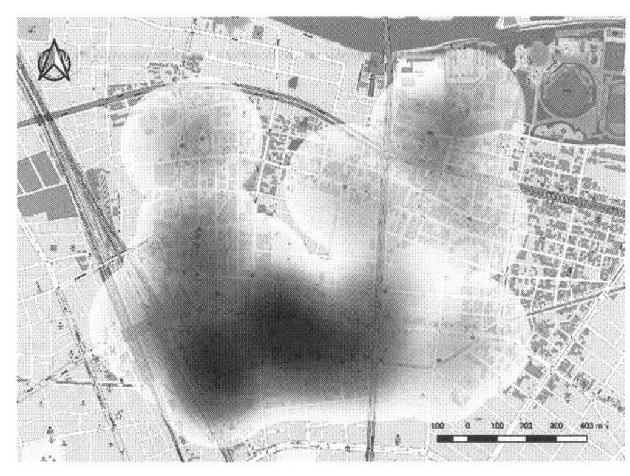

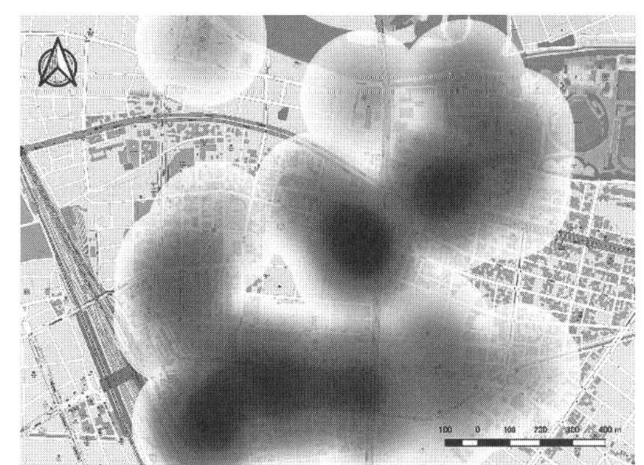

図 1-19　属性による結果の比較
上図が都市型観光、下図が歴史・文化に関する説明スポットである。駒木ゼミ学生による作成結果を引用。

1.4　おわりに

本章では、まちなかを対象として作成した仮想ツアーの特性について、空間解析を行った結果を紹介した。この分析を通じて、学生自身がどのようにまちなかを見ているのか、定量的に捉えることができたのではないかと考えられる。この結果は主観的社会空間の一種であり、たとえば豊橋市中心市街地活性化区域などの客観的社会空間との比較も可能であろう。また、結果を地域住民と共有することで、改めて「まちなか」とは何か、と考えるきっかけにもなると考えられる。

本章で提示した方法は、フィールドワークを通じて作成したアメニティマップや防災マップについて、その結果を定量的に把握することにも応用できると考えられる。今後も、こうした「場所」に対しての想いやまなざしに関する分析の実施や研究蓄積、そして分析方法の開発が期待される。

参考文献

村山祐司・駒木伸比古（2013）『新版　地域分析－データ入手・解析・評価』古今書院
山下　潤（2013）「空間データマイニング」人文地理学会編『人文地理学事典』朝倉書店、202-203 頁

謝辞

本章を作成するにあたり、駒木ゼミ 8 期生（市川雄貴、岩堀仁毅、上松愛依、大石玲奈、大場梨央、大西里奈、笹瀬統哉、佐野太一、柘植さゆり、寺西陽花、栃木大輔、藤中崇矢、古池彩華、松井亜詠、松本宗一郎、水谷栞、以上 16 名、50 音順、敬称略）の作成したツアーや分析結果を利用させていただいた。また、ツアー作成にあたっては、とよはし都市型アートイベント sebone 実行委員会と豊橋まちなか会議の皆様にはアドバイスやご示唆をいただきました。ここにお礼申し上げます。

結果は筆者ゼミのプロジェクトページ（https://taweb.aichi-u.ac.jp/nkomaki/seminar/project2020/index.html）にて公開している。

【まちなか】
第2章

駅周辺街並み変遷のデジタルアーカイブ

KEYWORDS

研究内容	駅周辺街並みの変遷、鉄道整備事業、デジタルアーカイブ、時空間データベース、歴史 GIS、GIS の三次元表現
システム環境	PostgreSQL12、PostGIS3.0、QGIS3.16
主なデータ	ゼンリン住宅地図（1965、1991、2000 年版と 2015 年の電子版）
分析手法	ジオレファレンス、デジタイジング、時空間データベースの構築、Qgis2threejs を用いた 3D マップ作製

2.1　はじめに

2.1.1　研究の背景

1964 年 10 月 1 日に東海道新幹線の名古屋駅が開業した。それからの 50 年間、鉄道整備事業に伴い、名古屋駅周辺地区のすがたは大きな変貌を遂げた。近年、リニア中央新幹線東京・名古屋間の 2027 年の開業を見据え、名古屋駅周辺地域の新たな再開発計画が進められ、近い将来まちのすがたがさらに変貌することになる。

こうした鉄道整備事業に伴った駅周辺地域の変化は、空間的に一律的なものではなく、地区によってそのすがたが異なる。高層ビルが林立する名古屋駅東口周辺地区は、愛知県の玄関口として商業、商社と金融機関が集積している。それと比べ、西口周辺の地区にはやや狭い路地に地元の商店街、学校、病院、公園など地域住民の憩いの場がひろがり、庶民生活の香りが漂う。

現在、再開発に必要な都市空間を求め、名古屋駅西口地区への注目度は増している。こうした町の再開発にもたらす変化に対し、住民は期待と不安が入り混じるなかで、再開発計画へ関心が高まっている。このような背景のもと、本研究は、名古屋駅西口周辺商店街を対象に、東海道新幹線名古屋駅開業以来の 50 年間、鉄道整備事業に伴うまちのすがたの変遷を ICT 技術でデジタル化し、GIS で再現することを目指す。

2.1.2　デジタルアーカイブ

アーカイブ（archive）は、書庫や保存記録と訳される。文書や史料、また美術作品などの記録が必要な時に取り出せるように保存するのが、アーカイブの目的である。デジタルアーカイブ（digital archive）は、保存記録のデジタル化を指す。

本研究は、対象商店街における 50 年間の住宅地図を集め、町街道区画の形状や建物の分布と用途の変化を通して、街並み変遷の足跡を時空間データベースで記録し、さらに 3D GIS でその変遷を再現する。

本稿は、町街道変遷のデジタルアーカイブに関する手法を中心に、GIS のジオレファレンス、デジタイジング、時空間データベースの構築と三次元 GIS の作成を解説する。

2.1.3　主な内容

本研究は、名古屋駅西口の椿町、竹橋町と則武 2 丁目を対象に、表 2-1 に示した 50 年間の主な出来事を踏まえ、鉄道整備事業に伴った町街道の変遷を ICT と GIS の手法で記録する。

研究の主な内容として、まず、研究対象地区にお

表 2-1　主な出来事

No	年度	主な出来事
1	1964	東海道新幹線名古屋駅開業
2	1987-91	JR 東海誕生、太閤通北改札口開設など
3	2000	JR セントラルタワーズ開業
4	2014	国土交通省リニア中央新幹線の着工認可

いて、1965、1991、2000 と 2015 の 4 年分の都市区画、道路と建物データを QGIS のジオレファレンスとデジタイジングの手法でデジタル化する。次は、時空間データベースによるデータ構造化を行い、QGIS のレイヤフィルタから SQL 構文でデータを抽出する。さらに、建物用途の分類を行い、その変遷を 3D GIS で表現する。

図 2-1 は本章以下の主な内容を示す。第 2 章 2 節は、1965 年の住宅古地図を含め、紙地図の収集、デジタル化の手法を説明する。第 2 章 3 節は、データベース技術を駆使し、50 年間にわたる区画と建物のデータ構造を時空間的に統一し、データベースに格納と QGIS レイヤからの抽出方法を解説する。第 2 章 4 節は、地図別記の情報を参考に、建物用途の分類方法を紹介し、最後の第 2 章 5 節は、Qgis2threejs を用いた 3D マップの作成と Web 配信の技術を解説する。

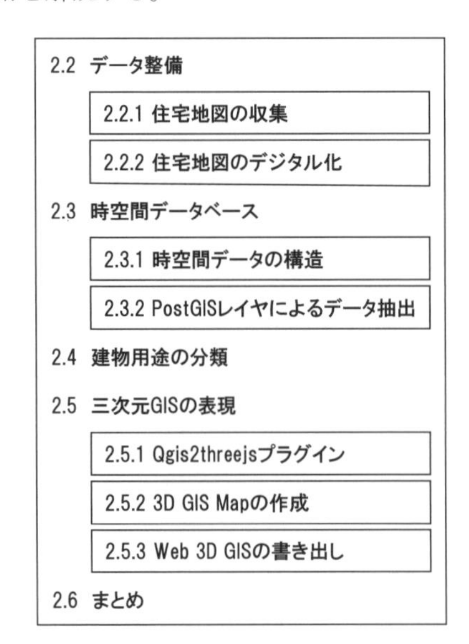

図 2-1　本章の主な内容

2.2　データ整備

2.2.1　住宅地図の収集

本研究は、住宅地図の収集からはじめた。表 2-2 は、本研究に使用した各種の住宅地図を示す。そのうち、QGIS ジオレファレンスの作業に使われたのはゼンリン住宅地図である。

表 2-2　使用データ一覧

No	データ	出所
1	町内詳細地図	町内会
2	名古屋市全商工住宅案内図帳、1965	住宅地図協会
3	ゼンリン住宅地図 1991 年と 2000 年	ゼンリン社
4	電子住宅データ 2015 年	ゼンリン社
5	駅西口再開発プラン	名古屋市
6	その他の地図データ	ESRI ジャパン

図 2-2、図 2-3 と図 2-4 は、それぞれ 1965 年、2012 年と 2015 年の竹橋町牧野小学校周辺を示している住宅地図である。そのうち、図 2-2 は住宅地図協会の紙地図、図 2-4 はゼンリンの電子住宅地図であり、図 2-3 は町内会住民から入手した住宅地図である。本研究は主に住宅地図協会とゼンリンの住宅地図に基づいてデータ整備を行ったが、一部の情報

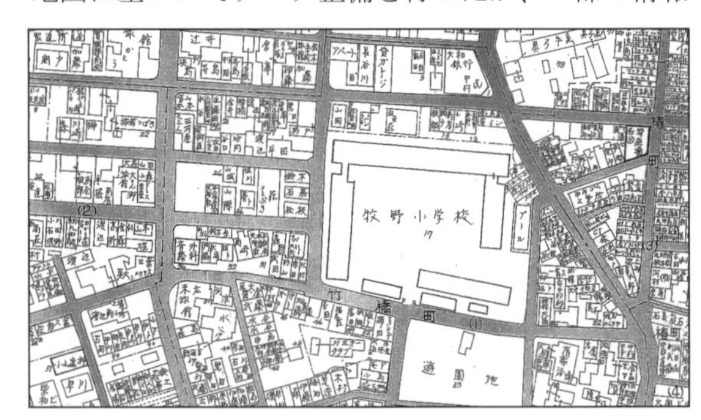

図 2-2　牧野小学校周辺（1965 年）

図 2-3　牧野小学校周辺（2012 年）

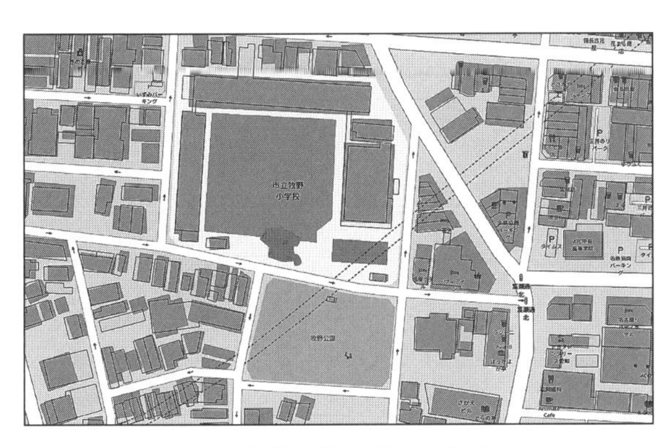

図 2-4　牧野小学校周辺（2015 年）

は町内会のマップを参照した。

2.2.2　住宅地図のデジタル化

住宅地図の区画と建物を対象に、年ごとに紙地図の情報に基づきデジタル化を行った。データ整備作業は、2015 年の電子住宅データを基準に、2020 年、1991 年、1965 年の順に遡って行った。

まず、QGIS のジオレファレンス手法を用いて、2015 年電子地図の下に 2000 年紙マップの画像ファイルを重ねる。次に、2015 年にない 2000 年の建物を、QGIS のデジタイジングの手法で追加する。区画も同様に、2015 年と異なる 2000 の区画があれば、それを追加する。その後は同じように、2000 年の地図に 1991 年地図を重ね、更に 1991 年の地図に 1965 年の地図を重ね、前のマップに存在しない建物、あるいは異なる区画だけを追加する。

図 2-5 は、ジオレファレンスとデジタイジングの作業画面を示す。本稿には、ジオレファレンスとデジタイジングに関する詳細な操作方法の紹介は省略するが、必要に応じて「入門編」で参照できる【☞「4.2「旧版地形図のジオリファレンス」】。

上述のデータ整備作業の結果、1965 年から 2015 年まで 4 年分のデータ（区画と建物）を、年度別に分けることなく 1 つのファイルに統一し、保存する。次の節では、年度別のデータ抽出や分析ができるような時空間的なデータ構造を構築する。

2.3　時空間データベース

この節では、PostgreSQL と PostGIS を用いて、前節で作成した区画データと建物データに、変遷歴を記録するためのデータ構造を設け、データベースに格納する。

2.3.1　時空間データの構造

街角の区画と建物の変遷を記録するためには、変遷歴に関する属性の追加が必要になる。図 2-6 には、建物データ stb_building と区画データ stb_town_section のデータ構造を示す。地物の変遷歴は、属性 start_from と end_to で、つまり、存在期間を用いて、

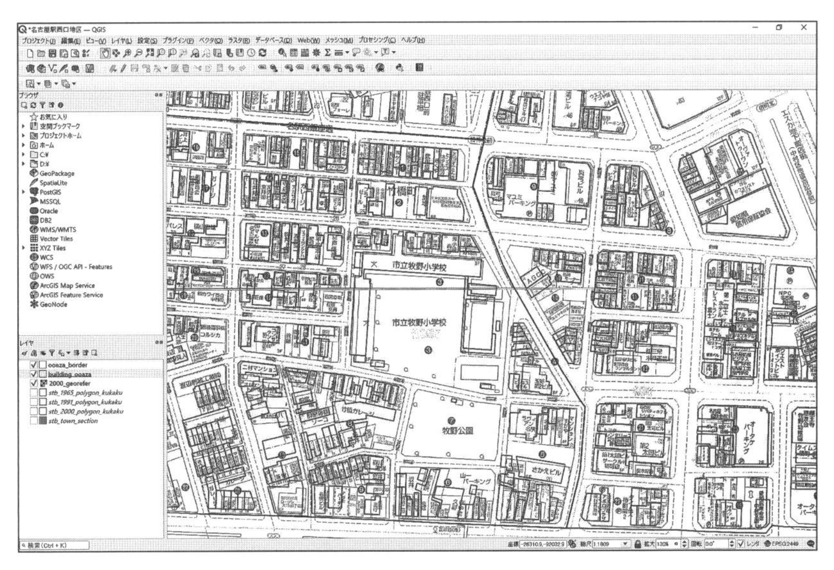

図 2-5　建物データ作成の様子（牧野小学校周辺）

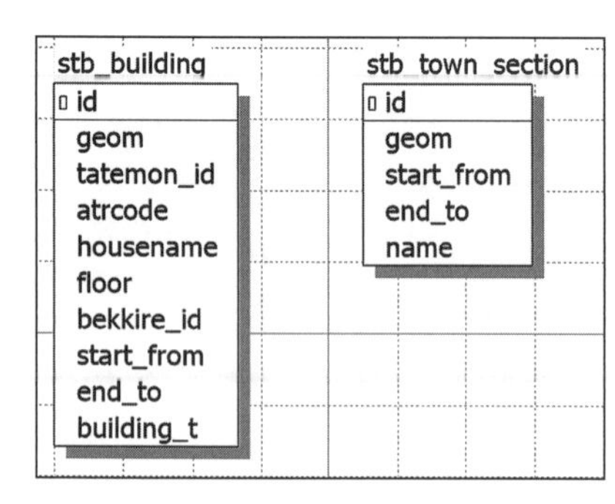

図 2-6　変遷歴をもつデータ構造

変遷歴を記録する。その存在期間は、研究対象期間（1965 年～ 2015 年）と関連付けると、4 つのケースが生じる（表 2-3）。

表 2-3　変遷歴の 4 つのケース

No	start_from	end_to	説明
1	建造年	廃止年	存在期間が研究対象期間に含まれる
2	建造年	NULL	廃止時期は研究対象期間を超えている
3	NULL	廃止年	建造年は研究対象期間を超えている
4	NULL	NULL	建造と廃止年を共に研究対象期間を超えている

ケース 1 は、start_from と end_to の両方とも記載があり、地物は 1965 年以降、2015 年以前の間に存在していたことになる。ケース 2 の場合は end_to の記載がない（NULL）。建物がいつ廃れたかは不明であるが、2015 年の存在は確認できる。逆に、ケース 3 のように start_from の記載がなく、建物の建造年は不明である。1965 年から既に存在していたことは確認できるが、2015 年は存在しない。最後のケース 4 には、生存期間に何にも記載がないので、1965 年から 2015 年までの存在が確認できる。

次の構文は、決められた年（例えば、1991 年）の地物（例えば stb_building）を抽出するコードを示す。

構文 2-1

```
1  select *
2  from s_street.stb_building
3  where (end_to>1991 or end_to is NULL) and
   (start_from<=1991 or start_from is NULL)
```

【構文 2-1 の解説】

建物データ stb_building から（行 2）、建物データの全項目を抽出する（行 1）。その時の抽出条件は（行 3）、廃止年が 1991 年よりあと、または NULL、同時に建造年が 1991 年以前、または NULL にする。

なお、変遷歴を持つデータ構造（図 2-6）の実装は、以下の手順で行う。

ステップ 1：テーブル stb_building に 2015 年の住宅データだけをインポートする。そのとき、ケース 4 のように start_from と end_to は NULL にする。

ステップ 2：ジオレファレンスで 2000 年の建物画像を入れ、それを stb_building の 2015 年住宅データと比べる。その場合、以下の 4 つの可能性がある。

- 2015 年にある建物が 2000 年にはない ⇒ start_from に 2015 を入れる。
- 2015 年にない建物が 2000 年にはある ⇒新たに建物データを追加し（デジタイジングで）、end_to に 2015 を入れる。
- 2015 年と 2000 年に両方存在する建物は、何も作業せず、そのままにする。
- 2015 年と 2000 年に両方建物が存在するが、明らかに同一の建物ではない（場所と形状で判断）、つまり建て替えた可能性がある場合、2015 年建物の start_from に 2015 を、新たに追加した 2000 建物の end_to に 2015 を入れる。

ステップ 3：同様の方法で、2000 年 ⇒ 1991 年 ⇒ 1965 年の順でデータを整備する。

図 2-7 は完成した時空間データベースを示す。データベース構築の詳細については、前書第 7 章「都心居住と土地利用の評価」を参照のこと【☞ 7.2「空間データベース構築」】。

名古屋駅西口
public
s_street
stb_building
stb_ooaza
stb_town_section

図 2-7　完成した時空間データベース

2.3.2 PostGIS レイヤによるデータ抽出

次は、QGIS のレイヤから時空間データベースへアクセスし、特定の年度における区画と建物データの抽出方法を解説する。

［レイヤ］⇒［レイヤを追加］⇒［PostGIS レイヤを追加…］の順に選択すると（図 2-8）、「データソースマネージャ」の画面が現れる。

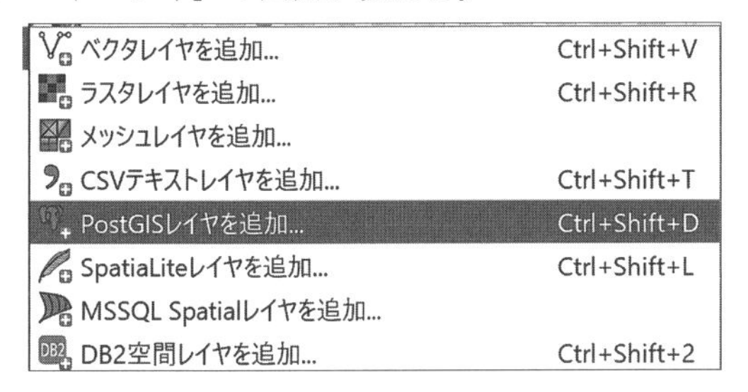

図 2-8　PostGIS レイヤの追加

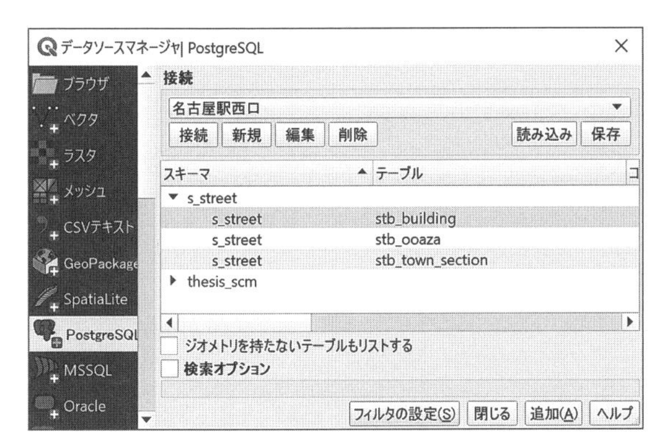

図 2-9　PostGIS レイヤの接続設定

「データソースマネージャ」において、以下の通りで操作を行う（図 2-9）。

［接続］⇒クリックする

［s_street］⇒展開

［stb_town_section］⇒選択

［フィルタの設定］⇒　クリックする

すると、図 2-10 の「クエリビルダ」が開かれる。

「クエリビルダ」に SQL 構文 2-1 の行 3 の一部（where を除く部分）を入力し、［OK］をクリックすると、図 2-11 に示したような 1991 年の区画レイヤが追加される。

新たに追加されたレイヤのプロパティを開き、［ソース］タグを押すと、図 2-12 のように、フィルタの記載内容を確認できる。識別しやすいように、レイヤ名に抽出データの年度を入れ、“stb_town_section_1991” とする。

図 2-10　レイヤデータ抽出の SQL 構文

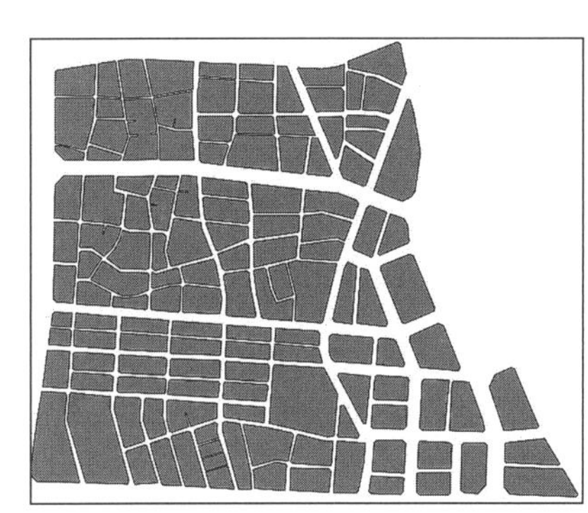

図 2-11　レイヤの抽出結果

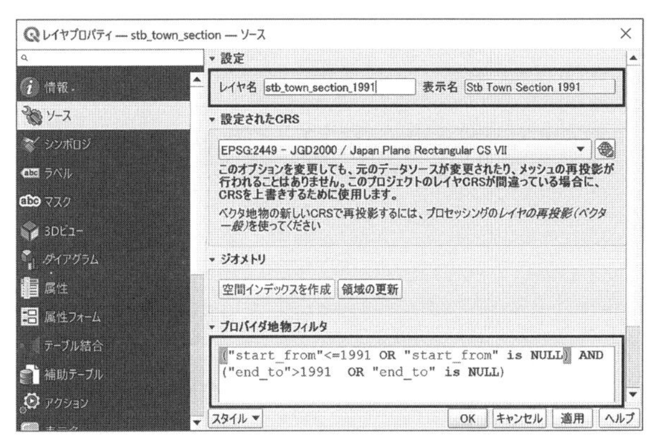

図 2-12　レイヤプロパティの確認

最後に、図 2-13 のレイヤブラウザをみると、「stb_town_section_1991」のフィルタタイプのレイヤが確認できる。レイヤ右の「フィルタ」ボタンをクリックすると、図 2-10 の［クエリビルダ］が現れ、フィルタクエリの編集ができる。

図 2-14 は、レイヤフィルタを使って、抽出した

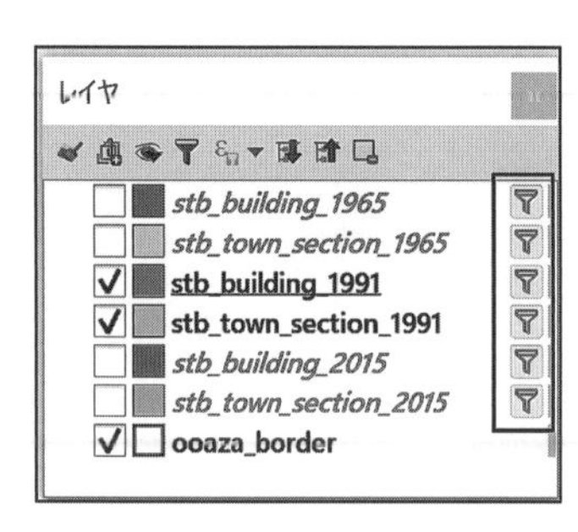

図 2-13　レイヤフィルタの確認

1965 年（上図）と 2015 年（下図）の町街道の区画と建物である。PostGIS レイヤは直接データベースとつながっているので、レイヤ［編集モード］に切り替え、編集を行った結果は、直接データベースに反映される。

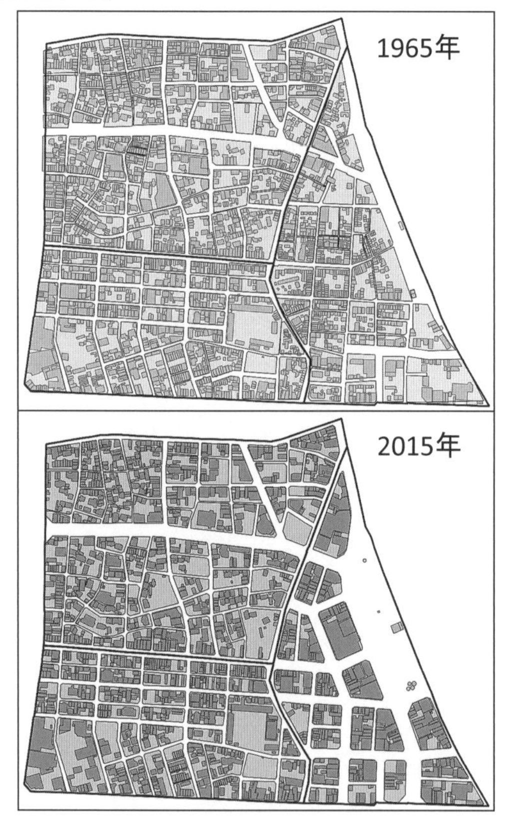

図 2-14　レイヤフィルタの抽出結果

2.4　建物用途の分類

歳月と共に変化する建物の用途は、町街道の変遷を表現するときに重要な要素になる。建物用途の分類法は研究目的に強く依存するので、GIS 方法論との関連は薄い。本稿では、ゼンリン住宅地図データ構造上の特徴から、業務用ビルに対する建物用途の分類方法について、解説を行う。

図 2-15 には、建物 stb_building と建物別記 tb_bekki の属性を示す。建物 stb_building では、各々の建物を対象に、tatemon_id をはじめ、建物類別 atrcode、名称 housename、階数 floor を記載している。一軒家など住宅の場合、housename に記載しているのは表札情報である。それと建物類別 atrcode を合わせると、建物の用途は比較的に容易に判別できる。

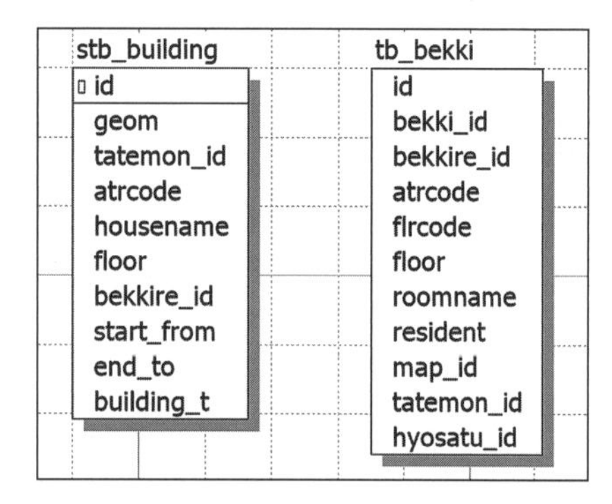

図 2-15　建物と建物別記データ

マンションや業務用ビルなど高層建物に対し、階層別の部屋情報（roomname）は別記 tb_bekki テーブルに記載している。図 2-15 に示した両テーブルの間に、厳密なリレーション関連は定義していないが、双方が持つ建物識別子 tatemon_id を通して、以下の構文を用いて建物ごとの用途を特定することができる。

構文 2-2

```
1  select b.housename, a.*
2  from s_street.tb_bekki a,
   s_street_stb_building b
3  where a.tatemon_id = b.tatemon_id
   and a.tatemon= 14553
```

【構文 2-2 の解説】

建物別記 tb_bekki を a に、建物 stb_building を b に定義する（行 2）。両テーブルの建物識別子 tatemon_id が一致し、かつ指定した建物（ここでの例は tatemon_id=14553）の条件（行 3）のもとで、建物の名称と各階層の部屋情報を抽出する（行 1）。

構文 2-2 の結果と表 2-4 で示した用途類別と類別コードを参照し、目視で該当建物の用途を判断する。その結果、つまり、表 2-4 に記載した用途コードを stb_building テーブルの building_t 属性に記述する。

表 2-4　ビル用途類別の一覧表

ビル用途の類型	コード
オフィスビル	bd_1
雑居ビル	bd_2
オフィス・雑居ビル	bd_3
オフィス・居住ビル	bd_4
雑居・居住ビル	bd_5
すべて複合ビル	bd_6
戸建住宅	a_00
マンション・アパート等集合住宅	b_00
分類不明	c_00

2.5　三次元 GIS の表現

この節では町街道の変遷における三次元 GIS の表現手法を紹介する。

2.5.1　Qgis2threejs プラグイン

3D QGIS を使用するには、Qgis2threejs のプラグインが必要になる。QGIS の［プラグイン］＞［プラグインの管理とインストール］の順で選択し、図 2-16 の画面からインストールを行う。

タグ［すべて］の入力欄に Qgis2threejs を入力し、画面の下に検索結果が現れたら、［インストール］をクリックする。

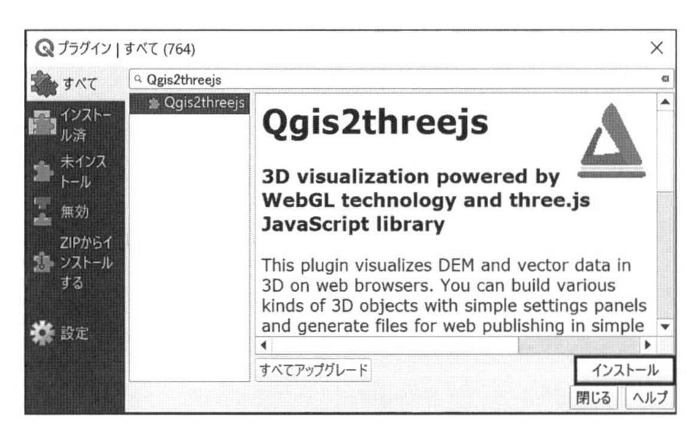

図 2-16　Qgis2threejs のプラグイン

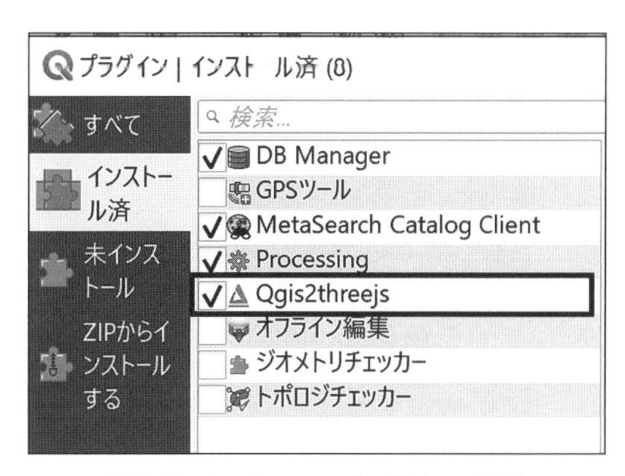

図 2-17　Qgis2threejs プラグインの使用

インストール完了後、［インストール済］のタグに切り替え、図 2-17 のように使用する［Qgis2threejs］プラグインに☑を入れると、QGIS のツールバーに Qgis2threejs アイコンを確認できる（図 2-18）。これで Qgis2threejs のプラグイン作業は完了である。

図 2-18　Qgis2threejs のアイコン

2.5.2　3D GIS Map の作成

まず、図 2-19 に示したように、QGIS 環境において三次元で表現するレイヤを選択し、必要な色などのシンポロジの設定を行う。これから建物の高さを三次元表現するために、階数 floor に［連続値による定義(graduated)］による 10 クラスのグラデーションの色を設定し、準備を整える。

次に、Qgis2threejs の Exporter を開き、図 2-20 に示したように、使用するレイヤをチェックする。こ

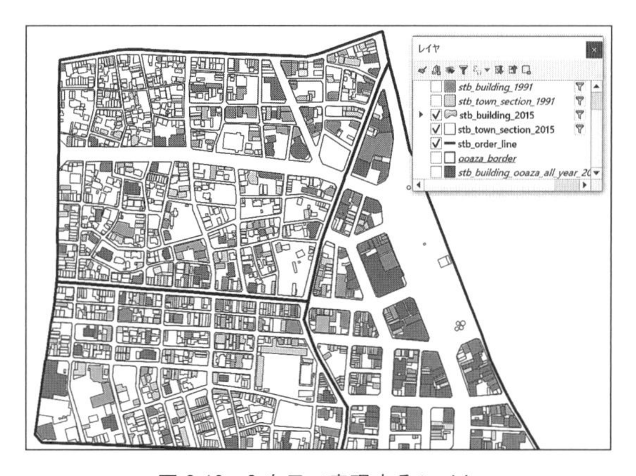

図 2-19　3 次元で表現するレイヤ

こにある stb_border_line は研究範囲境界線であり、ポリゴン ooaza_border を QGIS の［ポリゴンをラインに変換］ツールを用いて変換したラインである。

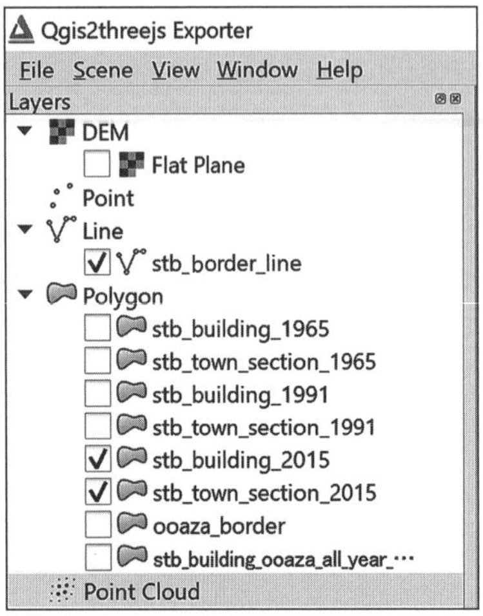

図 2-20　Qgis2threejs の Exporter

次に、それぞれ stb_building_2015、stb_town_section_2015 と stb_border_line の順に、3G 表示の設定を行う。

【建物 stb_building_2015 の設定】

［Object type］⇒ Extruded

［Mode］⇒ Absolute

［Altitude］⇒ Expression

　下に floor を選択

［Color］⇒ Feature style

［Opacity］⇒ Feature style

［Height］⇒ floor * 2.5

［Edge color］⇒ Feature style

ここでは 3D 表現の建物高さを 2.5 倍でやや強調される（図 2-21）。

【区画 stb_town_section_2015 の設定】

［Object type］⇒ Polygon

［Mode］⇒ Absolute

［Altitude］⇒ Expression

　下に 0 を入れる

［Color］⇒ Expression

　下で色を選ぶ

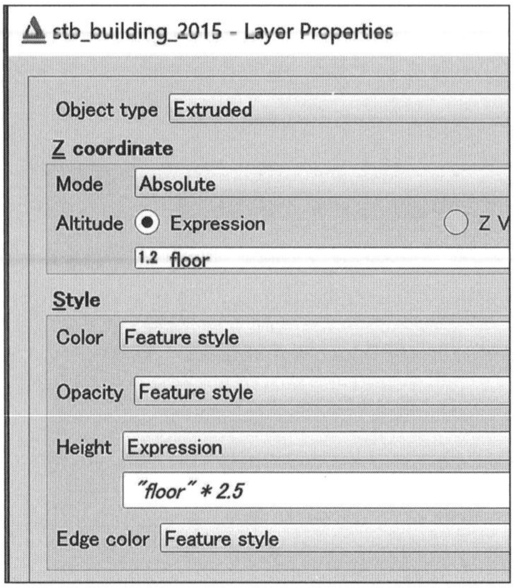

図 2-21　stb_building_2015 の設定

［Opacity］⇒ Feature style

ここで注意してほしいのは、区画は平面 Polygon であり、高さの表現はしないので、Altitude に 0 を設定することである（図 2-22）。

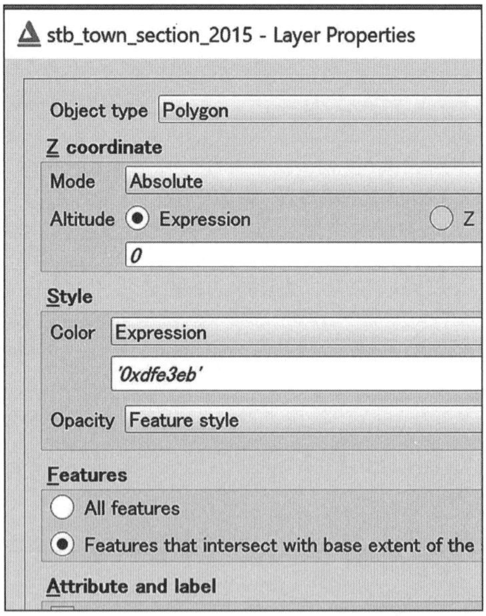

図 2-22　stb_town_section_2015 の設定

【境界線 stb_border_line の設定】

［Object type］⇒ Line

［Mode］⇒ Absolute

［Altitude］⇒ Expression

　下に 0 を入れる

［Color］⇒ Feature style

［Opacity］⇒ Feature style

stb_border_line - Layer Properties

Object type　Line

Z coordinate

Mode　Absolute

Altitude　Expression

0

Style

Color　Feature style

Opacity　Feature style

Dashed

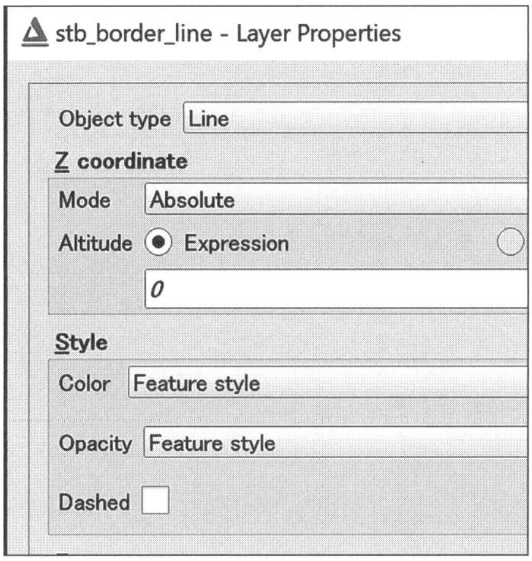

図 2-23　stb_border_line の設定

のように設定する（図 2-23）。

以上の設定により町街道の区画と建物は 3D で表現される（図 2-24）。この画面上の三次元マップは画像ファイルとして書き出すことができる。

2.5.3　Web 3D GIS の書き出し

最後に、Qgis2threejs の Exporter から 3D マップを Web 形式で書き出し、QGIS 環境を使わなくても、簡単に町街道の 3D 地図を楽しめる方法を解説する。

Qgis2threejs の Exporter の［File］＞［Export to Web］の順に選択（図 2-25)、図 2-26 のように、①出力フォルダの設定、②出力ページのタイトル、③ローカル PC で実行できるように☑を入れ、最後に［Export］をクリックする。図 2-27 は書き出された Web 関連のファイルを示している。その中で、index ファイ

図 2-24　1965 年と 2015 年町街道の三次元表現

ルをクリックすると、図 2-28 の Web3D 地図を開くことができる。

図 2-25　Export to Web 機能

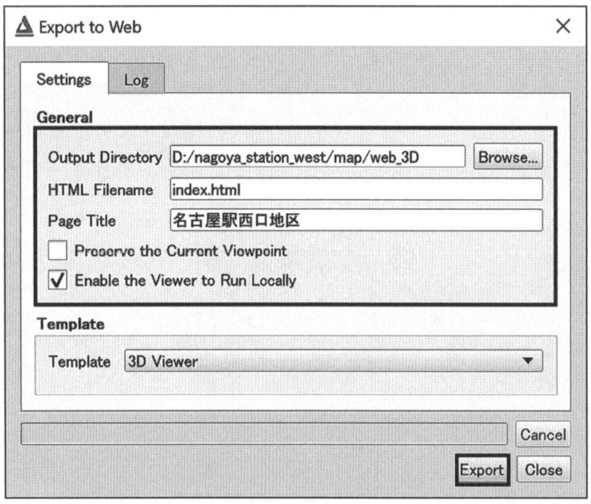

図 2-26　Export to Web の書き出し設定

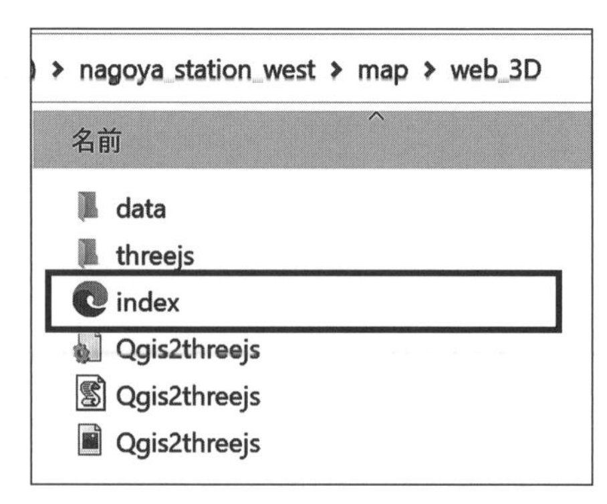

図 2-27　出力した Web ファイル

2.6　まとめ

この章は、歴史 GIS の事例として、名古屋駅西口商店街における 50 年変遷をテーマに、デジタルアーカイブに関する ICT と GIS の手法を解説した。歴史的な足跡をデジタル技術で時空間的に記述するには、主な 3 つのスキルは欠かせない。1 つ目は、紙地図の情報をデジタル化するスキル、つまり、GIS のジオレファレンスとデジタイジングのスキルである。2 つ目は、時間的な変遷を記録できるデータ構造と実装に関する設計である。地物に start_from と end_to の属性を持たせ、それに合わせた実装プロセ

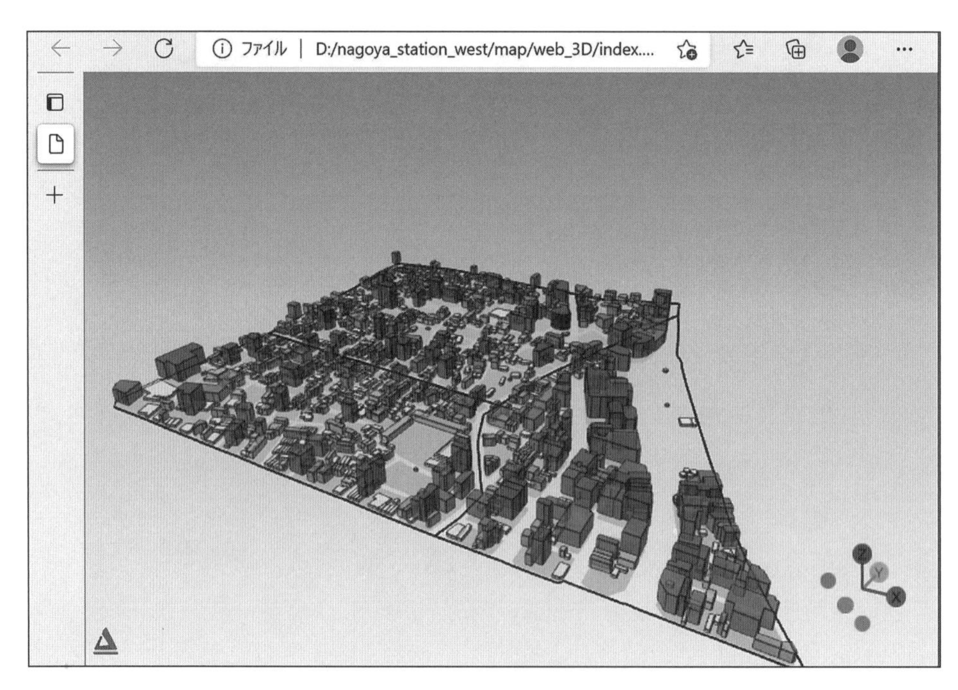

図 2-28　Web ３D の町街道の風景（2015 年）

スが重要である。3 つ目は表現手法である。時空間的な軌跡を表するには TimeManager ツールがあるが（第 6 章参照）、町街道の区画と建物を表現するには、三次元 GIS の Qgis2threejs が有用である。

建物用途の変化を通した町街道の雰囲気と特色の変化の定量的、空間的解析、その変遷歴の可視化については今後の課題として目指したい。

謝辞

この研究は、愛知大学地域政策学部蒋ゼミの卒業研究（2019 年 9 月～ 2022 年 3 月）として行われた。ゼミ生の服部智也君は、共同研究者として、古地図の収集をはじめ、ジオレファレンス、デジタイジングと建物の用途分類など多くのデータ整備作業を担当し、本研究に大きく貢献した。ここにお礼を申し上げる。

また、名古屋市中村区竹橋町の町内会の長谷川氏から多くの資料と情報を提供して頂き、謝意を申し上げる。

【歴　史】

第3章　歴史 GIS データの入手と活用

KEYWORDS

研究内容	旧版地形図・空中写真の利用、ジオリファレンス、歴史地名・歴史地域統計データの入手と活用、歴史 GIS データのフォルダ構成、旧版地形図を用いた研究事例の紹介、歴史 GIS
システム環境	QGIS3.16、Microsoft Excel
主なデータ	地理院地図、今昔マップ、日本版 MapWarper、歴史地名データ、歴史地域統計データ
分析手法	地図画像（地図タイル）の読み込み、歴史 GIS データの重ね合わせ

3.1　はじめに

3.1.1　研究の背景

地域の歴史を調べる際に、明治期から現在にいたるまでに発行された旧版地形図や空中写真が使用できる。こうした資料を閲覧・入手するには国土地理院の謄本サービス【☞ **4.1.4「事前に準備しておくデータ」**】が利用されてきたが、近年では「地理院地図」や「今昔マップ」、「ひなた GIS」などの WebGIS サイトが整備・公開され、過去のさまざまな地図（国土地理院のすべての謄本が閲覧できるわけではない）をインターネットに接続されたパソコンやタブレット、スマートフォンを利用していつでも・どこでも・誰でも閲覧できる。

さらには WebGIS サイトに掲載された地図は、緯度経度の情報を持つため、QGIS などのソフトウェアに読み込み、他の GIS データと重ね合わせができる。こうしたさまざまな地図データを重ねるにはジオリファレンス（位置補正・幾何補正）機能【☞ **4.2「旧版地形図のジオリファレンス」**】を用いたデータ作成が必要であるが、Web 上から入手可能な地図を用いることで、その作業を省くことができる。ただし、あくまで背景画像としての利用であって、拡大表示に制約があることや、地図を用いた画像解析（ラスタ分析など）ができないことに注意してほしい。

そのほか、「日本版 Map Warper」サイトからジオリファレンス化された古地図や絵図などの地図画像を入手する方法や、「歴史地名データ」や「歴史地域統計データ」の活用についても紹介する。

3.1.2　主な内容

研究の主な内容として、まず、ベースマップ・背景画像用の歴史 GIS データについて、「地理院地図」や「今昔マップ」から地図タイルを読み込む方法、「日本版 Map Warper」サイトから入手したラスタ形式の地図画像ファイルの利用を紹介する。次に、ベクタ形式の歴史 GIS データについて、「歴史地名データ」サイトから緯度経度情報を持ったテキスト形式のデータ（「大日本地名辞書」「延喜式神名帳」「旧 5 万分の 1 地形図」）を入手し、ポイント形式のデータとして、地図上に表示する方法を示す。また、「歴史地域統計データ」サイトの中から「行政界変遷データベース」（地図データ：ポリゴン形式）を入手し、1890（明治 23）年の統計データと結合し、歴史 GIS データを作成する方法を紹介する。そして、上記で入手した歴史 GIS データをどのようなフォルダ構成にすればよいか、その一例を紹介する。

最後に、旧版地形図を用いた事例研究として、日本を代表する児童文学作家である新美南吉の作品に登場する地名に関する分析（佐々木優衣氏愛知大学卒業論文）と、愛知県における鉄道高架箇所の脆弱性に関する分析（小林有那氏同卒業論文）を紹介する。図 3-1 は本章以下の主な内容を示す。

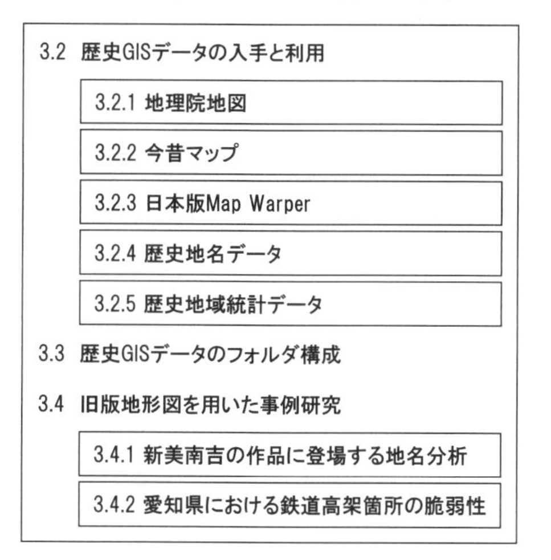

図 3-1　本章の主な内容

3.2　歴史 GIS データの入手と利用

3.2.1　地理院地図

国土地理院が公開している「地理院地図」（https://maps.gsi.go.jp/）に掲載された空中写真の一部をQGIS の背景画像にする方法を説明する。Web ブラウザで「地理院タイル」と検索すると地理院タイル一覧サイトが表示される（図 3-2）。地理院タイル一覧の「年代別の写真」中から、1961 ～ 1969 年を選択し、URL の部分（https…）をコピーする（図 3-3）。次に、QGIS 上のブラウザパネルの中から「XYZ Tiles」を右クリック→新規接続→「名前」の部分は「空中写真 1961-1969 年」と入力して、「URL」にはコピーしたものを貼り付ける（図 3-4）。XYZ Tiles に新規接続することで、地理院タイル一覧に掲載された地図群を登録できる。図 3-5 は地図をレイヤとして表示したものである。

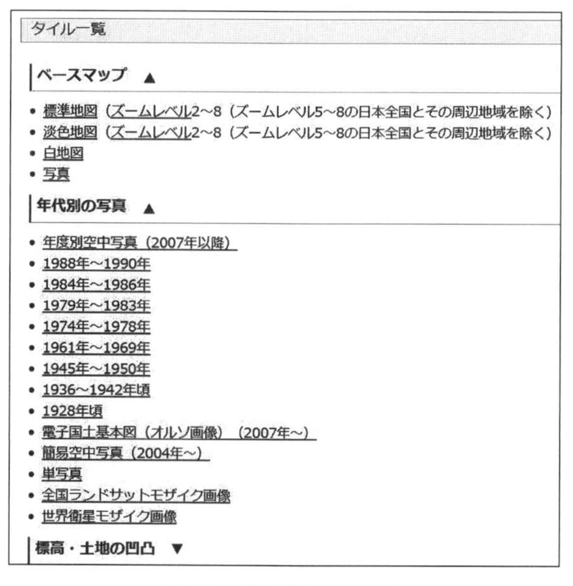

図 3-2　地理院タイル一覧
https://maps.gsi.go.jp/development/ichiran.html

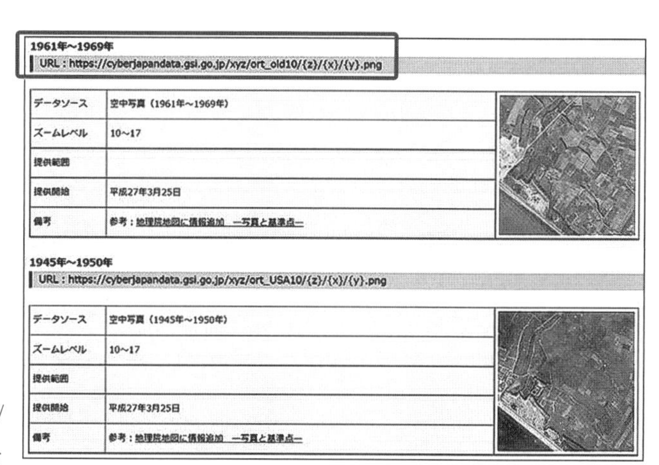

図 3-3　空中写真の概要と URL

図 3-4　XYZ Tiles への新規接続

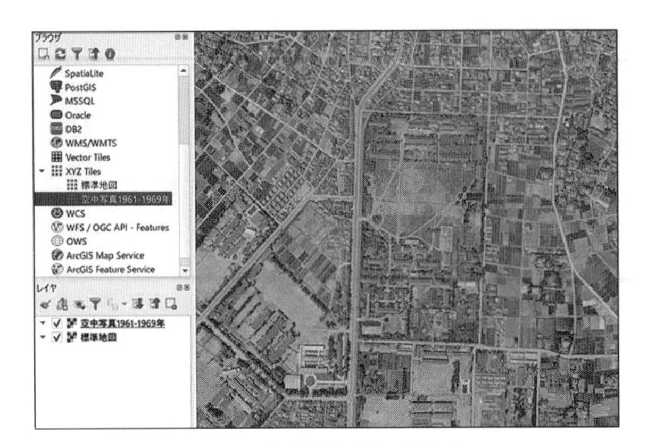

図 3-5　空中写真 1961-1969 年

中央の長方形の敷地が愛知大学豊橋キャンパスである

ただし、地図画像によって拡大に制約があり、空中写真 1961-1969 年の場合、6500 分の 1 よりも拡大すると表示されなくなる。このような制約があるものの、過去の空中写真を他の GIS データと重ね合わせることができる点は大きい。

上記の方法のほかに、「地理院タイルの WMTS メタデータ提供実験」のページから地図院タイルを追加する方法がある。これについては、地理情報システム学会教育委員会編著（2021）『地理空間情報を活かす授業のための GIS 教材』「第 12 章旧版地形図を利用した土地利用変化の把握」を参照されたい。

3.2.2　今昔マップ

埼玉大学の谷謙二氏が作成・公開している時系列地形図閲覧サイト「今昔マップ on the web」（https://ktgis.net/kjmapw/）は過去の地図を閲覧できる WebGIS サイトとして広く利用されている（2022 年 3 月 1 日現在で 4,756 枚の旧版地形図を収録）。本節では今昔マップに掲載された旧版地形図を QGIS に読み込む方法を説明する。

今昔マップのトップページ（図 3-6）の下部にある「タイルマップサービスについて」を開くと、「タイルマップサービス」の説明がある（図 3-7）。QGIS の場合は「SSL 非対応の場合」に記載された URL をもとに、XYZ Tiles に入力する。今回は図 3-5 と同じ範囲（愛知県豊橋市：愛知大学豊橋キャンパス）を表示するために、データセットは「浜松・豊橋」を選ぶ。

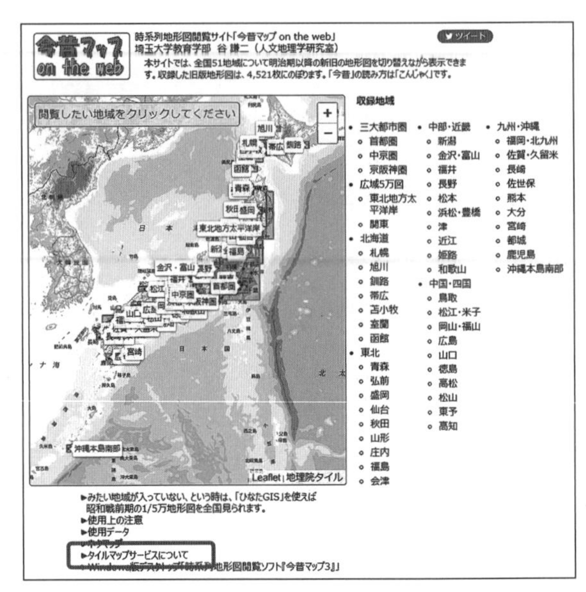

図 3-6　今昔マップのトップページ

タイルマップサービス

本サイトの地図画像は、球面メルカトルによる一般的なタイルマップとなっています。そのため、外部のアプリケーションから地図画像を取り出して表示することができます。タイルへのアクセスは次のようになります。タイルの始点は 南西です。QGISでタイルレイヤを設定する際は、yをマイナスに{-y}として下さい。

SSL非対応の場合（QGIS等、デスクトップアプリ等からの利用）
http://ktgis.net/kjmapw/kjtilemap/{データセットフォルダ}/{時期フォルダ}/{ズームレベル}/{x}/{y}.png

SSL対応の場合（Web地図サービスからの利用）
https://ktgis.net/kjmapw/kjtilemap/{データセットフォルダ}/{時期フォルダ}/{ズームレベル}/{x}/{y}.png

（従来のSSLサイト https://sv53.wadax.ne.jp/~ktgis-net/kjmapw/kjtilemap/ は2021年9月頃に使えなくなるので、修正して下さい）

図 3-7　タイルマップサービスの説明

データセットごとのフォルダ構成

データセットごとのフォルダ構成は以下のようになっており、データセットフォルダの下に時期フォルダが入っています。表示できる**ズームレベルは8～16**ですが、東北地方太平洋岸と関東は8～15となっています。

データセット	データセットフォルダ	時期	時期フォルダ
首都圏	tokyo50	1896-1909年	2man
		1917-1924年	00
		1927-1939年	01
		1944-1954年	02
		1965-1968年	03
		1975-1978年	04
		1983-1987年	05
		1992-1995年	06
		1998-2005年	07
中京圏	chukyo	1888-1898年	2man
		1920年	00
		1932年	01
		1937-1938年	02
		1947年	03
		1959-1960年	04
		1968-1973年	05
		1976-1980年	06
		1984-1989年	07
		1992-1996年	08
		1892-1910年	2man

図 3-8　データセットごとのフォルダ構成

URL の設定は以下の通りである。

＜ SSL 非対応の場合：テンプレート＞

https://ktgis.net/kjmapw/kjtilemap/{ データセットフォ

ルダ }/{ 時期フォルダ }/{ ズームレベル }/{x}/{y}.png

＜浜松・豊橋　1889-1890 年の例＞
https://ktgis.net/kjmapw/kjtilemap/hamamatsu/2man/{z}/{x}/{-y}.png
①データセットフォルダ：hamamatsu
②時期フォルダ：2man　※時期：1889-1890 年
③ズームレベル：{z}
④ QGIS では {y} の部分をマイナスに {-y} とする
※ URL は半角英数で入力。「https」の前や「.png」の後にスペースが入らないように注意する。

浜松・豊橋の今昔マップを XYZ Tiles に接続することで図 3-9 のように表示できる。図 3-5 と同様、拡大に制約（ズームレベルは 8 ～ 16）があり、1889-1890 年の場合、7500 分の 1 よりも拡大すると表示されなくなる。異なる時期も合わせて設定することを推奨する。

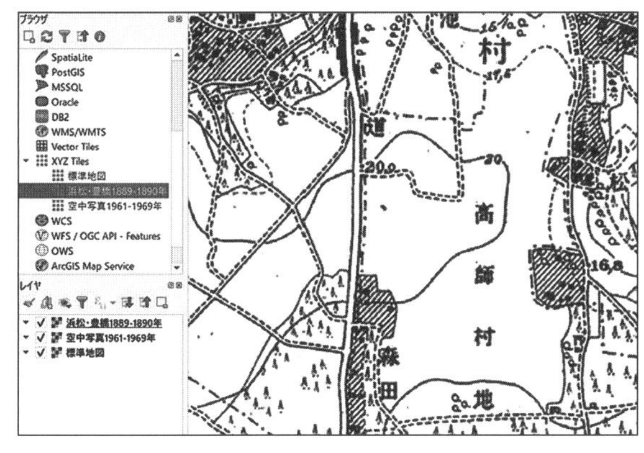

図 3-9　浜松・豊橋 1889-1890 年地形図

3.2.3　日本版 Map Warper

地理空間情報の開発者・コンサルタントである Tim Waters 氏がオープンソースのジオリファレンスソフト「Map Warper」を開発し、その日本版として立命館大学の矢野桂司氏が中心となって開発し、「日本版 Map Warper」サイト（https://mapwarper.h-gis.jp）を公開している。本サイトはすべて無料で利用でき、自分の持っている地図の画像を現実の地図上（OpenStreetMap）に重ねて表示し、インターネットを通じて世界中の人へ公開することができる。既にジオリファレンスを終えている地図画像ファイルは「整形済みの地図を見る」の部分に格納され、QGIS や GoogleEarth などに表示することができる。タイトルに「豊橋」が含まれるものを検索すると 3 件ヒットする（図 3-10）。そのうち「『豊橋』五万分一地形圖」を選択し、「エクスポート」のタブの中から、「GeoTIFF：整形済みの GeoTIFF をダウンロードする」をクリックする。図 3-11 は QGIS に追加したものであり、上述した 1960 年代の空中写真や明治期の旧版地形図と重ねることが可能であり、画像の中心に位置する愛知大学周辺の変化が読み取れる。

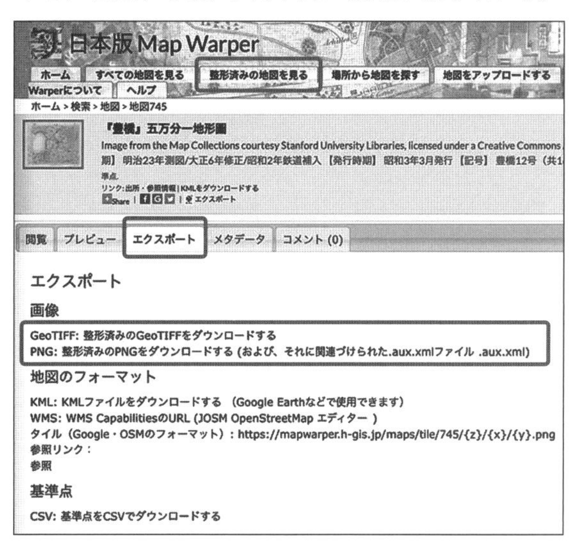

図 3-10　日本版 Map Warper を用いた画像のダウンロード

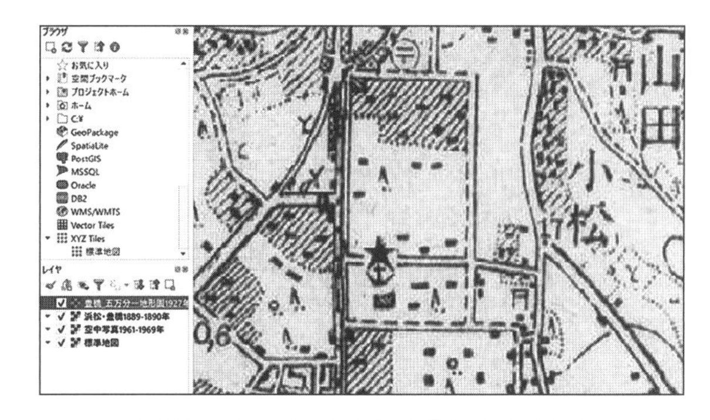

図 3-11　5 万分の 1 地形図「豊橋」1927 年

3.2.4　歴史地名データ

人間文化研究機構および H-GIS 研究会により構築された「歴史地名データ」（https://www.nihu.jp/ja/publication/source_map）には、「大日本地名辞書」（1900（明治 33 年発行・地名 53,528 件）や「延喜式神名帳」（式内社全 2,861 社のうち、2,842 社）、「旧5 万分の 1 地形図」（地名 242,544 件）の位置情報が収録されている（図 3-12）。右側の「ダウンロード」をクリックすると入手できる。これらのデータは複数の CSV 形式のテキストファイル（.txt）として誰でも利用可能な状態として提供されている（図 3-13）。ただし、QGIS に読み込む前に、Excel などの表計算ソフトを利用して、テキストファイルを CSV カンマ区切り（.csv）の形式（文字コードは UTF-8 に設定）をする必要がある。作成した CSV ファイルを QGIS へ読み込む方法は、メニューバーの［レイヤ］＞［レイヤを追加］＞［CSV テキストレイヤを追加］を選択する。その後の具体的な手順は【☞ **4.3.3「QGIS への読み込みとシェープファイル化」**】を参照してほしい。この作業によって歴史地名データを QGIS 上に表示でき、なかでも『延喜式』成立の 927（延長）年以前に創建された約 1000 年以上の歴史を持つ式内社を可視化することで、地域の歴史や資源を再認識できるだろう（図 3-14）。

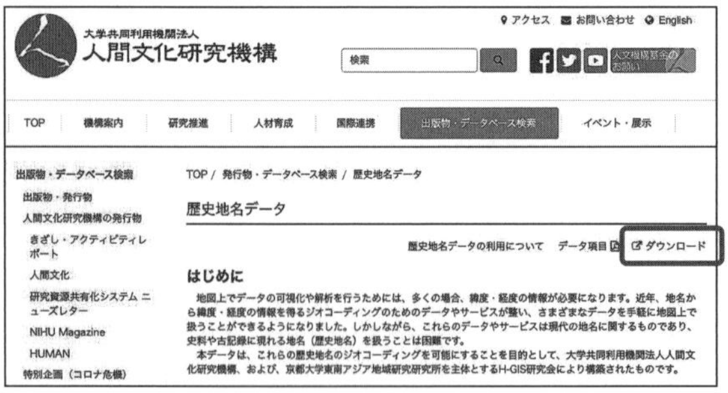

図 3-12　歴史地名データのトップページ

名前	変更日	サイズ
上位地名_別名.txt	2017年12月24日 9:55	32 KB
上位地名.txt	2017年12月24日 9:53	65 KB
地名_上位地名.txt	2018年6月21日 13:25	29.1 MB
地名_属性.txt	2017年12月24日 10:09	2 KB
地名_別名.txt	2018年6月21日 13:23	11.1 MB
地名.txt	2018年6月21日 13:21	33.7 MB

図 3-13　データの名称とファイルサイズ

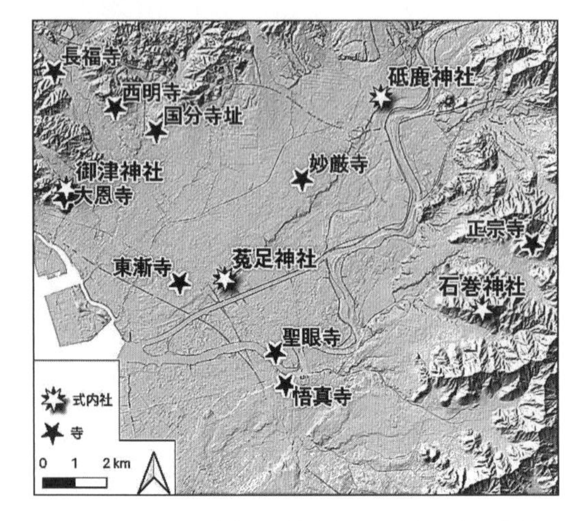

図 3-14　大日本地名辞書に記載された式内社と寺－豊橋市・豊川市－　背景画像：地理院タイル「陰影起伏図」

3.2.5　歴史地域統計データ

2004 年以降、筑波大学生命環境研究科空間情報科学分野では、近代統計データおよび旧市町村界の地図データの無償ダウンロードサービスである「歴史地域統計データ」サイト（http://giswin.geo.tsukuba.ac.jp/teacher/murayama/datalist.htm）を公開している（図 3-15）。2010 年 3 月 20 日以降の「ニュース更新」はみられないが、2022 年 3 月現在でもデータのダウンロードは可能である（要ユーザー登録）。表 3-1 にあるように、それぞれ同じ年代の地図データと統計データを結合することで、歴史 GIS データを作成できる。ここでは、地図データの入手方法について紹介する。トップページの「データのダウンロード」をクリックし、1 番上にある「1. 地図データ」を開くとさまざまな地図データベースが表示される。このうち、1 番下にある「行政界変遷データベース（地図データ）」の「データダウンロード（「行政区画変遷 WebGIS」へ）」を開くと「年次別行政区画シェープファイルのダウンロード（改訂版）」ページが表示される（図 3-16）。このサイトでは、

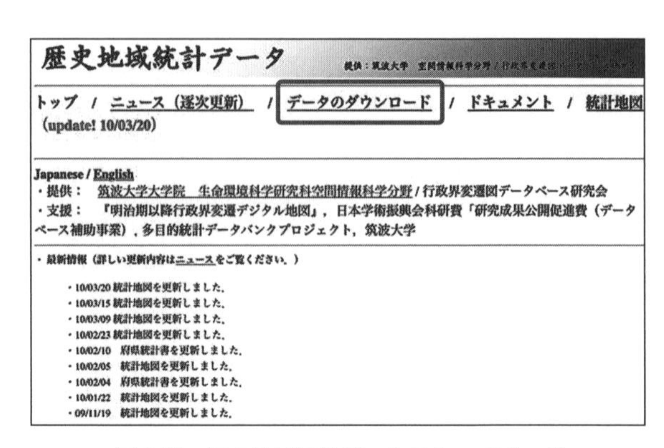

図 3-15　歴史地域統計データのトップページ

表 3-1　歴史地域統計データの提供一覧

データ名	時期	単位地域	提供範囲	形式	出典・基データ
地図データ					
大正・昭和期行政界データ	大正・昭和	市町村	全国	.shp	地理調査所『50万分の1市町村界素図』
明治24年行政界データ	明治23	市町村	一部	.shp	「行政界変遷データベース」「国勢調査 町丁・字等別地図(境域)データ」
行政界変遷データベース	明22～平18	町丁字	全国	.xls	各種行政界変遷資料
行政界変遷データベース(地図データ)	明22～平18	市町村	全国	.shp	「行政界変遷データベース」「国勢調査 町丁・字等別地図(境域)データ」
統計データ					
明治期日本全国人口統計データ	明5～19	市郡/府県	全国	.xls	内務省編『国勢調査以前日本人口統計集成』
共武政表・徴発物件一覧表	明13～40	市郡/市町村	全国	.xls	各年共武政表・徴発物件一覧表
明治33年日本帝国人口動態統計	明33	府県	全国	.xls	内閣統計局『明治33年日本帝国人口動態統計』
明治中期における船舶データベース	明治19, 20	府県	全国	.xls	海軍省艦政局海運課編『汽船表』など
第1回国勢調査市町村別データ	大正9	市町村	全国	.xls	内閣統計局『第1回国勢調査』
大正9年日本帝国死因統計	大正9	府県	全国	.xls	内閣統計局『大正9年日本帝国死因統計』
大正13年・鉄道輸送主要貨物数量	大正13	府県	全国	.xls	鉄道省運輸局『大正13年鉄道輸送主要貨物数量』
第3回国勢調査都道府県別データ	昭和5	市町村	全国	.xls	内閣統計局『第3回国勢調査』

1889（明治 22）年以降の行政区界について、任意の時点のシェープファイルを入手でき、空間参照系は世界測地系・経緯度になっている。属性には、都道府県名、郡名、市区町村名などの基本情報しか付与されていないため、年次が対応する統計データを結合する必要がある。

事例として、1890（明治 23）年の行政区界をダウンロード（zip 形式）したところ、zip ファイルのサイズは約 190MB であった（図 3-17）。QGIS を起動し、メニューバーの［プロジェクト］＞［プロパティ］を開き、座標参照系（CRS）を「EPSG : 4612」に設定した状態で、「jpn1890geo.shp」を追加し、愛知県のみを抽出した（図 3-18）。

入手したシェープファイルの属性を確認したところ、GUN（郡）の項目では、一部「？」や「●」などの不明な箇所が存在することがわかる（図 3-19）。さらには、一部のポリゴンを選択すると、複数が結合している場合がある（図 3-20 の黒塗り部分）。こうした郡名や市区町村名、行政区界の形状などを修正する必要がある。まず、郡名や市区町村名を修正する場合、図書館などに所蔵してある『角川地名大辞典』を用いることが望ましいが、地名と地図の変遷の両方を同時に把握することは難しい。そこで「市町村変遷パラパラ地図」（http://mujina.sakura.ne.jp/history/index.html）を紹介する（図

年次別行政区界シェープファイルのダウンロード(改訂版)

行政区界シェープファイル（市区町村別）を、日本全国年次ごとに圧縮ファイル（LZH形式）のダウンロードができます。

各ファイルのサイズが約６０メガバイトから約１４０メガバイトまでありますので、インターネットのブロードバンド（特に光ファイバー）回線の利用をお勧めします。

以下より年次を指定してください。

年次選択

1889　lzh・ダウンロード　zip・ダウンロード

メタデータ(地図投影情報・属性情報形式)の表示

空間参照系

項目	内容
測地系	世界測地系
座標	地理座標（緯度経度）

行政区画シェープファイルの属性データ形式

フィールド名	タイプ	内容
ID	整数	ＩＤ
YEAR	整数	ダミー
STARTYEAR	整数	行政区界ポリゴンの生成年次
ENDYEAR	整数	行政区界ポリゴンの終了年次
PREF	文字列	都道府県名
GUN	文字列	郡名
CITY	文字列	市区町村名
ISFINISHED	整数	2006年時点での行政区界ポリゴンの存続の有無（0・・・存続，1・・・消滅）

図 3-16　年次別行政区画シェープファイルのダウンロード（改訂版）サイト

名前	変更日	サイズ
jpn1890geo.dbf	2007年10月10日 0:46	1.9 MB
jpn1890geo.shp	2007年10月10日 0:46	186.5 MB
jpn1890geo.shx	2007年10月10日 0:46	129 KB

図 3-17　データの名称とファイルサイズ

図 3-18　愛知県の行政区界（1890 年）

	STARTYEAR	ENDYEAR	PREF	GUN	CITY	ISFINISHED
36	1889	1905	愛知県	?	吉田村	1
37	1889	1905	愛知県	?	三輪村	1
38	1889	1899	愛知県	?	本郷村	1
39	1889	1898	愛知県	?	神戸村	1
40	1889	1905	愛知県	?	小川村	1
41	1889	1905	愛知県	?	常磐村	1
42	1889	1905	愛知県	?	平井村	1
43	1889	1905	愛知県	●	大田村	1
44	1889	1905	愛知県	●	善野師村	1
45	1889	1905	愛知県	愛知郡	鳴尾村	1
46	1889	1905	愛知県	愛知郡	幅野村	1

図 3-19　行政界変遷データベースの属性

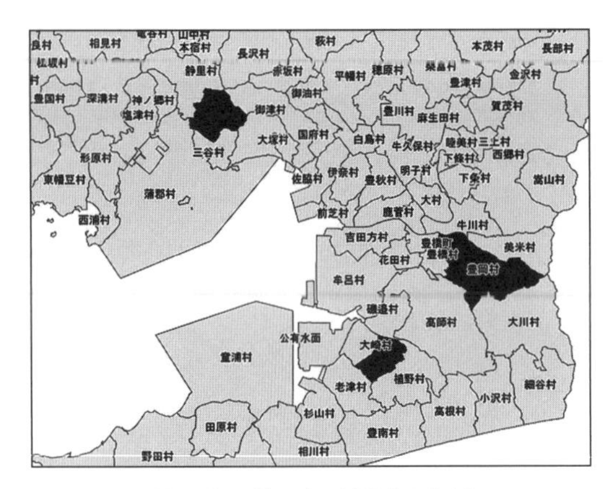

図 3-20　ポリゴンが結合した例

3-21・図 3-22)。このサイトでは「多すぎてわかりにくい市町村合併を『パラパラまんが』のような地図切り替えで表現している」ため、歴史 GIS データの作成・修正の際に参照することを推奨したい。なお、すべての地域を網羅しているわけではないため、上記の事典や自治体史なども活用してほしい。

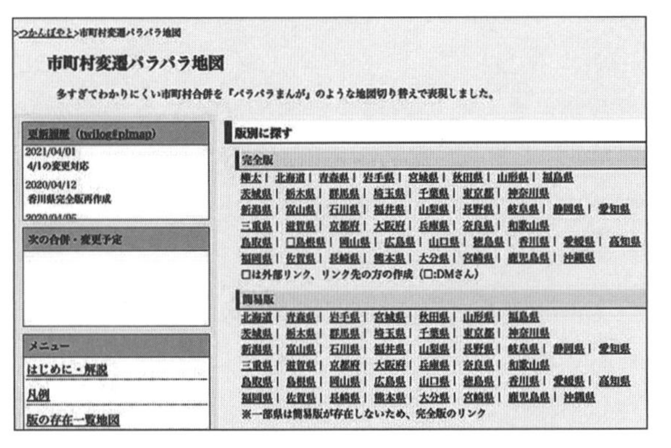

図 3-21　市町村変遷パラパラ地図のトップページ

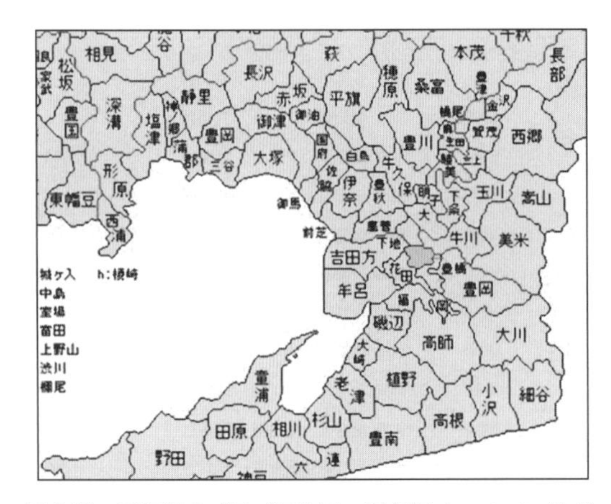

図 3-22　愛知県のパラパラ地図・完全版（1890/10/01 時点）

次に、行政区界の形状を修正する場合は、旧版地形図を利用する。これまで明治以降の行政区界のポリゴン形式の GIS データを作成するには、デジタル化した旧版地形図をジオリファレンスして、そこから形状をトレースする形で作業してきた。その点においても、筑波大学の行政界変遷データベースの提供は歴史 GIS データを扱う者にとって大きな功績と言える。また、全国すべての地域や時期を扱えるわけではないが、上述した「今昔マップ」を背景画像に利用することで、歴史 GIS データの作成・修正が容易になったことは間違いない。

図 3-20 で示したように地物（フィーチャとも呼ぶ）が複数結合した場合は､以下の手順で処理する。行政区界データがマルチポリゴンになっているため､メニューバーの［ベクタ］＞［ジオメトリツール］＞［マルチパートをシングルパートに変換］を選択する。［入力レイヤ」の部分に行政区界データを設定し､実行することで､シングルポリゴンになる（図 3-20 の場合は、1 ポリゴンから 3 ポリゴンになる)。このような手順で、地物をユニークな状態（ID や名称などがすべて異なる）とし、統計データと一対に結合できるように準備する。

そして、地図データと統計データを結合する前に両方のデータの結合フィールドの内容を一致させる必要がある。今回は事例として、1890（明治 23）年の行政区界データを入手したが、この年次と対応する歴史地域統計データとして「徴発物件一覧表」がある。この統計には人口・職業のほか、学校・製造所・水車場などの建物、人力車・牛車・日本形船などの車両船舶、農林水産物などの項目があり、当時の様子を地図化できる貴重な資料と言える。ただし、入手した統計データを確認すると、市区町村名にあたる「CITY」の項目では豊橋が「豐橋」、郡にあたる「GUN」の項目では宝飯郡が「寶飯郡」と記載されているなど､旧字体の表記が多くみられる。新字体と旧字体、つまり一文字の違いだけで結合できないため､データ作成には注意を払う必要がある。

上述のように歴史 GIS データの作成には細かな作業が必要となるが、取り組んでほしい。

3.3　歴史GISデータのフォルダ構成

さまざまな歴史GISデータの入手とその利用について説明してきたが、ここでは歴史GISデータを扱う際のフォルダ構成について述べる。ただし、あくまで筆者自身の整理・経験によるものである。まず､研究プロジェクトごとにフォルダを作成する。そのフォルダの中に、データ種別ごとにフォルダを作成する（図3-23)。本章で紹介したように、背景画像（WebGIS）についてはQGISのブラウザパネルに読み込めるようになったため、フォルダ不要である。次に「TIF（GeoTIFF)」や「DEM」のラスタ画像もファイルサイズが大きいため、外部フォルダから読み込むのもよい。ジオリファレンスする前の地図画像について、【☞ 4.1.2「ジオリファレンスとは」】では「maps」フォルダに格納することを説明したが、元の地図画像データとジオリファレンスした地図画像の両方があると容量が大きくなるため、別途保存しておくことを推奨する。

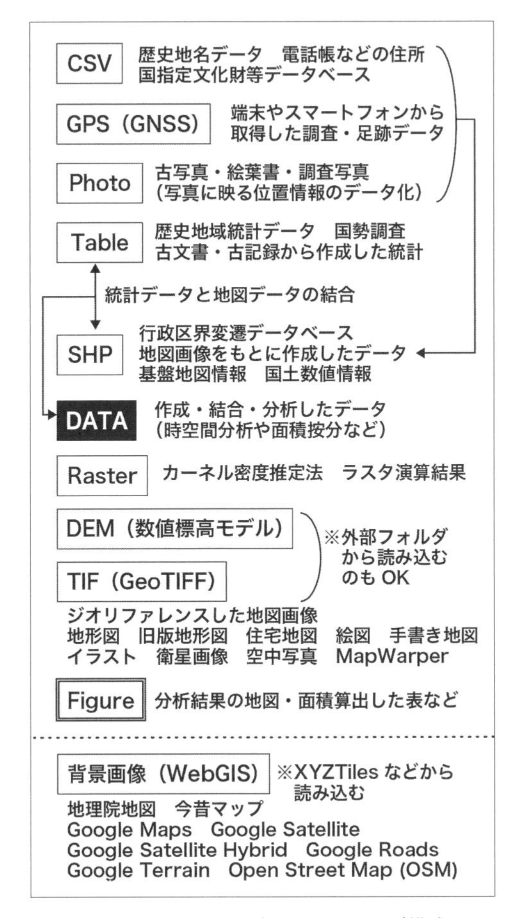

図3-23　歴史GISデータのフォルダ構成

前節の「歴史地名データ」や【☞ 4.3「文化財データの作成」】で紹介した文化庁の「国指定文化財等データベース」は「CSV」、GPS（GNSS）端末やスマートフォン（アプリを利用）、スマートウォッチから取得した調査データや足跡（トラック）データは「GPS（GNSS)」、古写真や絵葉書、調査写真は「Photo」、「歴史地域統計データ」などの統計データは「Table」、「行政区界変遷データベース」などの地図データは「SHP」など､それぞれのデータをフォルダに格納する。また、統計データと地図データを結合したファイルや分析後のデータは「DATA」、ポイントデータからカーネル密度推定法を用いて作成したラスタデータや、土地利用変化をラスタ演算した結果を「Raster」に格納する。そして、分析結果の地図や面積算出した表などは「Figure」にまとめるなど､自身で作成したデータを管理してほしい。

とりわけ、歴史GISデータの場合は、多数の地図データの測地系・座標系を同じものに設定する(【☞ 1.6「測地系と座標系」】）こと、統計データと地図データの結合をする際に、結合のキーとなる地名データの統一に注意を払うこと（e-Statで入手可能な「国勢調査」のように「KEY_CODE」がないため、結合が容易ではない）が大切である。構築した歴史GISデータは貴重なデータであるため、オープンデータとしての公開が望まれる。

3.4　旧版地形図を用いた事例研究

3.4.1　新美南吉の作品に登場する地名分析

愛知県半田市は、知多半島の中央部東側に位置し、面積は47.42km^2、人口は約12万人である（図3-24)。半田市では2016年に「亀崎潮干祭の山車行事」がユネスコ無形文化遺産に登録され、同市のHPによれば5年に1度開催される「はんだ山車まつり」には約50万人が訪れるという。江戸時代から300年以上も続く山車祭りのほか、児童文学作家で著名な新美南吉（以下、南吉）の生誕地という歴

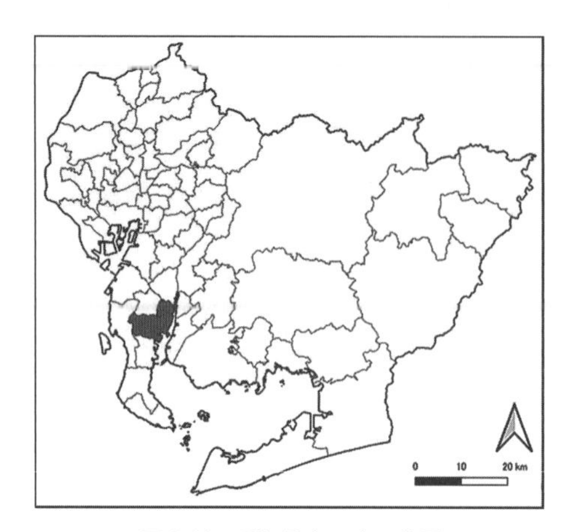

図 3-24　愛知県半田市の位置

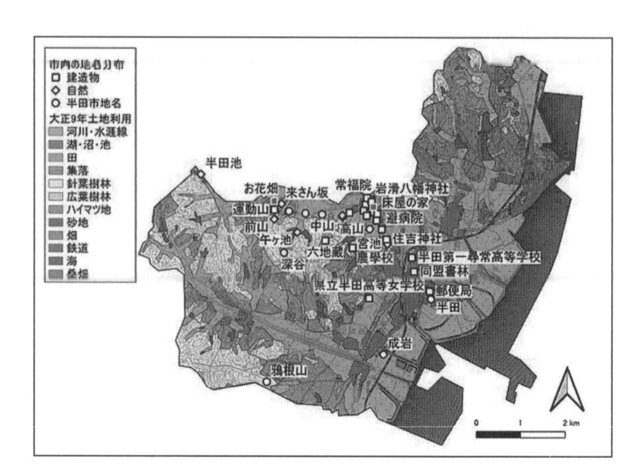

図 3-25　新美南吉の作品に登場した地名と大正 9 年の土地利用

史もある。本節では、南吉の作品に登場する地名を分析した研究事例を紹介する。

まず､南吉は 1913（大正 2）年に生まれ､1943（昭和 18）年に 29 歳という若さで亡くなった。南吉が作品を書いた年代は 1927（昭和 2）年から 1943（同 18）年で、1937（同 12）年に半田町・亀崎町・成岩町が合併し、半田市が形成されている。南吉の誕生後の土地利用として、1920（大正 9）年の 5 万分の 1 地形図を使用して現在の半田市域の範囲で土地利用図を作成した。作成したポリゴンの面積を算出した結果、一番多いのは田（37.6%）で、針葉樹林（16.1%）が次いでいる（口絵②・図 3-25）。

次に本研究では『校訂 新美南吉全集』に掲載されている完成作品 109 作品と未完成作品 26 作品を合わせた 135 作品を対象に、時期や内容による分類、そして登場する地名を検討した。ここでは地名分析の紹介にとどめるが、南吉の出身地である半田市が最も頻出し、旧版地形図の上に地名をポイントデータとしてプロットすると、生家がある岩滑（やなべ）や、両親の出身地や南吉自身も養子時代を過ごした岩滑新田周辺に集中していることがわかる（口絵②・図 3-25）。集落・田の部分にほとんどの地名が分布し、当時の生家の周りは田で囲まれている（口絵②・図 3-26）。図の範囲外になるが、生家の北のほうには背戸川（矢勝川）が流れている。このように南吉の書いた作品には、川・池・山・田・谷などの地名が頻繁に登場しており、子どもが水遊びをする様子なども描かれている。南吉の幼少時代の様子を描いた

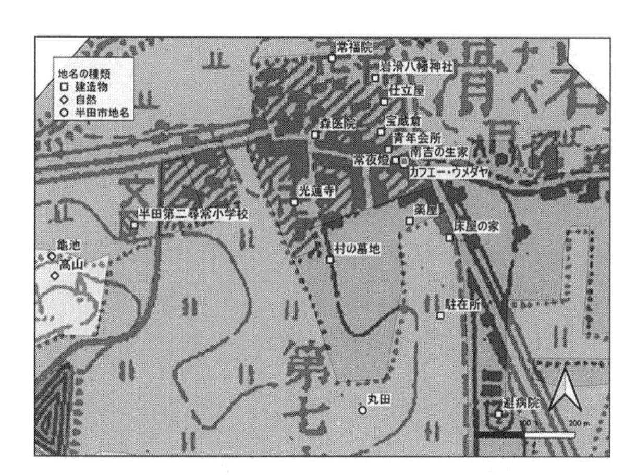

図 3-26　新美南吉の作品に登場した地名と大正 9 年の土地利用
（生家周辺の拡大図）

旧版地形図の上に地名を重ねたことで、南吉自身が半田の郷土を愛し、作品の舞台として設定していたことがうかがえる。

3.4.2　愛知県における鉄道高架箇所の脆弱性

現在、南海トラフ地震に対する取り組みが喫緊の課題として進められている。大規模被害が予測されている南海トラフ地震が鉄道混雑時に起きた場合、どれほどの被害があるのだろうか。高橋（1996）によれば、阪神淡路大震災の際、古く硬い地層と新しく柔らかい地層の境目に立地する鉄道に大きな被害が集中したことが証明されている。特に砂堆と潟湖との境にあった阪神高速道路の高架橋は落下し、旧河道に位置する部分に建てられていた駅舎、新幹線の高架橋は次々に崩落したとされている。本研究では愛知県を対象に、乗降者の被害予測や、駅の名称

からみた危険地名、鉄道の高架部分の分析を実施した。本節では、高橋の指摘する「高架部分」に関する分析結果を紹介する。

まず、国土数値情報の「鉄道時系列データ」をダウンロードし、愛知県のみを抽出した。各鉄道路線で高架になっている箇所を Google Earth Pro を用いて特定し、高架の有無を鉄道路線のラインデータと鉄道駅のポイントデータに付与した（図 3-27）。

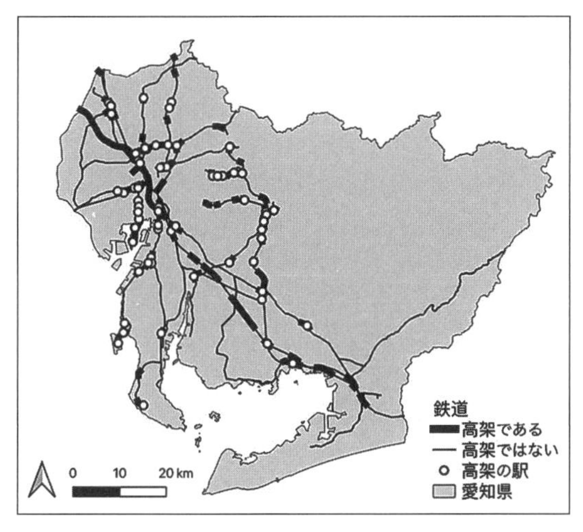

図 3-27　愛知県における鉄道高架箇所

次に、明治期から大正期に測量された 5 万分の 1 地形図を使用し、高架箇所の土地利用情報を判読し、ラインデータに付与した。表 3-2 は明治から大正期の土地利用と鉄道高架箇所との関係を示したものであり、その結果、水田（49.1%）が最も多く、海（5.3%）・河川（5.0%）・池（0.2%）を合わせた脆弱な基盤に約 6 割が存在していることがわかった。必ずしも高架箇所が被害を受けるというわけではないが、高橋も強調しているように、旧版地形図や土地の履歴と重ね合わせた災害対策は必要不可欠であろう。

表 3-2　明治から大正期の土地利用と鉄道高架箇所

明治から大正期の土地利用		鉄道距離の合計（km）	高架割合（%）
脆弱な地盤	水　田	88.63	49.1
	海	9.57	5.3
	河　川	9.04	5.0
	池	0.44	0.2
その他		72.98	40.4
総　計		180.66	100.0

参考文献

高橋　学（1996）「土地の履歴と阪神・淡路大震災」『地理学評論』69 巻 7 号、504-517 頁
地理情報システム学会教育委員会編著（2021）『地理空間情報を活かす授業のための GIS 教材』古今書院
矢野桂司（2018）「日本の古地図のポータルサイト構築に関する一考察」『立命館文學』656 号、721--735 頁

謝辞

事例研究として、愛知大学地域政策部飯塚ゼミの佐々木優衣氏の卒業研究「愛知県半田市の歴史からみる新美南吉に関する GIS 分析」（2020 年度）と小林有那氏の卒業研究「南海トラフ地震を想定した鉄道利用者への影響に関する GIS 研究」（2019 年度）の一部を使用させていただいた。ここに御礼を申し上げる。

【防　災】

第4章　矢作川流域の水害リスク評価

KEYWORDS

研究内容	河川浸水、水害リスク評価、災害データベースの構築、住宅ベース人口の推計、床浸水を考慮した災害曝露、バス系統と医療施設の災害脆弱性、PostGISを用いた災害因子、災害曝露と災害脆弱性の定量解析
システム環境	PostgreSQL12、PostGIS3.0、QGIS3.16
主なデータ	河川、洪水浸水想定区域、住宅建物、人口の国勢調査、鉄道、バス路線とバス停、医療施設と行政区界等
分析手法	pgAdmin4とDBマネジャーによるデータベース構築、建物ベースの人口按分計算、PostGISによる空間解析

4.1　はじめに

4.1.1　研究の背景

自然災害は、発生頻度と災害規模により分けることができる。数百年周期の火山大噴火や巨大地震、津波などは、低頻度の巨大規模な自然災害であるが、それに対し、年単位の周期で発生する台風、豪雨、河川の氾濫、土砂災害などは、相対的に高頻度の小規模の自然災害といえよう。これまでは前者の長周期・大規模の自然災害と比べ、後者の短周期・小規模の自然災害による災害損失と社会的なインパクトは小さかった。しかし、近年気候変動の影響によって、台風や豪雨の頻度と規模は拡大傾向にある。また、発展途上国と違って、先進国において、人的な直接被害よりは、社会インフラが機能不能に陥ることによる間接的な経済損失のほうが大きいとの指摘がある。

本研究は、安城市と岡崎市に挟まれる矢作川流域の水害リスクを対象とする。歴史上繰り返し起きた矢作川流域の氾濫は、流域周辺の住民と地域社会に大きな損害をもたらしてきた。本研究は、様々な地域データを用いて、水害リスクを定量的に、かつ空間的に分析することを目的とし、本稿はこの分析手法について解説する。

4.1.2　自然災害リスク研究のフレームワーク

図4-1は自然災害リスク研究のフレームワークを示す。災害因子（disaster factors）、災害曝露（disaster exposure）と災害脆弱性（disaster vulnerability）、3つの要素が揃ったとき、災害リスクが高まる。例えば、矢作川流域の場合、川の氾濫で形成された低平

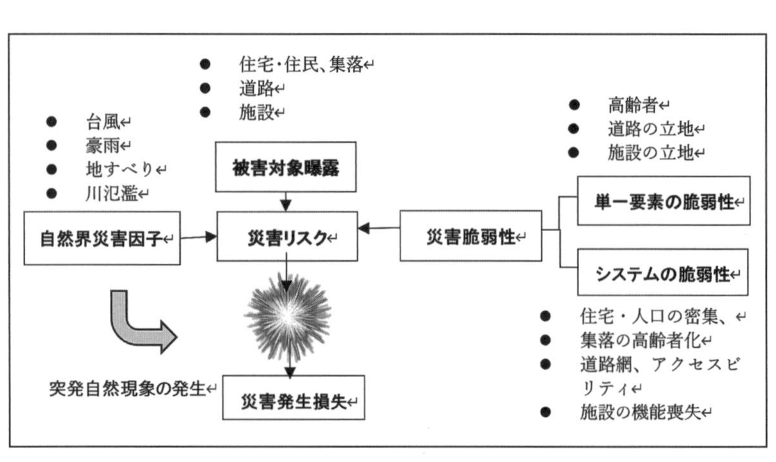

図4-1　自然災害リスク研究のフレームワーク

地の浸水は、災害の起因であり、災害因子となる。浸水区域に暮らしている住民や建てられた建物、道路、施設などは、危険にさらされる対象として、災害曝露と呼ぶ。さらに、危険に曝露された対象自身の弱さ、つまり、危険回避力の弱さと損害回復力の弱さを災害脆弱性と呼ぶ。脆弱性は、単一要素の脆弱性とシステムの脆弱性に分かれる。高齢者や老朽建物などの災害脆弱性は単一要素の脆弱性になるが、一方で交通システムや産業サプライチェーンの災害脆弱性はシステム脆弱性になる。本稿は、こうした自然災害リスク研究のフレームワークを踏まえ、災害因子、災害曝露と災害脆弱性の順で分析手法を解説する。

4.1.3　主な内容

図4-2に本稿の第4章2節以降の主な内容を示す。第4章2節はデータ整備について解説する。第4章3節は、災害因子分析として、浸水想定区域、並びに行政区界ごとの浸水面積の集計を行う。第4章4節は、人的な災害曝露として、住宅ベースの人口に基づいた浸水想定区域内の人口推計、さらに住宅建物の床浸水人口の推計を行う。最後の第4章5節では、災害脆弱性の分析を行う。バス系統と中核医療施設を対象に、災害時のバス路線不通による中核病院への通院不能を災害脆弱性として、分析を行う。

4.2 データ整備
- 4.2.1 データ仕様のチェック
- 4.2.2 研究内容に合わせたデータ抽出
- 4.2.3 データベースへのデータ格納

4.3 浸水想定エリアの解析
- 4.3.1 浸水深ごとの面積集計
- 4.3.2 市(町字)別浸水深ごとの面積集計

4.4 人的な災害曝露の推計
- 4.4.1 使用データの整備
- 4.4.2 住宅ベース人口の按分計算
- 4.4.3 人的な災害曝露の分析

4.5 災害脆弱性の解析
- 4.5.1 バス系統データの構造化
- 4.5.2 バス系統・医療施設の災害曝露
- 4.5.3 バス系統・医療施設の災害脆弱性

4.6 まとめ

図4-2　本章の主な内容

4.2　データ整備

表4-1は本研究で使用するデータの一覧表である。本研究は政府や公的な機関が公表しているオープンデータを優先的に利用する。読者も自らの研究対象区域に合わせ、国土交通省の「基盤地図情報」や「国土数値情報」、また総務省のe-statから必要なデータをダウンロードすることができる。次の節では、データダウンロードを含めたデータ整備の手

表4-1　データの一覧表

No	名称	ファイル名	データ類別	データ出所	年度
1	研究対象エリア境界	border.shp	ポリゴン	基盤地図情報	2021年
2	市境界	city.shp	ポリゴン	基盤地図情報	2021年
3	町字界	city_town.shp	ポリゴン	基盤地図情報	2021年
4	洪水浸水想定区域	flood_area.shp	ポリゴン	国土数値情報	2020年
5	鉄道路線	railway.shp	ライン	国土数値情報	2019年
6	鉄道駅	railway_station.shp	ライン	国土数値情報	2019年
7	鉄道区分	railway_type.csv	CSV	国土数値情報	2019年
8	事業者種別	railway_business_type.csv	CSV	国土数値情報	2019年
9	バス路線	bus_line.shp	ライン	国土数値情報	2011年
10	バス停	bus_stop.shp	ポイント	国土数値情報	2011年
11	バス区分	busline_type.csv	CSV	国土数値情報	2011年
12	医療施設	medical_institution.shp	ポイント	国土数値情報	2016年
13	医療機関分類	medical_facility_type.csv	CSV	国土数値情報	2016年

順や特別に注意すべき項目を解説する【☞ 2.2「**基盤地図情報の入手**」、**3.1.1「e-Stat データの入手」、3.3.1「国土数値情報の入手」**】。

図 4-3 はデータ整備の手順を示す。オープンデータを利用する際に、データ提供側が公開したデータ仕様の確認は大切である。ダウンロードしたデータは、shape file や csv file など類別ごとに分けて一時的に保存する。次に、研究対象の範囲と研究内容に従って、①研究範囲内のデータを切り抜き（clip）、②研究内容に合わせたデータ属性を抽出し、最終的にデータベースにインポートする。

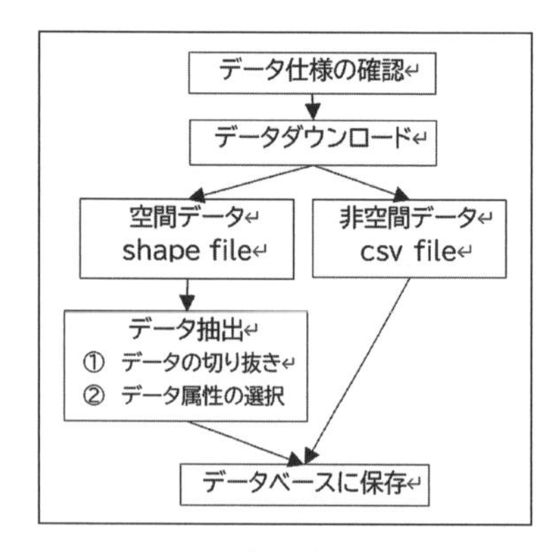

図 4-3　データ整備の手順

次はデータ仕様の確認、データ抽出時のジオメトリ修復とデータベース用のデータ仕様を解説する。

4.2.1　データ仕様のチェック

国土交通省の「国土数値情報」サイトで公表している「医療機関」（図 4-4）のデータを事例に、以下のデータ仕様のチェックリストを解説する。

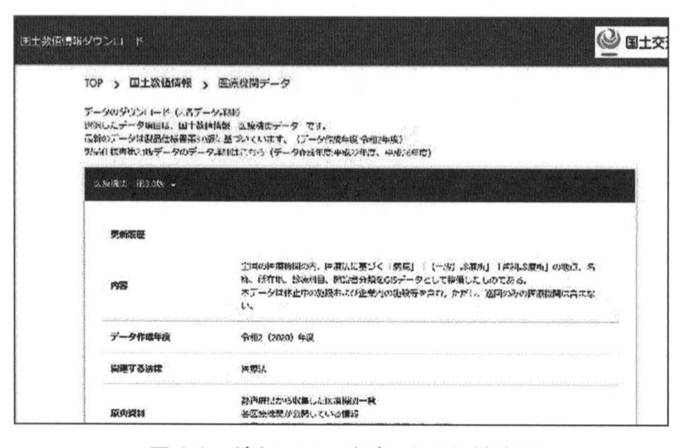

図 4-4　ダウンロードデータの仕様確認

データ仕様の確認リスト

（1）**データ内容の説明**

データの形式と属性の概要説明、データ更新の主な履歴を確認する。

（2）**データ作成年度の確認**

研究プロジェクトに複数のデータセットを使用する場合、それぞれのデータセット作成年度の確認は大切である。

（3）**座標系の確認**

データ仕様書に示された参照系は、データ提供側がデータ作成時に使った参照系である。今後、ダウンロードデータを自らの研究プロジェクトに使う場合、仕様書に記載された参照系から、自分の研究プロジェクトの参照系へ、座標変換の必要がある。こうした座標変換時に大切な座標系情報をメモする必要がある。

（4）**データ構造の確認**

医療機関・医療機関の分類などの「国土数値情報」のダウンロード項目は、複数のデータセットにより構成されることがある。データ構造は UML 図でデータ間の関連が表現される。図 4-5 は医療機関のデータ構造を示す。データ属性や他のデータとの関連を把握することは大切であ

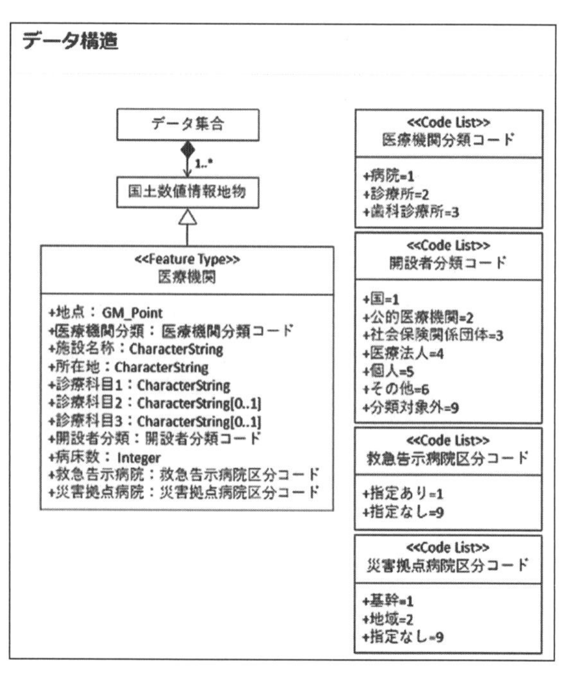

図 4-5　データ構造図の確認

る。特にデータベースへデータを格納するとき、データ構造への理解は欠かせない。

(5) 属性情報の確認

データを保存する前に、属性ごとに、その名称、概要説明、データ型の確認は欠かせない（図4-6）。場合によって、属性値はコード（番号）で表される。例えば、図4-7に示した「医療機関分類コード」のように、機関の分類はコードで表している。その場合、コードリストの情報を別のcsvファイルに保存し、最終的にデータベースに入れる必要がある。

属性名（かっこ内はshp属性名）	説明	属性の型
地点	医療機関の位置	点型（GM_Point）
医療機関分類（P04_001）	医療機関の分類	コードリスト「医療機関分類コード」
施設名称（P04_002）	医療施設の名称	文字列型（CharacterString）
所在地（P04_003）	医療機関の所在地の住所	文字列型（CharacterString）
診療科目1（P04_004）	当該施設が有する診療科目	文字列型（CharacterString）
診療科目2（P04_005）	当該施設が有する診療科目（「診療科目1」が全角127文字を超える場合使用）	文字列型（CharacterString）

図4-6　属性情報の確認

対象施設	コード
病院	1
診療所	2
歯科診療所	3

図4-7　コードリスト：医療機関の分類

4.2.2　研究内容に合わせたデータ抽出

ダウンロードしたデータを自らの研究テーマに合わせるために、「データ抽出」というデータ整備の作業が欠かせない。具体的に、データの抽出作業は、①研究範囲に合わせたデータ抽出と、②研究内容に合わせた属性抽出を指し、以下その2つについて解説する。

① 研究範囲に合わせたデータ抽出

研究テーマの空間範囲に合わせたデータの抽出には、QGISの［ベクタ］＞［空間演算ツール］＞［切り抜き（clip）］の順で実現可能である【☞ 2.4.2「市境界の抽出」、2.4.3「その他の地物の抽出」】。

場合によって、切り抜き作業中に図4-8のような「ジオメトリエラー」が出てくる。その場合、以下の「ジオメトリ修復」作業を行う必要がある。

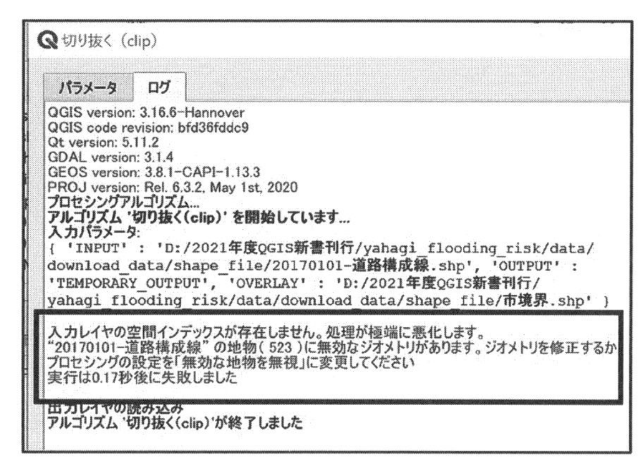

図4-8　切り抜き作業時のエラー

ジオメトリを修復するには、図4-9のように［ツールボックス］＞［ベクタジオメトリ］＞［ジオメトリの修復］の順で、図4-10の修復画面を開き、［入力レイヤ］に修復したいベクタデータレイヤを入れ、［実行］をクリックする。修復結果として［出力レイヤ］というレイヤが現れ、それを使ってもう一度「切り抜き（clip）」を実行すると、データが抽出できる。

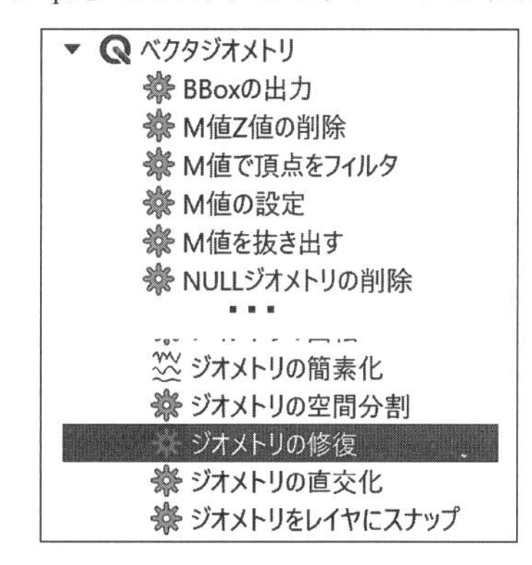

図4-9　「ジオメトリの修復」ツール

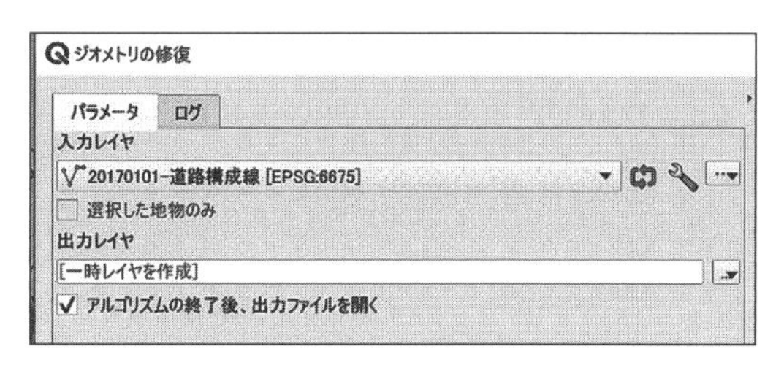

図4-10　「ジオメトリの修復」の画面

② 研究内容に合わせた属性の抽出

ダウンロードしたデータの中には、自分の研究テーマに合わない属性が含まれている可能性がある。その場合、不要な属性を削除し、研究テーマに相応しいデータ属性の整理を勧める。不要な属性の削除は、[ツールボックス] > [ベクタテーブル] > [属性の削除] の順にクリックすると、図 4-11 に示した [属性の削除] 画面が開かれる。[入力レイヤ] に削除したいベクタデータレイヤを入れ、[削除する属性 (フィールド)] の右側のボタンをクリックする。すると、次の削除属性の選択画面へ切り替わる。図 4-12 の画面から削除したい属性 (フィールド) にチェックを入れ、[実行] ボタンをクリックする。そうすると新しい [出力レイヤ] が現れ、必要な属性だけが残されていることが確認できる。最後に、DB マネジャーを使って、[出力レイヤ] のデータをデータベースへインポートする。

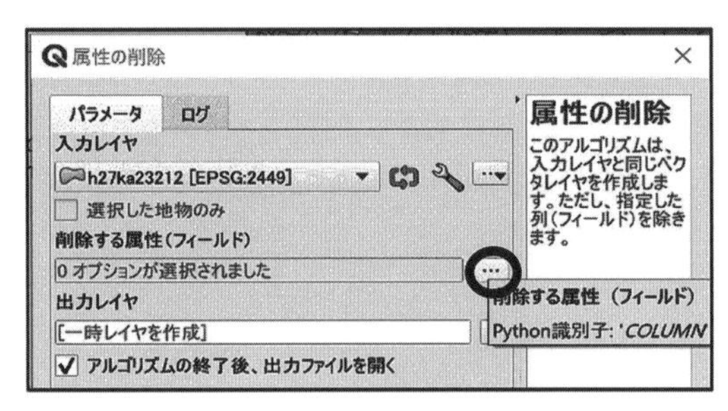

図 4-11 「属性の削除」の画面

図 4-12 削除属性の選択画面

4.2.3 データベースへのデータ格納

本研究はデータベース PostgreSQL12 と PostGIS3.0 を用いた空間分析を行う。図 4-13 は PostgreSQL12 の pgAdmin4 からみた本研究に使われるデータベース構造を示す。

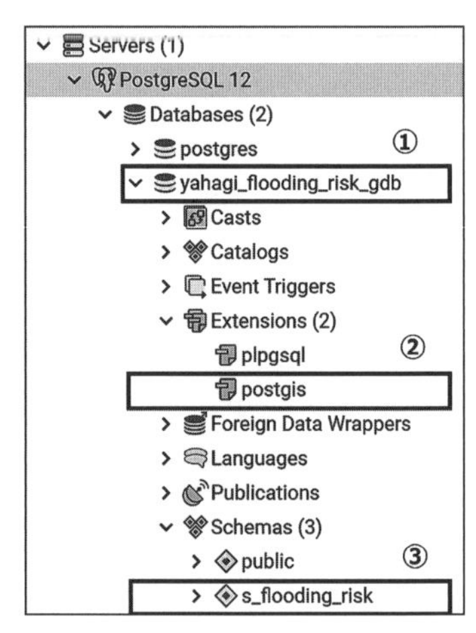

図 4-13 データベース作成

以下の手順でデータベースを構築するが、操作の詳細については、次のように参照できる【☞ 7.2「空間データベース構築」～ 7.4「データ構造の実装」】。

① PostgreSQL の pgAdmin を用いて、新規の yahagi_flooding_risk_gdb データベースを作成する。

②そのなかに空間データベースへの拡張パッケージ postgis を読み込む。

③本研究専用のスキーマを新規作成し、その名称は s_flooding_risk にする。

④次は QGIS に切り替え、新規のプロジェクト basemap.pgs を作成し、[ブラウザ] にある [PostGIS] を接続口として、上記の新規データベースと接続する。

⑤表 4-1 に示したデータソースを順次データベースへインポートする。

⑥最後に、本章の最後の付録表 4-1 に従ってデータ構造を整える。

4.3 浸水想定エリアの解析

図 4-14 に示した浸水想定区域に対し、浸水面積、

浸水の深さと周辺自治体の立地関係を調べる。

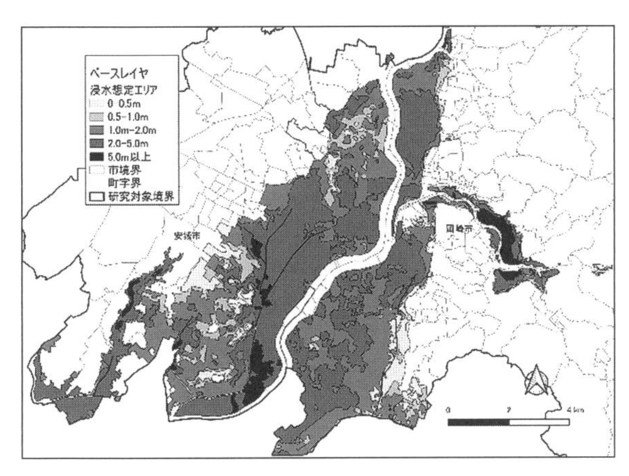

図 4-14　研究対象全域の浸水想定区域

目標として、①浸水深ごとの浸水面積の計算、②岡崎市と安城市、それぞれの浸水深ごとの浸水面積の計算、③浸水面積の広さと深さの順に、最も浸水しやすい町字の上位 10 位を抽出する。従って、研究対象範囲は全域から市、市から町字へと、視点を変えながら、災害因子の分布特徴を解明する。

4.3.1　浸水深ごとの面積集計

SQL 構文 4-1 は、全域浸水深ごとの浸水想定区域の面積を求める構文である。

国土数値情報サイトからダウンロードした「洪水浸水想定区域」データにおいて、浸水深さごとのポリゴンがお互いに重なる可能性がある。浸水想定区域データを使用する前に、QGIS の［ベクタ］＞［空間演算ツール（G）］＞［差分（difference）］のツールを使って、その浸水深さごとに重なっているポリゴンを取り除く必要がある。そうしないと、浸水想定区域面積の過剰評価をはじめ、それに基づいた災害曝露の分析も過剰評価になる可能性がある。

構文 4-1

```
1  select flood_level,
   st_area(geom)/1000000 as area
2  from s_flooding_risk.stb_flood_area
3  order by flood_level
```

【構文 4-1 の解説】

浸水区域 stb_flood_area テーブルから（行 2）、浸水深 flood_level を選択し、関数 st_area() で面積を求める（行 1）。その結果を平方キロメートルに換算し（行 1）、浸水深の順に出力する（行 3）。

表 4-2 には計算の結果を示す。浸水想定区域の面積は、対象全域面積の約 16%にのぼり、そのうち 1m 以上の浸水面積は 12%を超え、浸水の深さが懸念される。

表 4-2　浸水深ごとの面積

浸水レベル	面積（km 2）	割合
0-0.5m	4.77	1.01%
0.5-1.0m	8.99	1.90%
1.0-2.0m	26.14	5.53%
2.0-5.0m	30.90	6.53%
5.0m 以上	2.79	0.59%
浸水エリアの合計	**73.59**	**15.56%**
研究エリアの合計	**473.00**	**100.00%**

4.3.2　市（町字）別浸水深ごとの面積集計

次は、研究対象を市に移し、岡崎市と安城市の浸水面積を求める。基本手法として、まず、市境界データ stb_city_town と浸水想定区域データ stb_flood_area を交差させて、共通部分の面積を求め、次に安城市と岡崎市ごとに面積を集計する。

構文 4-2

```
1  select a.flood_level, b.sname,
   sum(st_area(st_intersection(a.geom,
   b.geom)))/1000000 as area
2  from s_flooding_risk.stb_flood_area a,
        s_flooding_risk.stb_city_town b
3  where st_intersects(a.geom, b.geom)
4  group by a.flood_level, b.sname
5  order by a.flood_level, b.sname
```

構文 4-3

```
1  select a.flood_level, b.oname,
   sum(st_area(st_intersection(a.geom,
```

```
   b.geom)))/1000000 as area
2  from s_flooding_risk.stb_flood_area_s a,
        s_flooding_risk.stb_city_town b
3  where st_intersects(a.geom, b.geom)
4  group by a.flood_level, b.oname
5  order by a.flood_level, b.oname
```

【構文 4-2 の解説】

浸水データ stb_flood_area を a に、町字界 stb_city_town データを b とする（行 2）。浸水データから浸水深さ flood_level を、町字界データから市の名称 sname を選ぶ（行 1）。浸水エリアと町字界の面が交差する条件のもとで、つまり st_intersects(a.geom, b.geom) が True なら、関数 st_area() と関数 st_intersection() の併用で、交差範囲の面積を計算する（行 3 と行 1）。計算された交差エリアの面積は、浸水深と市名ごとに sum() で集計し（行 4 と行 1）、浸水深順に並べられ（行 5）、出力される。

構文 4-2 のうち、市名 sname を大字名 oname に入れ替えると、次の構文 4-3 になり、町字単位の浸水面積が求められる。表 4-3 と表 4-4 は、それぞれ構文 4-2 と構文 4-3 の実行を示す。

表 4-3 は表 4-2 の内訳としてみることができる。全域の浸水率は約 16%に対し、安城市と岡崎市の浸水率はそれぞれ約 33%と 12%になる。特に、1m 以上の浸水の割合について、全域の約 13%であるが、安城市は約 28%、岡崎市は約 9%程度になる。浸水面積は安城市より岡崎市のほう大きい。しかし、面積の小さい安城市の浸水面積は 33%に達することで、広範囲浸水と言えよう。表 4-4 は、浸水面積と浸水深さの降順で対象地域の 378 の町字から上位 10 位の町を抽出した。上位 10 町だけで全域浸水面

表 4-3　浸水深ごと市別の浸水想定区域における面積のクロス集計

浸水レベル	安城市（km^2）	割合	岡崎市（km^2）	割合	総計（km^2）	割合
0-0.5m	1.98	2.30%	2.80	0.72%	4.77	1.01%
0.5-1.0m	2.81	3.26%	6.18	1.60%	8.99	1.90%
1.0-2.0m	8.97	10.42%	17.17	4.44%	26.14	5.53%
2.0-5.0m	13.08	15.20%	17.82	4.60%	30.90	6.53%
5.0m以上	1.67	1.95%	1.11	0.29%	2.79	0.59%
浸水エリアの合計	**28.51**	**33.13%**	**45.08**	**11.65%**	**73.59**	**15.56%**
研究エリアの合計	**86.08**	**100.00%**	**386.93**	**100.00%**	**473.00**	**100.00%**

表 4-4　広範囲浸水の上位 10 町

浸水レベル / 町名	0-0.5m	0.5-1.0m	1.0-2.0m	2.0-5.0m	5.0m以上	合計	ランキング
小川町（安城）	0.10	0.29	1.41	1.76	0.53	4.09	1
桜井町（安城）	0.57	0.80	1.49	0.78	0.13	3.78	2
藤井町（安城）	0.22	0.24	1.17	1.11	0.08	2.82	3
安城町（安城）	0.46	0.09	0.48	1.29	0.08	2.39	4
和泉町（安城）	0.03	0.20	0.92	0.89	0.22	2.27	5
福岡町（岡崎）	0.79	0.57	0.73	0.02		2.11	6
古井町（安城）	0.09	0.47	0.37	0.65	0.06	1.64	7
矢作町（岡崎）		0.12	1.07	0.38		1.57	8
中島町（岡崎）	0.00	0.21	0.83	0.51		1.55	9
合歓木町（岡崎）	0.02	0.07	0.54	0.85		1.48	10
10町の合計	**2.29**	**3.06**	**9.00**	**8.24**	**1.10**	**23.69**	
全域の総計	**4.77**	**8.99**	**26.14**	**30.90**	**2.79**	**73.59**	
割合	**47.96%**	**34.08%**	**34.42%**	**26.67%**	**39.40%**	**32.19%**	

積の32%に達し、そのうちの6つの町が安城市にあり、リスクの高さが窺がえる。

4.4　人的な災害曝露の推計

浸水想定区域に暮らし、危険にさらされる住民数の推計は大きな課題になる。特に都心部の水害リスクを考える際に、住宅建物の階層要因を配慮する必要がある。

しかし、これまで多くの研究では、浸水想定区域（面データ）と国勢調査の小地区人口データ（面データ）の交叉面積による「面積按分」方法を用いて、浸水人口を推計していた**【☞ 5.4.1「バッファによる商圏分析とその考え方（面積按分）」】**。この按分計算は、「人口分布が均一である」仮定の元で行われた按分計算であるから、例えば中山間地域の集落と野山に対し、つまりエリアごとの人口密度が大きく異なる地域において、人口推計の誤差は極めて大きい。さらに、住宅建物の高さや階層などの要因を考慮せず、浸水人口の過剰評価が考えられる。

このような課題を解決するために、本研究はゼンリン社の住宅データと国勢調査の小地域人口データを用いて住宅単位の人口を推計し、よりミクロな尺度で災害リスクを解析する。なお、紙幅の都合で、この節の分析対象は安城市のみに限定する。

4.4.1　使用データの整備

表4-5には、「住宅ベース人口」の推計に使用するデータの一覧を示す。「建物2015」と「建物別記2015」は、ゼンリン社が2015年提供した安城市住宅データ（shape file）と住宅別記テーブル（dbf file)、国勢調査2015は、2015年国勢調査小地区の人口データである。

表4-6は、ゼンリン社の住宅データと国勢調査人口データから、人口按分計算に必要な属性だけを抽出し、次のPostGISを用いた空間解析に必要なデータ仕様を示す。

表4-5　データ仕様一覧表

データ	ファイル名
建物2015	stb_building_anjo
建物別記2015	tb_bekki
国勢調査2015	stb_pop_census_anjo

前節で構築したyahagi_flooding_risk_gdbデータベースに新たにs_residence_popスキーマを作成し、表4-6のデータ仕様に従って、図4-15のようにデータをインポートし、建物データstb_building_anjoと建物別記データtb_bekki_anjoの間にtatemono_idを

表4-6　データ仕様

Table Name	Fidld	Data Type	Description
stb_building_anjo	**tatemono_id** (PK)	int4	建物ID
	geom	geometry(polygon)	ポリゴン
	atrcode	int4	建物類別コード
	floor	int4	階層
tb_bekki	**id** (PK)	int4	データ（部屋）ID
	atrcode	int4	建物類別コード
	floor	int4	階層
	tatemono_id (FK)	int4	建物ID、stb_building_anji のtatemono_idを参照する
stb_pop_census_anjo	**id** (PK)	int4	データID
	geom	geometry(polygon)	ポリゴン
	key_code	varchar(11)	町字コード
	area	float8	面積
	jinko	int4	人口数
	setai	int4	世帯数

用いた関連付けを設ける（図 4-16）【☞ 7.2「空間データベース構築」～ 7.4「データ構造の実装」】。

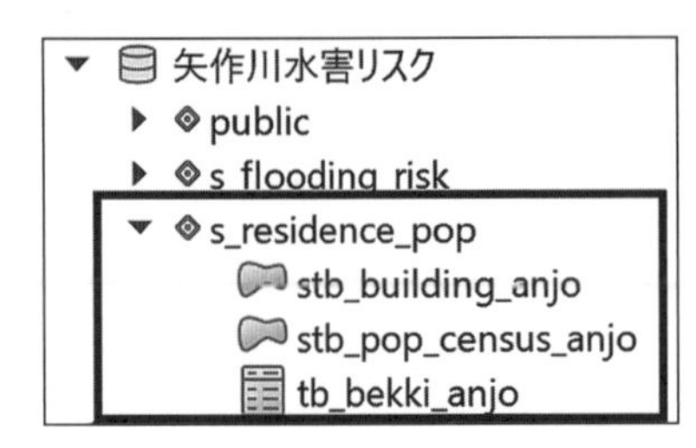

図 4-15　人口推計の専用スキーマ

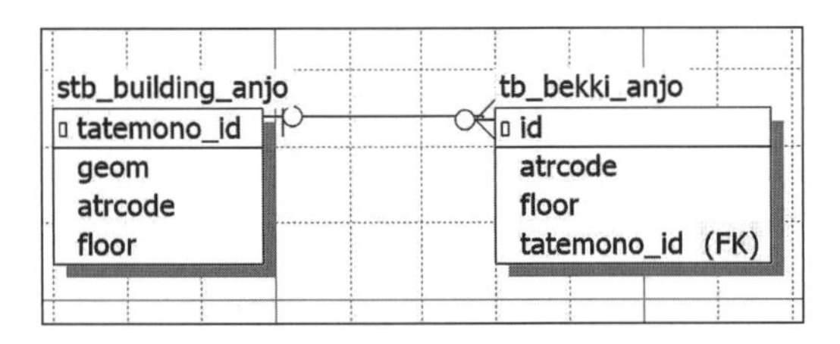

図 4-16　建物と建物別記のデータ構造

4.4.2　住宅ベース人口の按分計算

次に図 4-17 示した手順で住宅ベース人口を按分計算する。

① 建物データに対し
1. 住宅だけを抽出
2. 建物重心点を算出

② 建物別記データに対し
1. 住宅だけを抽出
2. 住宅ごとの部屋数を集計

③ 住宅ベース人口を新規作成
1. 前の①から住宅重心を追加
2. 前の②から住宅ごとの部屋巣数を追加

④ 人口データに対し
1. 国勢調査データを用いた按分計算
2. その結果を住宅ベース人口へ追加

図 4-17　按分計算の手順

住宅ベース人口の按分計算は、基本的に QGIS の DB マネジャーを用いて、PostGIS の SQL 構文の記述と実行による解析を行う【☞ 7.5「空間解析」】。以下は、ステップごとに人口按分計算の詳細を解説する。

ステップ 1：住宅建物の重心の抽出

建物データには、住宅以外の建物も含まれている。分析の第 1 ステップとしては、まず、住宅建物だけを抽出し、その建物の重心を算出する。ゼンリン社が公開している建物データ仕様（表 4-6）において、建物の類別を表すフィールド atrcode がある。その中で、atrcode =1363 番の建物は、「名称のある建物」として、事務所以外のビル、アパート、マンションなどを指す。また atrcode =1364 番の建物は「個人の家屋」として、主に表札のある個人の家屋を指す。次の構文 4-4 は atrcode=1363、あるいは atrcode=1364 の住宅建物を対象に、建物の重心に基づいたポイントデータの作成構文である。

構文 4-4

```
1 select tatemono_id, st_centroid(geom) as
  geom, floor
2 into s_residence_pop.stb_residence_pop_1
3 from s_residence_pop.stb_building_anjo
4 where atrcode = 1363 or atrcode = 1364
5 order by tatemono_id
```

【構文 4-4 の解説】

建物データ stb_building_anjo から住宅データだけを対象に（行 3 と行 4）、住宅 ID の tatemono_id、建物の階数 floor と建物形状の重心点を抽出する（行 1）。この関数 st_centroid(geom) は、建物形状のポリゴン情報 geom により、建物重心の情報を算出される。その結果は、建物 ID の順に並べられ（行 5）、中間結果として stb_residence_pop_1（ポイント）に保存される（行 2）。

ステップ 2：建物ごとの部屋数の集計

ステップ 2 では、住宅建物ごとの世帯数を求める。住宅建物には、一軒家の建物と集合住宅の建物がある。ゼンリン社の建物データにおいて、通常の一軒家は 1 つの世帯と見なし、建物表札の記載を世帯主名として表している。それを踏まえ、本研究は、住宅建物 stb_building_anjo テーブルにある 1 つの一軒家データを、1 つの世帯データとして見なす。

それに対し、アパートやマンションなどの集合住宅建物の場合、1 つの建物には複数の世帯があり、こうした集合住宅建物の世帯情報は建物別記テーブル tb_bekki から抽出できる。

建物別記 tb_bekki には、一般ビル（居住以外の建物も含む）にある部屋の情報が記載されている。本研究は建物類別コードを使って、atrcode=1363 or atrcode=1364 により集合住宅を抽出し、更に atrcode=3118 or atrcode=3119 で居住用の部屋を抽出し、それを世帯と見なす。

以下の構文 4-5 は、建物別記に記載された建物類別コード atrcode を用いて、集合住宅建物ごとの居住関連の部屋数を集計し、それを世帯数として保存する構文である。

構文 4-5

```
1  select tatemono_id, count(id) as numb_room
2  into s_residence_pop.tb_bekki_count_anjo
3  from s_residence_pop.tb_bekki_anjo
4  where atrcode = 1363 or atrcode = 1364
   or atrcode = 3118 or atrcode = 3119
5  group by tatemono_id
6  order by tatemono_id
```

【構文 4-5 の解説】

建物別記テーブル tb_bekki_anjo から集合住宅建物に居住用の部屋、つまり、類別コード atrcode が 1363、1364、3118 と 3119 のデータを抽出し（行 3 と行 4）、それらの部屋の id を使って、count(id) と group by tatemono_id により建物ごとの部屋数をカウントする（行 1 と行 5）。その結果を建物 ID の順に並べ（行 6）、tb_bekki_count_anjo の中間結果をファイルに書き出す（行 2）。

ステップ 3：住宅ポイントへの世帯数属性の追加

ステップ 3 では、前のステップ 1 で求めた住宅建物ポイント stb_residence_pop_1 に世帯数の属性を追加する。まず、構文 4-6 は、ステップ 2 で求めた集合住宅の世帯数を追加し、次の構文 4-7 は残りの一軒家の世帯数を追加する構文である。

構文 4-6

```
1  select a.tatemono_id, a.geom, a.floor,
   b.numb_room as hh
2  into s_residence_pop.stb_residence_pop_2
3  from s_residence_pop.stb_residence_pop_1 as a
4  left outer join
   s_residence_pop.tb_bekki_count_anjo as b
5  on a.tatemono_id = b.tatemono_id
6  order by a.tatemono_id
```

【構文 4-6 の解説】

構文 4-4 で求めた stb_residence_pop_1（住宅ポイント）を a とし、構文 4-5 で求めた tb_bekki_count_anjo（建物別世帯数の集計）を b とする。a と b の両者を左外部結合する（行 3 と行 4）。双方の tatemono_id が一致する条件のもとで（行 5）、a からは tatemono_id, geom, と floor、b からは世帯数の hh を抽出し（行 1）、その結果を a の tatemono_id の順に並べ（行 6）、中間結果 stb_residence_pop_2 に書き出す（行 2）。

構文 4-6 を実行すると、stb_residence_pop_2 の集合住宅建物において、属性 hh にはステップ 2 で求めた世帯数が追加されたが、残りの一軒家の hh 属性は空白の NULL 状態になっている。以下の構文 4-7 には、こうした一軒家の世帯数 hh に 1 を入れる。

構文 4-7

```
1  update s_residence_pop.stb_residence_pop_2
2  set hh = 1
3  where hh is NULL
```

【構文 4-7 の解説】

ここでは stb_residence_pop_2 の hh 属性に対し、標準的な更新構文を使って、hh の値が NULL であれば、それを 1 に変更する。

ここまでの stb_residence_pop_2 では、住宅建物ごとの重心ポイントと世帯数を求めた。次のステップ 4 と 5 では、構文 4-6 と構文 4-7 で求めた stb_residence_pop_2 と国勢調査の小地域人口データを用いて、住宅建物ごとの人口数を推計する。

ステップ 4：人口統計データの「飛び地」処理

まず、国勢調査小地域人口データの「飛び地」問題を説明し、その解決方法を解説する。

小地域の人口データにおいて、一般的に 1 つの町字単位の行政区域に対し、1 つの key_code と 1 つの行政界 geom が対応し、その中に該当の人口数と世帯数が記載されている。それに対し、図 4-18 に示した「飛び地」とは、1 つの行政区の範囲が空間的に離れている 3 つのエリア（色掛け部分）により構成される現象である。その場合、1 つの行政区実体に対し、3 つの行政界データが存在する。共に共通の key_code を持つが、総人口数（730）は、その中の 1 つデータにしか記載されていない。これからの人口按分計算を正しくおこなうためには、この飛び地問題を解決する必要がある。

図 4-18　人口統計の「飛び地」事例

この飛び地問題は、QGIS の融合（dissolve）ツールを使って簡単に解決できる。［ベクタ］＞［空間演算ツール］＞「融合（dissolve）」の順で選択すると、図 4-19 の処理画面が現れる。その中で、「基準となる属性（複数可）」をクリックすると、図 4-20 の画面が開かれる。そこで融合の基準となる属性 key_code をチェックした後、「実行」する。そうすると、図 4-18 に示された 3 つのポリゴンデータは、1 つにまとめられ、行政区界と key_code の 1 対 1 の関係を保つことになる。この結果を stb_pop_census_anjo_dissolve と名付けて、データベースに保存する。

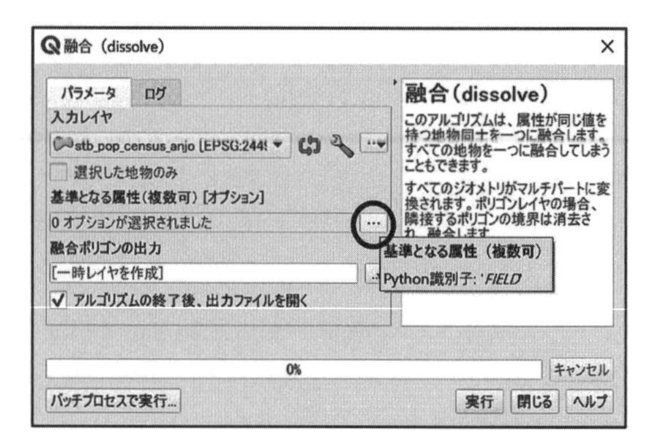

図 4-19　融合（dissolve）の処理画面

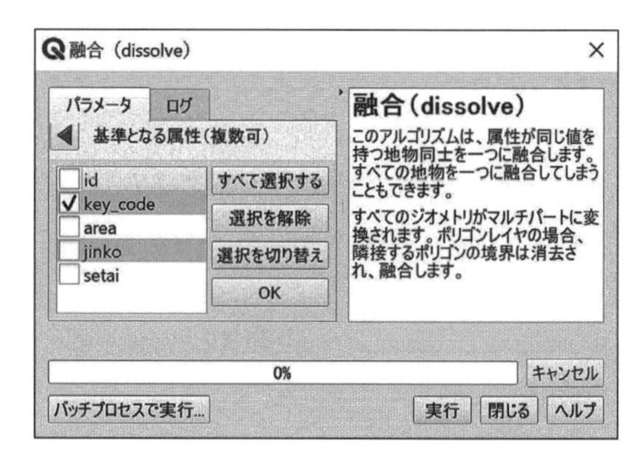

図 4-20　融合の基準属性

ステップ 5：住宅ベース人口の按分計算

住宅ベース人口推計の最後のステップとして、stb_residence_pop_2（ステップ 3 の結果）と stb_pop_census_anjo_dissolve（ステップ 4 の結果）を用いて、以下のように住宅建物ごとの人口を按分計算する。

> 住宅建物の人口数 = 住宅建物の世帯数 ×
> （小地域人口数／小地域の世帯数）

つまり、住宅建物の人口数は、これまで求めた住宅の世帯数と、建物住宅が立地する人口統計小地域の世帯当たりの平均人口数で計算される。このようにすると、小地区の人口統計値は、小地域内の住宅建物で按分計算される。この按分計算の意味は、従来の小地域単位の人口統計値が変わらない前提で、人口の空間分布が明らかになったことにある。今後の GIS を用いた空間解析において、こうした住宅ベースの人口データは、夜間人口分布の特徴をつかむことで、様々な分野で応用することができる。

構文 4-8 には、住宅ベース人口按分計算の SQL コードを示す。

【構文 4-8 の解説】

住宅データ stb_residence_pop_2（ステップ 3 の結果）を a とし、国勢調査の小地域人口データ stb_pop_census_anjo_dissolve（ステップ 4 の結果）を b とする（行 3）。住宅建物 a が小地域人口集計範囲の b に含まれる条件、つまり st_within(a.geom, b.geom) のもとで（行 4）、住宅建物の属性 tatemono_id, floor, と hh を抽出しながら、人口数の按分計算を行う（行 1）。ここで割り算を計算するとき、関数 cast() を使って、統計データの jinko と setai を実数に変更する必要がある。計算結果を a の tatemono_id の順に（行 5）、新規の stb_residence_pop_anjo に書き出す（行 2）。

図 4-21 は結果 stb_residence_pop_anjo を用いた住宅ベース人口の分布、また表 4-7 には、住宅ベース人口按分計算の誤差を示す。誤差の主な原因は、建物類別コードの記載不備である。一部の事業所敷地

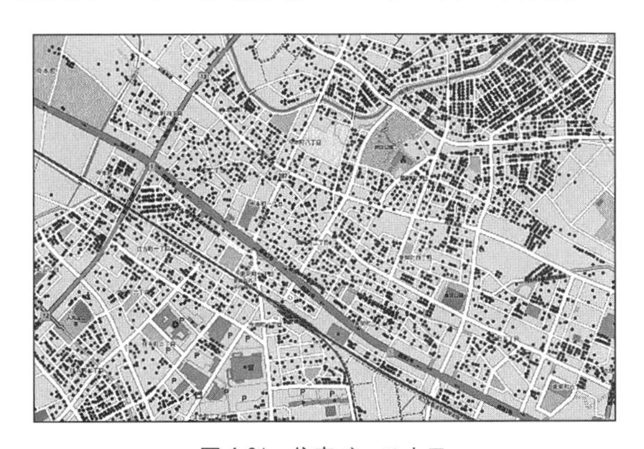

図 4-21　住宅ベース人口

表 4-7　人口按分計算の誤差

データ	世帯数	人口数
按分計算結果	71225 （100.33%）	183586 （99.77%）
国勢調査結果	70990	184140

内にある建物と部屋が住宅として誤認され、それが世帯数の過剰評価に至った。しかし、人口按分計算の段階で、事業所敷地の人口統計数が 0 であるため、結局按分計算の結果も 0 になり、この部分の誤差がある程度是正された。

4.4.3　人的な災害曝露の分析

本節は、これまで作成した住宅ベース人口のデータを用いて、人的な水害曝露を推計する。推計は 2 つの段階に分けて進める。まず、浸水想定区域内の人口を推計し、次に住宅の階数を考慮し、床上浸水の人口数を推計する。

(A) 浸水想定区域内の人口推計

次の構文 4-9 は、浸水想定区域のデータと住宅ベース人口データを空間的にオーバーレイし、浸水深ごとの人口と世帯数を求める構文である。

構文 4-9

```
1  select b.flood_level, sum(a.pop) as sum_pop,
   sum(a.hh) as sum_hh
2  from s_residence_pop.stb_residence_pop_anjo a,
   s_flooding_risk.stb_flood_area b
3  where st_within(a.geom, b.geom)
4  group by b.flood_level
5  order by b.flood_level
```

構文 4-8

```
1  select a.tatemono_id, a.geom, a.floor, a.hh, a.hh*(cast(b.jinko as float)/cast(b.setai as float)) as pop
2  into s_residence_pop.stb_residence_pop_anjo
3  from s_residence_pop.stb_residence_pop_2 a, s_residence_pop.stb_pop_census_anjo_dissolve b
4  where st_within(a.geom, b.geom)
5  order by a.tatemono_id
```

【構文 4-9 の解説】

住宅ベース人口 stb_residence_pop_anjo と浸水想定区域 stb_flood_area を、それぞれ a と b に定義する（行 2）。a が b に含まれる条件のもとで、集計を行う（行 3）。つまり、浸水エリアに含まれる住宅に対し、浸水レベル flood_level ごとに、人口数と世帯数を集計する（行 1 と行 4）。その結果、浸水レベル順に出力する（表 4-8）。

表 4-8　浸水レベルごとの人口集計

浸水レベル	人口数	割合	世帯数	割合
0-0.5m	3,216	1.75%	1,163	1.64%
0.5-1.0m	7,783	4.23%	2,812	3.96%
1.0-2.0m	12,938	7.03%	4,670	6.58%
2.0-5.0m	9,674	5.25%	3,446	4.85%
5.0m 以上	24	0.01%	8	0.01%
浸水エリア合計	33,634	18.27%	12,099	17.04%
安城市合計	184,140	100.00%	70,990	100.00%

前述の表 4-3 を踏まえ、安城市の浸水面積は全市面積の 33%であるが、その中には約 18%の人口と 17%の世帯が暮らしているので、浸水想定区域内の人口密度は低いと言えよう。しかし、1m 以上の浸水想定区域に約 2 万人を超える住民数が暮らしていることは、地域防災計画にとって大きな課題と言えよう。

(B) 床浸水人口の推計

前述の浸水想定区域の人口推計では、図 4-22 に示された住宅階数の要因を考慮していない。その結果、水害の人的な曝露として過剰評価の可能性がある。次は、住宅別記データ tb_bekki_anjo の属性を用いて、住宅階数ごとの人口集計により、「床浸水人口」を推計し、水害の人的な曝露を評価する。

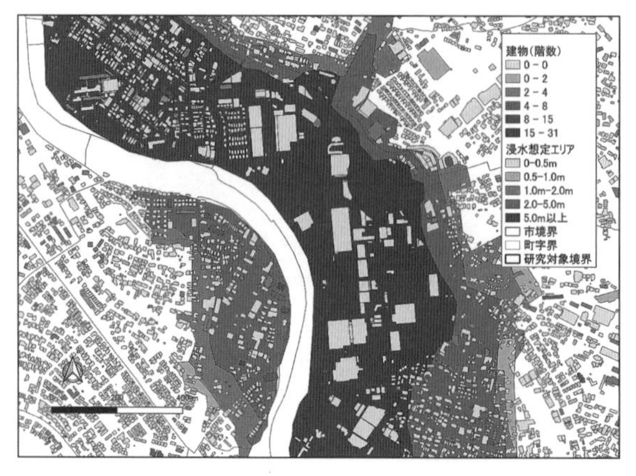

図 4-22　浸水深さと住宅の階層

階層ごとの人口を推計するために、専用のスキーマ s_floor_residence_pop を作って（図 4-23）、その中に、飛び地処理後の国勢調査人口 stb_pop_census_anjo_dessolve、構文 4-4 で求めた住宅建物重心点の中間結果 stb_residence_pop_1、建物別記 tb_kekki_anjo の 3 つのデータをインポートする。

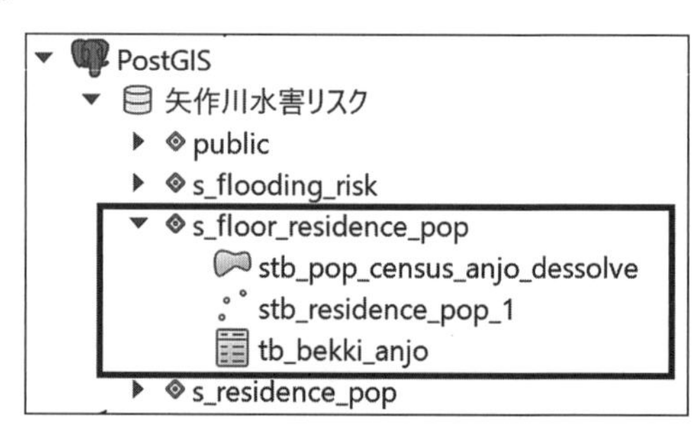

図 4-23　階層人口推計の専用スキーマ

推計作業は、構文 4-10 から構文 4-13 まで 4 つのステップで行う。その構文について順次解説する。

まず、構文 4-10 では、建物別記データ tb_bekki_anjo をベースに、集合住宅建物の階層ごとに世帯数を集計し、同時に建物の重心 geom 属性を取得する。

【構文 4-10 の解説】

建物別記 tb_bekki_anjo を a とし、建物重心データ stb_residence_pop_1 を b とする（行 3）。建物別記 a から tatemono_id、floor と部屋 id を選択し、建物重心 b から geom を選ぶ（行 1）。部屋が居住用であり（つまり、atrcode は 1363、1364、3118 と 3119 である）、かつ a と b の tatemono_id が一致する条件（行 4）の元で、count(id) を用いて部屋の数を数える（行 1）。この集計は、建物 tatemono_id と階数 floor ごとに行われ（行 5）、その結果は tatemono_id と floor の順で、中間結果の stb_floor_pop_1 へ書き出す（行 2）。

ここまで、建物別記に記載された集合住宅の部屋数を世帯数として、建物と階数ごと集計し、中間結果に保存した。この段階では、中間結果に一軒家の世帯数はまだ含まれていない。次の構文 4-11 は、建物別記に記載されていない一軒屋の世帯を前の中間結果に stb_floor_pop_1 追加する構文である。

構文 4-10

```
1 select a.tatemono_id, b.geom, a.floor, count(a.id) as hh
2 into s_floor_residence_pop.stb_floor_pop_1
3 from s_floor_residence_pop.tb_bekki_anjo a, s_floor_residence_pop.stb_residence_pop_1 b
4 where (a.atrcode = 1363 or a.atrcode = 1364 or a.atrcode = 3118 or a.atrcode = 3119 ) and
  (a.tatemono_id = b.tatemono_id)
5 group by a.tatemono_id, b.geom, a.floor
6 order by a.tatemono_id, a.floor
```

構文 4-11

```
1 insert into s_floor_residence_pop.stb_floor_pop_1(tatemono_id, geom, floor, hh)
2 select tatemono_id, geom, 1, 1
3 from s_floor_residence_pop.stb_residence_pop_1
4 where tatemono_id not in
5 (select tatemono_id
6 from s_floor_residence_pop.stb_floor_pop_1)
```

構文 4-12

```
1 select a.tatemono_id, a.geom, a.floor, a.hh, a.hh*(cast(b.jinko as float)/cast(b.setai as float)) as pop
2 into s_floor_residence_pop.stb_floor_pop_anjo
3 from s_floor_residence_pop.stb_floor_pop_1 a,
  s_floor_residence_pop.stb_pop_census_anjo_dessolve b
4 where st_within(a.geom, b.geom)
5 order by a.tatemono_id
```

構文 4-13

```
1 select b.flood_level, a.floor, sum(a.pop) as
  sum_pop, sum(a.hh) as sum_hh
2 from s_floor_residence_pop.stb_floor_pop_anjo a,
3 s_flooding_risk.stb_flood_area b
4 where st_within(a.geom, b.geom)
5 group by b.flood_level, a.floor
6 order by b.flood_level, a.floor
```

【構文 4-11 の解説】

insert into from の基本構文を使って、住宅データ stb_residence_pop_1 から stb_floor_pop_1 に存在していない一軒屋を抽出し、その一軒の家を一世帯として、中間結果の stb_floor_pop_1 に追加する。中間結果テーブル stb_floor_pop_1 の各フィールド（tatemono_id、geom, floor, hh）に（行 1）、次の値を（tatemono_id、geom, 1, 1）を追加する（行 2）。その tatemono_id と geom は住宅重心 stb_residence_pop_1 から取得し（行 3）、その際、tatemono_id は stb_floor_pop_1 に存在していないものを選ぶ（行 4 から行 6）。つまり、住宅建物別記に存在していない一軒屋を抽出し、それを 1 階の住宅（floor=1）と一世帯（hh=1）として stb_floor_pop_1 に追加する（行 2）。

【構文 4-12 の解説】

構文 4-8 は、住宅の世帯数（stb_residence_pop_2）と小地域の世帯平均人数（stb_pop_census_anjo_dissolve）の掛算で、住宅単位の人口数を推計した。構文 4-12 は、住宅の世帯数を階層の世帯数（stb_floor_pop_1）に入れ替え、構文 4-8 と同じ方法で、階層ごとの人口数を推計する。詳細については、構文 4-8 のコード解説を参考にしてもらいたい。

最後に住宅階層ベース人口と浸水想定区域データをオーバーレイし、住宅階層ごとの人口と浸水深さのクロス集計を得る。表 4-9 と表 4-10 は、構文 4-10 から構文 4-13 までの計算結果であり、それぞれ、浸水レベルと住宅階層ベース人口、浸水レベルごと住宅階層ベース世帯数のクロス集計である。

【構文 4-13 の解説】

構文 4-9 を参考にしてもらいたい。

まず、表 4-9 と表 4-10 から、10 階以上の高層住宅のほとんどは浸水 1m 以上の区域に分布していることが特徴であり、災害時に高層階への「垂直避難」が考えられる。次に、国土交通省の防災指針とガイドラインで公開された「浸水の目安」[1] では、浸水レベルと浸水の目安が示されている（表 4-11 の左側

表 4-9　住宅階層ベース人口数と浸水レベルのクロス集計

浸水レベル / 階数	0-0.5m	0.5-1.0m	1.0-2.0m	2.0-5.0m	5.0m以上	合計	割合
1	2,012	4,965	8,981	7,712	24	23,693	70.44%
2	498	1,449	2,069	923		4,938	14.68%
3	240	696	912	396		2,244	6.67%
4	196	371	426	176		1,169	3.48%
5	94	122	183	79		479	1.42%
6	94	84	127	78		383	1.14%
7	83	79	61	59		282	0.84%
8		10	41	51		102	0.30%
9		7	31	31		70	0.21%
10			31	31		63	0.19%
11			24	31		55	0.16%
12			21	31		53	0.16%
13			8	24		32	0.09%
14			13	24		37	0.11%
15			10	24		34	0.10%
合計	3,216	7,783	12,938	9,674	24	33,634	100.00%
割合	9.56%	23.14%	38.47%	28.76%	0.07%	100.00%	

表 4-10　住宅階層ベース世帯数と浸水レベルのクロス集計

浸水レベル / 階数	0-0.5m	0.5-1.0m	1.0-2.0m	2.0-5.0m	5.0m以上	合計	割合
1	726	1,778	3,206	2,727	8	8,445	69.80%
2	183	530	761	347		1,821	15.05%
3	86	255	338	145		824	6.81%
4	70	137	157	65		429	3.55%
5	34	45	68	28		175	1.45%
6	34	31	48	27		140	1.16%
7	30	29	23	21		103	0.85%
8		4	16	18		38	0.31%
9		3	12	11		26	0.21%
10			12	11		23	0.19%
11			9	11		20	0.17%
12			8	11		19	0.16%
13			3	8		11	0.09%
14			5	8		13	0.11%
15			4	8		12	0.10%
合計	1,163	2,812	4,670	3,446	8	12,099	100.00%
割合	9.61%	23.24%	38.60%	28.48%	0.07%	100.00%	

表 4-11　浸水レベルと床浸水人口のクロス集計

浸水レベル	浸水の目安	世帯数	割合	人口数	割合
0-0.5m	大人の膝までつかる程度	909	1.28%	2,509	1.36%
0.5-1.0m	大人の腰までつかる程度	2,308	3.25%	6,414	3.48%
1.0-2.0m	1階の軒下浸水程度	3,967	5.59%	11,050	6.00%
2.0-5.0m	2階の軒下浸水程度	3,074	4.33%	8,634	4.69%
5.0m以上	3階以上が浸水	8	0.01%	24	0.01%
床浸水の合計		10,266	14.46%	28,631	15.55%
浸水想定区域の合計		12,099	17.04%	33,634	18.27%
安城市合計		70,990	100.00%	184,140	100.00%

の列）。この国土交通省が示した浸水目安と、表 4-9 と表 4-10 で求めた階層ごとの人口分布を合わせ、網掛け部分の 2 階以下の人口を集計すると、表 4-11 の浸水レベルと床浸水人口のクロス集計が得られる。全域約 14％の世帯、15％の人口が床浸水になる。そのうちの一部は、3 階以上の集合住宅に住んでいるので、住宅建物の上階部へ避難することが可能である。

4.5　災害脆弱性の解析

この節では、バス系統と中核病院を対象に、災害脆弱性の解析方法を紹介する。

4.5.1　バス系統データの構造化

バスとバス停は、通常多対多の関係に成り立っている。つまり、1 つのバス路線には複数のバス停があり、同時に 1 つのバス停は複数のバス路線が停留所として利用される。この関係は、図 4-24 に示したバス系統のデータ構造で表すことができる。

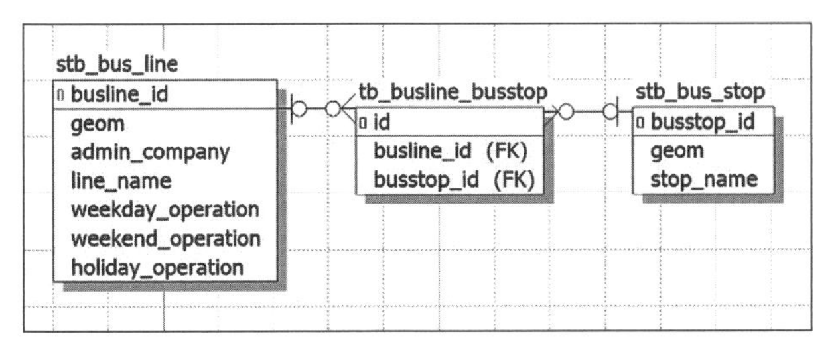

図 4-24　バス系統の ER 図

ステップ 1：基礎データの処理

国土数値情報サイトからバス路線とバス停データをダウンロードし、それぞれ stb_busline_original と stb_busstop_original 名付けて保存する。分析しやすいように、まず、①広域のバス路線の削除、②「外回り」や「内回り」など違う方向の同一路線は 1 つにまとめ、③同一路線の異なる便（No1、No2…など）も 1 つに統合。その結果、研究範囲内のバス路線数は 44 に絞られた。

一方、バス停 stb_bus_stop_original データについては、図 4-25 に示したように属性 bus_line フィールドに複数のバス路線名が記載されており、そのままでは扱いにくい。

	id	geom	stop_name	bus_line
145	145	MULTIPOI...	朝日町東	作野線,南部線,市街線,循環線,桜井線,西部線
146	146	MULTIPOI...	朝日町西	作野線,南部線,市街線,循環線,桜井線,西部線
147	147	MULTIPOI...	JR安城駅	作野線,南部線,市街線,循環線,東部線,桜井線,桜井西線,西部...
148	148	MULTIPOI...	御幸本町西	市街線,循環線,東部線,桜井西線,高棚線
149	149	MULTIPOI...	新井	南部線
150	150	MULTIPOI...	市役所前	作野線,循環線,東部線,桜井西線,西部線,高棚線
151	151	MULTIPOI...	小堤北	循環線,東部線,桜井西線,高棚線

図 4-25　バス停の属性（処理前）

ステップ 2：バス路線とバス停のデータ分離

次は、新規の tb_busline_busstop テーブルを作成し、以下の SQL 構文でバス路線ごとに関連のバス停を抽出し、その結果をテーブル tb_busline_busstop に追加する。

構文 4-14

```
1  select b.id as busline_id, a.id as busstop_id,
   a.stop_name, a.bus_line
2  from s_flooding_risk.stb_busstop_original a,
   s_flooding_risk.stb_busline_original b
```

```
3 where st_intersects(a.geom,b.geom) and b.id = 14
  and a.bus_line like '% 矢作・市民病院線 %'
```

構文 4-15

```
1 insert into s_flooding_risk.tb_busline_busstop
  (busline_id, busstop_id)
2 select b.id as busline_id, a.id as busstop_id
3 from s_flooding_risk.stb_busstop_original a,
  s_flooding_risk.stb_busline_original b
4 where st_intersects(a.geom,b.geom) and b.id = 14
  and a.bus_line like '% 矢作・市民病院線 %'
```

【構文 4-14 と構文 4-15 の解説】

構文 4-14 と 4-15 は、路線「矢作・市民病院線」を例にその沿線バス停の抽出とデータベース追加を行う。

構文 4-14 は沿線のバス停を抽出し、その結果を確認する。stb_busstop_original を a に、stb_busline_original を b にする（行 2）。行 3 の 3 つの条件で、行 1 の抽出を行う。条件 1 はバス停とバス路線が重なること。これは関数 st_inteesects() を使って判断する。条件 2 は b.id=14、つまり、路線は「矢作・市民病院線」であること。条件 3 は「矢作・市民病院線」が停まる全てのバス停を抽出すること。ここでは、like '%...%' の構文を用いて、a.bus_line の属性に「矢作・市民病院線」を含むデータを選ぶ。その 3 つの条件を満たすデータを抽出し、目視で確認する。

構文 4-14 の冒頭に insert into の一行を追加すると、構文 4-15 になる。それを実行すると、路線の busline_id と沿線のバス停の busstop_id がテーブル tb_busline_busstop に追加される。

最後に、stb_busstop_original の中から（図 4-25）、①属性 bus_line を削除し、② tb_busline_busstop に存在しないバス停を削除する。次に、図 4-24 のデータ構造に従って、テーブル名とコラム名の変更を行い、主キーと外部キーを設定すれば、データ構造の構築は完成する。

4.5.2 バス系統・医療施設の災害曝露

バス系統のシステム災害脆弱性は高い。一部の路線水没から全線の不通を引き起こす可能性がある。路線が広範囲に通過すればするほど、浸水による直接被害と不通による間接災害により、災害リスクの回避力が著しく低下することは、災害脆弱性と呼ばれる。バス系統など公共交通の災害脆弱性は、地域社会の広範囲に更なる 2 次災害を引き起こす可能性がある。まず、バス系統と地域中核病院の災害曝露、つまり直接被害の分析方法から解説を行う。

①バス系統の災害直接被害

災害時浸水路線の長さがバス路線の総走行距離に占める比率、また水没バス停数のバス停総数に占める割合、この 2 つの割合をバス系統における災害直接被害程度の指標とする。その指標を求めるために、まず構文 4-16 でバス系統の規模を求める。

構文 4-16

```
1 select b.line_name,
  st_length(b.geom)/1000 as length,
  count(a.busstop_id) as numb_of_busstops
2 from s_flooding_risk.tb_busline_busstop a,
  s_flooding_risk.stb_bus_line b
3 where a.busline_id = b.busline_id
4 group by b.line_name, b.geom
5 order by length desc
```

構文 4-16 は典型的な集計 SQL 構文であり、その解説は省略する。集計結果は表 4-12 に示す。全域バス路線の走行距離は 604km を超え、バス停数は 1128 にのぼった。そのうち、走行距離上位 10 位の路線の総走行距離は全体の 38%、バス停数は全体の 36% を占める。構文 4-17 と構文 4-18 は、それぞれ路線浸水の長さと水没バス停数を推計する。

表 4-12　バス路線とバス停の集計

	バス路線	走行距離(km)	バス停数
1	美合線	31.28	62
2	ささゆりバス	26.77	14
3	岡崎市内線	26.64	58
4	作野線	23.30	47
5	西部線	23.30	47
6	桜形線	23.26	39
7	矢作・市民病院線	20.44	46
8	南大須・鍛埜線	19.49	30
9	大沼線	18.87	39
10	岡崎・西尾線	18.42	29
	Top10合計	231.77 (38%)	411 (36%)
	その他	372.24 (62%)	717 (64%)
	合計	604.01	1128

【構文 4-17 と構文 4-18 の解説】

構文 4-17 は、表 4-13 に示したバス路線ごとに浸水深さ別の浸水路線長さをクロス集計する構文である。バス路線 stb_bus_line を a に、浸水区域 stb_flood_area を b にする（行 3）。両者が交差（st_intersects）している場合（行 4）、路線名、浸水深さと浸水路線長さの合計（sum(st_length(st_intersection()))）を抽出し（行 1）、路線ごと浸水深さ別に集計する（行 5）。その結果を路線名と浸水エリアごとに並べ替え（行 6）、結果をファイルの stb_flooded_buslines に書き出す（行 2）。

一方、構文 4-18 は浸水路線ごとに水没のバス停数の集計構文である。バス停 stb_bus_stop、浸水区域 stb_flood_area、バス路線 stb_bus_line と tb_busline_busstop の 4 つテーブルをそれぞれ a、b、c と d と定義する（行 3）。バス停 a が浸水エリア b に含まれる条件（st_within）のもと、同時に c と d の busline_id が一致する、さらに a と d の busstop_id が一致する条件のもと（行 4）、路線ごと浸水レベル別に水没バス停数を数える（count）（行 1）。この集計は路線ごと浸水レベル別に行い（行 5）、その結果を浸水レベルと路線名で並び替え（行 6）、最終 stb_flooded_busstop ファイルに書き出す（行 2）。

表 4-13 と表 4-14 には分析結果を示す。研究対象の 44 バス路線のうち 33 の路線が浸水し、全路線平均の浸水率は 24%にのぼり、深刻な直接被害を受けることになる。そのうち、「中之郷線」の浸水率は 90%を超える（表 4-13）。全域の 654 バス停の約 30%が水没し、路線によっては 90%以上のバス停が水没し、直接被害の大きさがうかがえる（表 4-14）。

構文 4-17

```
1 select a.line_name, b.flood_level, sum(st_length(st_intersection(a.geom, b.geom)))/1000 as length
2 into s_flooding_risk.stb_flooded_buslines
3 from s_flooding_risk.stb_bus_line a, s_flooding_risk.stb_flood_area b
4 where st_intersects(a.geom,b.geom)
5 group by a.line_name, b.flood_level
6 order by a.line_name, b.flood_level
```

構文 4-18

```
1 select b.flood_level, c.line_name, count(a.busstop_id) as numb_of_busstop
2 into s_flooding_risk.stb_flooded_busstops
3 from s_flooding_risk.stb_bus_stop a, s_flooding_risk.stb_flood_area b
  s_flooding_risk.stb_bus_line c, s_flooding_risk.tb_busline_busstop d
4 where st_within(a.geom, b.geom) and c.busline_id = d.busline_id and a.busstop_id = d.busstop_id
5 group by b.flood_level, c.line_name
6 order by b.flood_level, c.line_name
```

表 4-13　浸水深さと浸水バス路線長さのクロス集計（上位 10 路線の結果）

	バス路線＼浸水深さ	0-0.5m	0.5-1.0m	1.0-2.0m	2.0-5.0m	5.0m以上	浸水路線長さの合計	走行距離（km）	割合
1	中之郷線	0.42	0.71	2.91	3.22		7.26	7.97	91.15%
2	岡崎・坂戸線		0.16	3.04	3.20		6.39	8.14	78.50%
3	矢作循環線	0.18	1.81	3.58	1.89		7.47	9.80	76.21%
4	岡崎・西尾線	2.33	1.60	8.26	1.69		13.88	18.42	75.39%
5	上郷線	0.18	1.68	3.28	0.50		5.64	8.95	63.07%
6	桜井線	1.88	1.93	3.40	2.86	0.10	10.17	16.20	62.78%
7	岡崎・安城線	0.09	0.44	3.75	0.58		4.86	9.13	53.27%
8	桜井西線	0.88	1.39	4.85	1.03	0.08	8.23	17.12	48.09%
9	矢作・市民病院線	0.18	1.73	4.71	3.19		9.81	20.44	48.00%
10	岡崎線	0.38	1.06	0.90	1.05		3.39	7.38	45.95%
	33水没バス路線の総計	**12.26**	**17.11**	**46.50**	**33.17**	**0.57**	**109.62**	**452.87**	**24.21%**

表 4-14　浸水深さと水没バス停数のクロス集計（上位 10 路線の結果）

	バス路線＼浸水深さ	0-0.5m	0.5-1.0m	1.0-2.0m	2.0-5.0m	水没バス停数	バス停総数	割合
1	中之郷線		1	10	10	21	23	91.30%
2	岡崎・西尾線	2	3	17	2	24	29	82.76%
3	岡崎・坂戸線			9	6	15	19	78.95%
4	矢作循環線		4	8	5	17	22	77.27%
5	桜井線	1	4	4	9	18	28	64.29%
6	上郷線		4	9		13	22	59.09%
7	矢作・市民病院線		4	12	6	22	46	47.83%
8	岡崎・安城線		3	7		10	21	47.62%
9	桜井西線	1	2	8	2	13	28	46.43%
10	岡崎線		2	1	1	4	12	33.33%
	23バス路線 水没バス停数の総計	**9**	**36**	**101**	**60**	**206**	**654**	**31.50%**

② 中核的な医療施設の直接被害

国土数値情報サイトから地域医療機関のデータをダウンロードできる。医療機関の種類は、病院（コード 1)、診療所（コード 2）と歯科診療所（コード 3)、3 つに分けられている。また、それぞれの機関に開設されている診断項目は図 4-26 のように、subject_1 フィールドに複数記載されている。

facility_name	subject_1
愛知県がんセンター愛知病院	内科　消化器内科　呼吸器内科　乳腺内科　血液内科　緩和ケア内科又は内
岡崎市民病院	内科　呼吸器内科　消化器内科　循環器内科　腎臓内科　脳神経内科　血液
（医）仁精会三河病院	神経内科　心療内科　精神科　児童精神科
岡崎南病院	内科　循環器内科　胃腸内科　神経内科　外科　肛門外科又はこうもん外科
（医）十全会三嶋内科病院	内科　消化器内科　循環器内科　リウマチ科　放射線科
（医）鉄友会宇野病院	内科　消化器内科　循環器内科　肛門内科　神経内科　乳腺内科　内分泌内
（医）[illegible]	内科　精神科　神経科

図 4-26　医療機関ごとの診療項目の記載

構文 4-19 は、地域住民の生命を救う中核医療機関として、病院と人工透析内科を有する診療所を抽出し、それと浸水区域を重ね、浸水による直接被害について解析を行う。

構文 4-19

```
1  select id, geom, facility_type_code,
   facility_name, subject_1
2  into s_flooding_risk.stb_core_hospital
3  from s_flooding_risk.stb_medical_institution
```

```
4 where facility_type_code =1
  or subject_1 like '% 人工透析内科 %'
5 order by id
```

構文 4-20

```
1 select a.facility_type_code,
  b.flood_level, count(a.id)
2 from s_flooding_risk.stb_medical_institution a,
  s_flooding_risk.stb_flood_area b
3 where st_within(a.geom, b.geom) and
  (facility_type_code =1 or
  subject_1 like '% 人工透析内科 %')
4 group by a.facility_type_code, b.flood_level
5 order by facility_type_code, b.flood_level
```

【構文 4-19 と構文 4-20 の解説】

構文 4-19 では研究対象区域内の 589 箇所の医療機関に対し、病院と人工透析内科を有する診療所をコア医療施設として抽出する。医療機関 stb_medical_institution のテーブルから（行 3）、facility_type_code=1 で病院、あるいは subject_1 like '%...%' で人口透析内科を含む施設の条件を設定し（行 4）、複数の属性を抽出する（行 1）。その結果を施設 ID の順に並べ（行 5）、結果を stb_core_hospital ファイルへ書き出す（行 2）。

構文 4-20 では、構文 4-19 をベースに、浸水想定区域テーブルを重ねていく。医療機関 stb_medical_institution を a に、浸水区域 stb_flood_area を b にする（行 2）。2 つの条件、① a が b の範囲内に含まれること（st_within）、②医療機関は病院であり、つまり（facility_type_code=1）、あるいは施設の診療項目内（subject_1）に、人工透析内科が含まれること、ここでは like…%...% の構文を使う（行 3）。以上の条件で、施設の類別ごと浸水レベル別に（行 4）、浸水施設数を集計する（行 1）。その結果を、施設類別と浸水レベルの順に並び替え（行 5）、出力させる。

表 4-15 は計算結果を示す。全域に病院と人工透析内科を含む診療所は 23 箇所がある。そのうちの

表 4-15　浸水深さと医療施設
（人工透析内科を含む診療所と病院）

浸水レベル	病院	診療所	総計
0-0.5m	1		1
0.5-1.0m	1	1	2
1.0-2.0m	1	2	3
2.0-5.0m	3		3
水没施設の合計	**6**	**3**	**9**
全域施設の合計	**18**	**5**	**23**

9 つの施設が災害時に浸水による直接被害を受け、医療サービスを中断せざるを得ない状態に陥る可能性が大きい。残りの 14 箇所の医療施設は、浸水による直接な被害からは逃がれられるが、公共交通不通による患者の通院不能などの間接的な被害を受ける可能性がある。

4.5.3　バス系統・医療施設の災害脆弱性

以下のステップをにより、バス系統・中核医療施設の災害脆弱性を解析する

ステップ 1：浸水想定区域外の医療施設の特定

中核医療施設 stb_core_hospital に新規カラム flood_level を追加する（構文 4-21）。浸水施設の flood_level に浸水深さを（構文 4-22）、浸水しない施設は 0 を入れる（構文 4-23）。

構文 4-21

```
1 alter table s_flooding_risk.stb_core_hospital
2 add column flood_level integer
```

構文 4-22

```
1 update s_flooding_risk.stb_core_hospital as a
2 set flood_level = b.flood_level
3 from (select flood_level, geom
4 from s_flooding_risk.stb_flood_area) as b
5 where st_within(a.geom, b.geom)
```

構文 4-23

```
1 update s_flooding_risk.stb_core_hospital
```

```
2  set flood_level = 0
3  where flood_level is NULL
```

構文 4-21 と構文 4-23 は標準的な SQL 構文であるため、その解説を省略する。

【構文 4-22 の解説】

構文 4-22 は update…set…from の複合構文になっている。行 1 と行 2 は標準的な更新構文であるが、行3と行4は更新値を抽出するための複合文になる。行 1 の as a と行 4 の as b は、それぞれ更新対象テーブル stb_core_hospital と更新値の出所テーブル stb_flood_area の別名として定義する。それらの別名を使って、行 5 の抽出条件が書ける。複合構文の構成に、こうした別名を用いた構文のつながりは大切であり、理解する必要がある。

ステップ 2：浸水しない医療施設への最寄りバス停の抽出

構文 4-24 では浸水しない施設から全てのバス停への距離を求め、構文 4-25 では前の結果から最短距離の最寄りバス停を抽出する。

【構文 4-24 の解説】

中核医療施設 stb_core_hospital を a に、バス停 stb_bus_stop を b にする（行 3）。施設は浸水しないの条件のもと、つまり a.flood_level = 0 のもとで（行 4）、バス停と施設の諸属性を抽出し、同時に両者間の直線距離を求める（行 1）。直線距離は複合関数 st_length(st_shortesline()) で算出する。それらの結果を施設 id とバス停 id の順に並べ（行 5）、中間結果テーブル stb_all_distance に書き出す（行 2）。

【構文 4-25 の解説】

構文 4-25 は select…from…where…select 型の複合構文である。行 1 と行 3 は、通常の select 構文であり、医療施設ごとに最短距離の最寄りバス停を抽出す

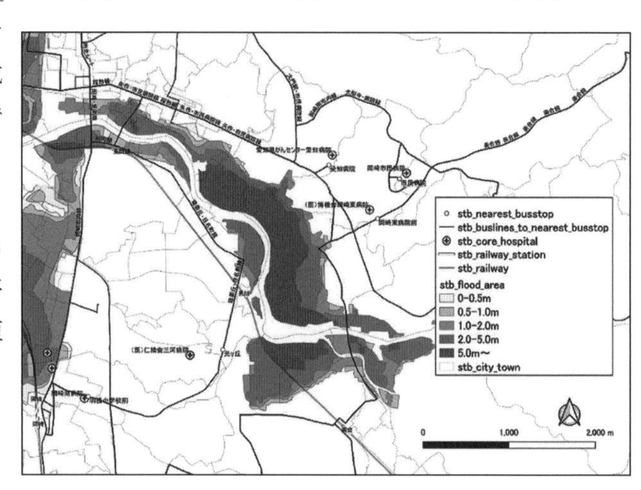

図 4-27　浸水しない医療施設の最寄りバス停とバス路線

構文 4-24

```
1  select b.busstop_id, b.geom, b.stop_name, a.id, a.facility_name,
   st_length(st_shortestline(a.geom, b.geom)) as length
2  into s_flooding_risk.stb_all_distance
3  from s_flooding_risk.stb_core_hospital a,
   s_flooding_risk.stb_bus_stop b
4  where a.flood_level = 0
5  order by a.id, b.busstop_id
```

構文 4-25

```
1  select busstop_id, geom, stop_name, id as hospital_id, facility_name
2  into s_flooding_risk.stb_nearest_busstop
3  from s_flooding_risk.stb_all_distance
4  where (length) in
5  (select min(length) from s_flooding_risk.tb_all_distance group by id)
```

るために stb_all_distance テーブルから必要な項目を選ぶ。それは where の条件構文の行 4 と行 5 の複合構造で実現する。つまり、抽出の条件（行 5）に記述した通り、施設ごとに最短距離の長さ length に合わせて抽出を行う（行 1）。その結果が stb_nearest_busstop に保存される。

ステップ 3：最寄りバス停を利用するバス路線の抽出

構文 4-26 では stb_nearest_busstop の最寄りバス停を利用するバス路線を抽出する。

【構文 4-26 の解説】

バス停テーブル stb_bus_stop、バス路線テーブル stb_bus_line と両者の関連テーブル tb_busline_busstop を、それぞれ a、b と c に定義する（行 3）。関連テーブル c を経由した 2 つの条件、つまり、a と c の busstop_id、そして b と c の busline_id が一致する場合（行 4）、行 1 に記載された項目を抽出する。その結果を、医療施設 id の順に並べ（行 5）、結果テーブル stb_buslines_to_nearest_busstop に書き出す（行 2）。

ステップ 4：バス系統による浸水しない医療施設の災害脆弱性

最後に、各々の医療施設（浸水しない中核医療施設）の最寄りバス停とそれをつなぐバス路線 stb_buslines_to_nearest_busstop のテーブルに、路線の浸水長さと水没バス停数を入れ、バス系統の災害リスクによる医療施設の間接的な被害、つまり災害に対する脆弱性を評価する。

テーブル stb_buslines_to_nearest_busstop において、構文 4-21 を参考に float 型のコラム flooded_length と flooded_busstops を追加する。次に、構文 4-27 と構文 4-28 を用いて flooded_length と flooded_busstops コラムに路線の浸水長さと水没バス停数を入れる。

【構文 4-27 と構文 4-28 の解説】

両構文は同じ update…set…from…where の複合構造を持つ。構文 4-27 の行 1 と行 2 は標準的な

構文 4-26

```
1  select b.geom, a.hospital_id, a.facility_name, a.busstop_id, b.busline_id,
   line_name, st_length(b.geom)/1000 as length
2  into s_flooding_risk.stb_buslines_to_nearest_busstop
3  from s_flooding_risk.stb_nearest_busstop a,
   s_flooding_risk.stb_bus_line b,
   s_flooding_risk.tb_busline_busstop c
4  where a.busstop_id = c.busstop_id and b.busline_id = c.busline_id
5  order by a.hospital_id
```

表 4-16　浸水しない医療施設の最寄りバス停とバス路線

医療機関	利用できるバス路線	総走行距離 km	浸水長さ km	割合	バス停数	水没バス停数	割合
岡崎市民病院	矢作・市民病院線	20.44	9.81	48.00%	46	22	47.83%
岡崎市民病院	大門駅・市民病院線	9.74	1.20	12.34%	18	2	11.11%
岡崎市民病院	岡崎南市内線	17.37	1.00	5.77%	44	2	4.55%
岡崎市民病院	桜形線	23.26	0.70	3.00%	28	なし	
岡崎市民病院	大樹寺・病院線	6.21	なし		13	なし	
愛知県がんセンター愛知病院	矢作・市民病院線	20.44	9.81	48.00%	46	22	47.83%
愛知県がんセンター愛知病院	美合線	31.28	2.05	6.56%	62	1	1.61%

構文 4-27

```
1 update s_flooding_risk.stb_buslines_to_nearest_busstop as a
2 set flooded_length = b.flooded_length
3 from
4  (select busline_id, sum(length) as flooded_length
5 from s_flooding_risk.tb_flooded_buslines
6 group by busline_id) as b
7 where a.busline_id = b.busline_id
```

構文 4-28

```
1 update s_flooding_risk.stb_buslines_to_nearest_busstop as a
2 set flooded_busstops = b.flooded_busstops
3 from
4 (select busline_id, sum(numb_of_busstop) as flooded_busstops
5 from s_flooding_risk.tb_flooded_busstops
6 group by busline_id ) b
7 where a.busline_id = b.busline_id
```

update…set 構文であり、対象テーブル stb_buslines_to_nearest_busstop のコラム flooded_length に対する更新を行う。

それに対し、行 3 から行 6 の複合構文ではその更新値 flooded_length を抽出する。更新値は、浸水路線 stb_flooded_buslines から路線 id ごとに抽出された浸水路線の長さである（行 4 から行 6）。

テーブル stb_buslines_to_nearest_busstop を別名 a とし（行 1）、複合構文からの抽出更新値の結果を b にする（行 6）。最後に a と b のバス路線 busline_id が一致する条件のもとで（行 7）、上述の更新を行う。構文 4-28 は構文 4-27 と同様の構造を持ち、その詳細な解説は省略する。

表 4-16 は分析結果の一部を示す。例えば、岡崎市民病院の最寄りバス停に 5 つのバス路線が停まる。そのうち矢作・市民病院線の約 48%、大門駅・市民病院線の 12%が災害時に浸水し、路線不通になる可能性がある。このように、中核医療施設、最寄りバス停、通過するバス路線の関連で、災害時バス路線の不通による病院における災害脆弱性を評価できる。さらに、住宅ベース人口データやバス停、あるいは歩道などのデータを用いて、バッファ解析、あるいはネットワーク解析手法を活用すれば、影響を受ける住民の範囲と規模を推計することは可能である。

4.6 まとめ

自然災害リスク研究のフレームワークに基づき、安城市と岡崎市周辺の矢作川流域を対象に、河川浸水の災害リスクを解析した。

地理学において、「地域」は形式地域（formal region）と実質地域（uniform region）で分類することができる。形式地域は、行政区などをはじめ、人的に（国や地方政府）決められる境域を有し、その境界線が明確になっていることが多い。それに対し、実質地域は同一な性質を持つ区域である。本章の浸水被害想定地域はそれに当たる。同質地域の境界線は、様々な不確実な要因で不明確である。浸水被害想定区域における行政界（形式地域）と浸水区域（実質区域）の乖離は、本研究に直面する課題である。

本研究の本質は、行政単位（形式地域）の人口統計を用いて、浸水被害想定区域（実質地域）における人口推計の試みにある。その結果、住宅建物ごと、階層別の推計人口が推計され、現実に即した災害リスクの評価が可能になった。また、病院の間接的な災害リスク分析には、バス停とバス路線のデータを使い、道路浸水から公共交通へ、更に地域病院のアクセスまで、災害リスクの波及効果を分析した。いずれも行政区単位の統計データではなく、建物、道路、バス路線、バス停と病院など、情報粒子の細かい個票データをベースに、データベースと GIS の手法を駆使し、建物、道路と公共交通、病院の空間関連性と通して災害リスクを評価する。個票データと GIS を用いた災害リスクに関する研究は、本章の特徴と言えよう。

注

1）国土交通省の防災指針とガイドライン。https://www.mlit.go.jp/river/shishin_guideline/index.html#bousai

参考文献

蒋　湧、加藤達也（2017）「GIS を用いた安城・岡崎域内の矢作川流域災害リスクに関する空間解析」、愛知大学「経営総合科学」第 108 号、1-26 頁

付録表 4-1　データ仕様一覧表

No	Data Source	Table Name	Field	Data Type	Constraints	
1	border.shp	stb_border	**id**	int4	pkey	
			geom	geometry(polygon)		
2	city.shp	stb_city	**id**	int4	pkey	
			geom	geometry(polygon)		
			citycode	varchar		
			cityname	varchar		
3	city_town.shp	stb_city_town	**id**	int4	pkey	
			geom	geometry(polygon)		
			addrcode	varchar		
			sname	varchar		
			oname	varchar		
4	flood_area.shp	stb_flood_area	**id**	int4	pkey	
			geom	geometry(polygon)		
			flood_level	int4		
5	railway.shp	stb_railway	**id**	int4	pkey	
			geom	geometry(line)		
			railway_type_code	int4	fkey	①を参照
			business_type_code	int4	fkey	②を参照
			railway_name	varchar		
			admin_company	varchar		
6	railway_station.shp	stb_railway_station	**id**	int4	pkey	
			geom	geometry(line)		
			railway_type_code	int4	fkey	①を参照
			business_type_code	int4	fkey	②を参照
			railway_name	varchar		
			admin_company	varchar		
			station_name	varchar		
7	railway_type.csv	tb_railway_type	**railway_type_code**	int4	pkey	①
			railway_type	varchar		
8	railway_business_type.csv	tb_railway_business_type	**business_type_code**	int4	pkey	②
			business_type	varchar		
9	bus_line.shp	stb_bus_line	**id**	int4	pkey	
			geom	geometry(line)		
			line_type_code	int4	fkey	③を参照
			admin_company	varchar		
			line_name	varchar		
			weekday_operation	float4		
			weekend_operation	float4		
			holiday_operation	float4		
10	bus_stop.shp	stb_bus_stop	**id**	int4	pkey	
			geom	geometry(point)		
			stop_name	varchar		
			line_name	varchar		
11	busline_type.csv	tb_busline_type	**line_type_code**	int4	pkey	③
			line_type	varchar		
12	medical_institution.shp	stb_medical_institution	**id**	int4	pkey	
			geom	geometry(point)		
			facility_type_code	int4	fkey	④を参照
			facility_name	varchar		
			subject_1	varchar		
			subject_2	varchar		
13	medical_facility_type.csv	tb_medical_facility_type	**facility_type_code**	int4	pkey	④
			facility_type	varchar		

【防　災】
第5章

共助型避難行動のGISシミュレーション

KEYWORDS

研究内容	津波浸水、自主避難行動、自助力と共助力の定量化、災害リスク評価、GISシミュレーションを用いた避難行動の評価
システム環境	PostgreSQL12、PostGIS3.0、QGIS3.16、QGIS3.0（TimeManager用）
主なデータ	標高データ、津波浸水想定区域、建物、道路、避難所、住民表（ダミーデータ）
分析手法	pgAdmin4とDBマネジャーによるデータベース構築、PostGISによる空間解析、PostGIS Topologyを用いたジオメトリネットワーク構築、TimeManagerを用いたGISアニメション表現

5.1　はじめに

津波災害時の住民の自主避難は尊い命を守るための最後の手段として求められている。しかし、危険が刻々と迫り、精神的、肉体的の極限状況におちいる住民に対し、とりわけ高齢の方々に対し、冷静な判断と果敢な行動を求めるのは極めて難しい。住民の自助力だけに頼る避難行動の限界を乗り越えるために、日ごろから地域住民同士のつながりに基づいた共助型の避難体制と避難訓練は欠かせない。

本章は、集落単位の共助型避難行動に着眼し、家族構成を含めた住民情報と道路データを用いて、地域共助型の避難体制づくりや避難ルートの選定における基本的な考え方と分析手法を解説する。

5.1.1　研究の背景

本章の研究背景として、2020年度愛知大学地域政策学部の卒業研究として行われた住民共助型の津波避難行動に関する研究があげられる。

図5-1は研究の対象エリアを示す。対象の集落は愛知県の太平洋沿岸部に位置し、背後には小さい丘がある。集落には約100世帯の住民が暮らしており、高齢化率は高い。丘の麓に集落の津波避難所が設けられているが、津波が到達する前に住民全員が逃げ切れるかどうかが課題になっている。

図5-1　研究対象地区

地域住民の理解と協力の下、研究活動は住民の家族構成を含めた情報収集からはじまった。家族構成の情報から、まず、世帯ごとの避難「自助力」を判定した。次に、自助力のない独居高齢者世帯に対し、その周辺に住んでいる若い世帯数を調べ、「共助」型の避難サポート体制を考案した。最後に、道路データから道路トポロジーデータを作成し、各々の世帯から避難所までの最短避難経路を探索した。その最短避難経路に沿って、高齢者世帯が若い世帯の同伴で避難するときに考えられる最大の歩行速度を用いて、避難時間を計測した。さらに避難行動のGISシミュレーションを作成し、津波避難行動における時空間的な検証を行った。

本章では、住民の個人情報を保護するために、住民のダミーデータを使って、津波避難の考え方とGISを用いた分析手法を中心に内容をまとめた。

5.1.2　使用データとデータベース環境

表 5-1 は研究に使われるデータの一覧表を示す。そのうち、住民表の項目は原案と同様であるが、中の内容はすべてダミーデータに差し替えている。また、データのほとんどはオープンソースを利用していることをここに強調しておきたい。

図 5-2 は本研究に使用するデータベース tsunami_evacuation の構造を示す。初期の空間拡張 Extensions には plpgsql と postgis を設定しており、

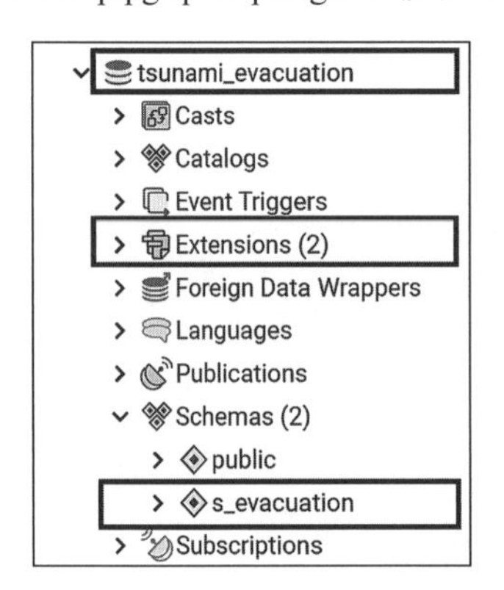

図 5-2　pgAdim4 のデータベース環境

また、本研究の専用スキーマは s_evacuation とする。図 5-3 には表 5-1 のデータソースをデータベースにインポートした後の状態を示す【☞ 7.2「空間データベース構築」】。図 5-4 は QGIS で作成した研究対象エリアのマップを示す。

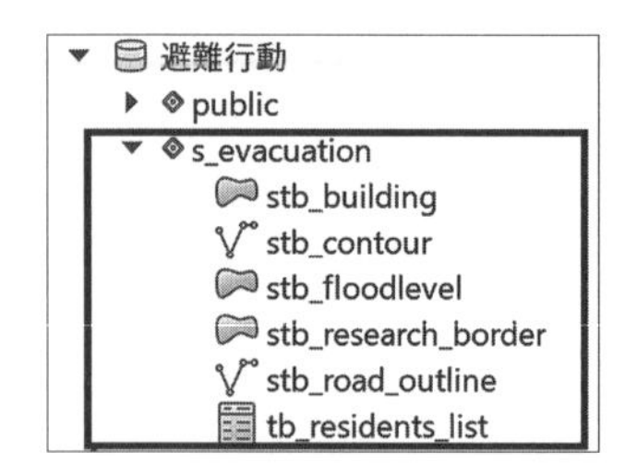

図 5-3　DB マネジャーの環境

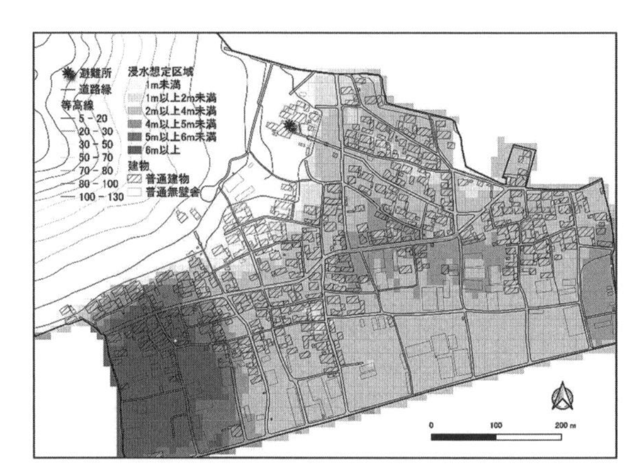

図 5-4　研究対象エリア

表 5-1　データ仕様

No	Data	Table Name	Field	Data Type	Description	Source
1	研究範囲	stb_research_border	id	int4		基盤地図情報
			geom	geometry(polygon)		
2	標高等高線	stb_contour	id	int4		基盤地図情報
			geom	geometry(line)		
			elevation	int4	標高等高線	
3	津波浸水想定区域	stb_floodlevel	id	int4		愛知県庁
			geom	geometry(polygon)		
			deepth	float8	浸水深さ	
			flood_level	int4	浸水レベル	
4	建物	stb_building	id	int4	建物ID	基盤地図情報
			geom	geometry(polygon)		
			type	varchar	建物類別	
5	道路縁	stb_road_outline	id	int4		基盤地図情報
			geom	geometry(line)		
			type	varchar	道路類別	
6	住民表	tb_residents_list	id	int4		自作（ダミーデータ）
			setai_id	int4	世帯ID	
			relation	varchar	続柄	
			birth	int4	生年	
			gender	varchar	性別	
			occupaion	varchar	職業	
			age	int4	年齢	
7	避難所	stb_shelter	id	int4		自作
			geom	geometry(point)		

5.1.3　研究の主な内容

図 5-5 は本研究の主な内容を示す。

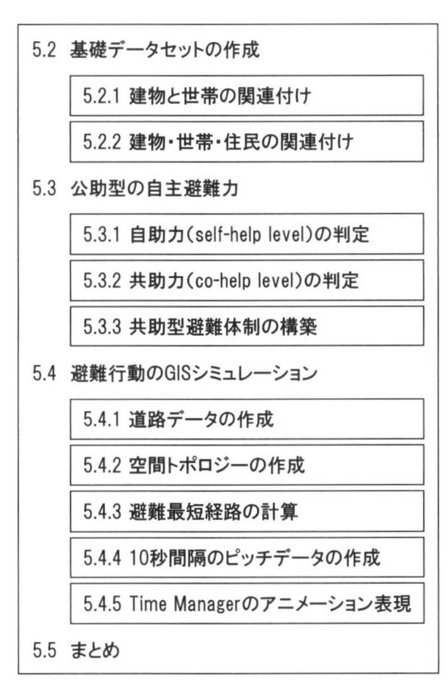

図 5-5　研究の主な内容

5.2　基礎データセットの作成

この節では、建物、世帯と住民に関わるデータセットの作成方法を紹介する。

5.2.1　建物と世帯の関連付け

どの世帯がどの建物に住んでいるか、世帯と建物の関連付けが必要になる。この節では、以下の 2 つのステップで建物と世帯の関連付け方法を解説する。

ステップ 1：居住用の「住宅建物」の判別

表 5-1 のデータ仕様によると、建物は主キー id で一意的に識別される。一方、住民の世帯は世帯 ID の setai_id で管理されている。ここでは、住民の力を借りて、建物 id と setai_id の一対一の関係を表 tb_setai_building にまとめてもらった（図 5-6）。

また、建物データの初期状態には、普通建物と普通無壁舎の 2 種類のタイプがある。次は、対応表 tb_setai_building に定めた居住用の建物に対し、構文 5-1 を用いて建物種類を“住宅建物”に変更する。

	A	B	C
1	setai_id	building_id	
2	4101	1	
3	4102	2	
4	4103	3	
5	4104	4	
6	4105	5	
7	4106	6	
8	4201	7	
9	4202	8	

図 5-6　対応表 tb_setai_building

構文 5-1 は建物 id=2 の事例である。実際に、対象建物の id に合わせ、構文中の id の値を修正する。図 5-7 は更新した建物の類別を異なる地図標記で可視化した。ここでの「住宅建物」は実際に住民が住んでいる建物であり、本研究の対象になる。

構文 5-1

```
1  update s_evacuation.stb_building
2  set type = ' 住宅建物 '
3  where id = 2
```

図 5-7　建物 type の更新と地図標記

ステップ 2：建物重心点を用いた世帯データの作成

次は対応表 tb_ setai_building をデータベースにインポート（図 5-8）する。その後、構文 5-2 を用い

図 5-8　データベース格納

て、住宅建物の重心点に基づいた世帯データを stb_household の名前でデータベースに保存する。

構文 5-2

```
1  select a.setai_id, st_centroid(b.geom) as geom,
   a.building_id
2  into s_evacuation.stb_household
3  from s_evacuation.tb_setai_building a,
   s_evacuation. stb_building b
4  where a.building_id = b.id
```

【構文 5-2 の解説】

世帯・建物対応表 tb_setai_building を a、建物データ stb_building を b にする（行 3）。a の building_id と b の id が一致する条件のもとで（行 4）、a から setai_id と building_id を、b から geom を抽出し、その際、関数 st_centroid(b.geom) を用いて建物の重心点を求め、世帯データのジオメトリ geom にする（行 1）。最終的に、その結果を世帯データ stb_household として書き出す（行 2）。

図 5-9 の上図には世帯ポイントデータ（図中の○記号）と住宅建物データを重ね合わせて表示し、下図には世帯データの属性表を示す。

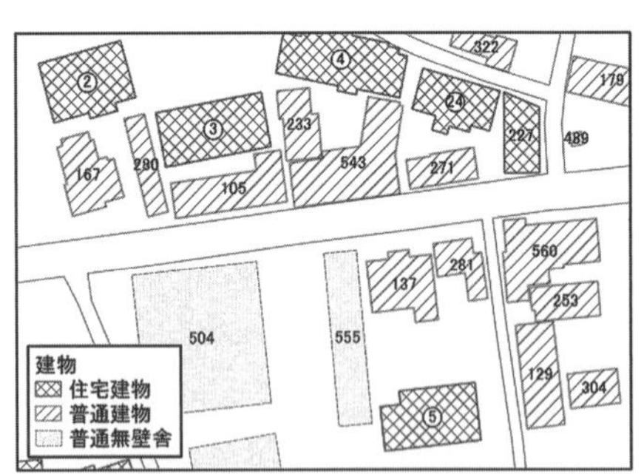

	setai_id	geom	building_id
1	4101	POINT	1
2	4102	POINT	2
3	4103	POINT	3
4	4104	POINT	4
5	4105	POINT	5
6	4106	POINT	6

図 5-9　世帯ポイント stb_houshild の作成

5.2.2　建物・世帯・住民の関連付け

次に、データベース主キーと外部キーの設定により、stb_building と stb_household の間に、また stb_household と tb_residents_list の間に、テーブルの関連付けを設定し、図 5-10 に示したデータ構造を実装する【☞ 7.4「データ構造の実装」】。

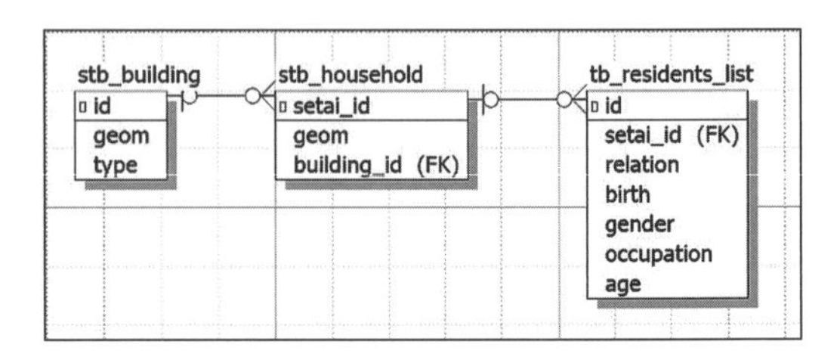

図 5-10　建物・世帯・住民のデータ構造

実装後のデータ構造は、DB マネジャーの「情報」タブに記載される［属性］と［制約］の欄を通して確認できる（図 5-11 と図 5-12）。

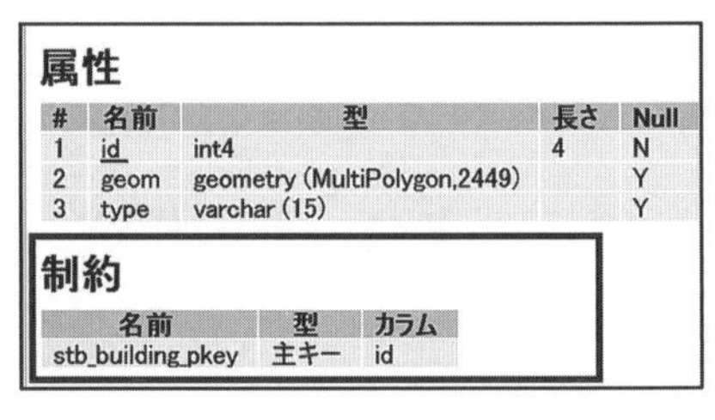

属性

#	名前	型	長さ	Null
1	id	int4	4	N
2	geom	geometry (MultiPolygon,2449)		Y
3	type	varchar (15)		Y

制約

名前	型	カラム
stb_building_pkey	主キー	id

図 5-11　建物 tb_building の属性と制約

属性

#	名前	型	長さ	Null
1	setai_id	int4	4	N
2	geom	geometry (Point,2449)		Y
3	building_id	int4	4	Y

制約

名前	型	カラム
stb_household_pkey	主キー	setai_id
fkey_to_building	外部キー	building_id

図 5-12　世帯 stb_household の属性と制約

構文 5-3 と構文 5-4 は、それぞれ主キーと外部キー設定の例文である。

構文 5-3

```
1  alter table s_evacuation.stb_household
2  add constraint stb_household_pkey
   primary key(setai_id)
```

構文 5-4

```
1  alter table s_evacuation.stb_household
2  add constraint fkey_to_building
   foreign key(building_id)
3  references s_evacuation.stb_building(id)
```

読者が自らDBマネジャーの[SQL ウインドウ(S)]を使って、SQL 構文で主キーと外部キーを設定してみよう。

5.3　公助型の自主避難力

前節までにより、本研究に必要なデータベース環境とデータ構造が整った。この節では、住民世帯ごとの津波自主避難における自助力と共助力の判定を通して、公助型の避難体制を作ってみる。

5.3.1　自助力（self-help level）の判定

本研究では、住民の年齢と世帯構成を基本要素として、世帯ごとの避難自助力（self-help level）を 4 つのレベルで定義した（表 5-2）。本来なら住民の健康状態と身体能力なども考慮すべきだが、住民個人情報の扱いを含めた諸事情への配慮により、こうした情報は本研究から割愛した。

住民票 tb_residents_list に記載された年齢と続柄の情報を用いて、表 5-2 の判断基準に基づき世帯ごとの自助力を判定し、その結果を一旦 tb_household_self_help_level の csv ファイルにまとめ（図 5-13）、その後データベースにインポートする（図 5-14）。次に、この世帯の自助力を世帯の属性として、データ stb_household に追加する。

表 5-2　自助力（self-help level）の定義

自助力	定義	主な対象
0	自助力なし	70 歳以上独居世帯
1	自助力不足	70 歳以上高齢者と 10 歳以下児童を含む同居世帯
2	自助力あるが、余力はない	70 歳以上高齢者を含む同居世帯（児童なし）
3	自助力と余力はある	上述の状況を除く若い世帯

	A	B
1	setai_id	self_help_level
2	4101	2
3	4102	1
4	4103	3
5	4104	3
6	4105	2
7	4106	2
8	4201	0
9	4202	2

図 5-13　世帯ごとの自助力表 tb_household_self_help_level

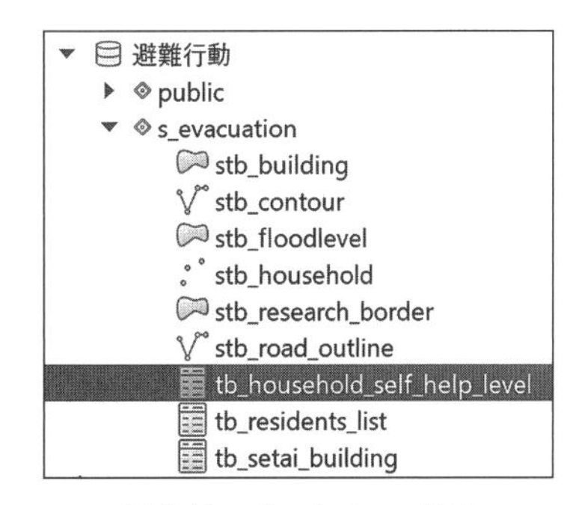

図 5-14　データベース格納

構文 5-5 は世帯データ stb_household に新たにフィールド self_help_level を追加し、構文 5-6 は世帯ごとに該当の自助力の値を入力する。図 5-15 は更新された stb_household の属性情報を示す。

構文 5-5

```
1  alter table s_evacuation.stb_household
2  add column self_help_level integer
```

【構文 5-6 の解説】

ここでは、update select の複合構文を使って、tb_household_self_help_level から指定した世帯の自助力 self_help_level を抽出し、その値を世帯データ stb_

構文 5-6

```
1  update s_evacuation.stb_household
2  set self_help_level = a.self_help_level
3  from (select setai_id, self_help_level from s_evacuation.tb_household_self_help_level) as a
4  where s_evacuation.stb_household.setai_id = a.setai_id
```

属性

#	名前	型	長さ
1	setai_id	int4	4
2	geom	geometry (Point,2449)	
3	building_id	int4	4
4	self_help_level	int4	4

制約

名前	型	カラム
stb_household_pkey	主キー	setai_id
fkey_to_building	外部キー	building_id

図 5-15　更新した世帯データ

household に入れつまり、update と select の 2 種類の構文を併用することになる。

まず、行 1 と行 2 は、通常の update 構文であるが、更新値の a.self_help_level は行 3 と行 4 の select 構文の結果になる。行 3 の from 以降は、値 a.self_help_level の抽出を記述する。両テーブルの setai_id が一致する条件のもとで（行 4）で、テーブル tb_household_self_help_level から setai_id と self_help_level を抽出する。その結果をテーブル a の属性として返し（行 3）、それぞれ行 2 の a.self_help_level と行 4 の a.setai_id に使われる。

次に、世帯ごとの自助力 self_help_level に基づき、地域の共助力（co-help level）を判定する。

5.3.2　共助力（co-help level）の判定

まず、下記の構文 5-7 を使って、研究対象の 104 世帯の自助力を集計してみる。

構文 5-7

```
1  select self_help_level, count(setai_id)
   as numb_of_setai
2  from s_evacuation.stb_household
3  group by self_help_level
4  order by self_help_level
```

表 5-3 はその集計結果を示す。自助力のない独居高齢者世帯数に、自助力不足の高齢者と児童が同居する世帯数を加えると、要支援世帯数は 22 世帯にのぼる。それに対し、支援できる若い世帯数は 29 であり、対象地域全体として、共助体制が組めることが判明した。

表 5-3　自助力の集計結果

自助力	世帯数	割合
0（なし）	15	14%
1（不足）	7	7%
2（あるが、余力なし）	53	51%
3（あり、余力もある）	29	28%
合計	104	100%

次に、空間的に避難経路を短縮し、最も効率的な共助体制の構築に焦点を絞り、その分析手法を解説する。

図 5-16 の上図は、15 の独居高齢者世帯を中心に形成されたボロノイ多角形を示す。これらの 15 区域は、独居高齢者向けの避難共助区域として定義し、それらの区域内の共助力を調べる。

属性

#	名前	型	長さ	Nul
1	id	int4	4	N
2	geom	geometry (Polygon,2449)		Y
3	setai_id	int4	4	Y
4	building_id	int4	4	Y
5	self_help_level	int4	4	Y

制約

名前	型	カラム
stb_evacuation_area_pkey	主キー	id

図 5-16　独居高齢者世帯を中心とした避難区域の作成

分析の手順として、まず、独居高齢者世帯に基づきボロノイ多角形を作成し【☞ 5.3.2「ボロノイ分割」】、stb_evacuation_area の名前でデータベースに保存する。図 5-16 の下図は stb_evacuation_area テーブルの属性と制約を示す。

次の構文 5-8 は、stb_evacuation_area の避難共助区域内において、全世帯の自助力を集計する構文であり、その結果を表 5-4 に示す。

構文 5-8

```
1  select b.id, a.self_help_level,
```

```
  count(a.setai_id) as numb_of_setai
2 from s_evacuation.stb_household a,
  s_evacuation.stb_evacuation_area b
3 where st_within(a.geom, b.geom)
4 group by b.id, a.self_help_level
5 order by b.id, a.self_help_level
```

【構文 5-8 の解説】

世帯データ stb_household を a に、避難区域 stb_evacuation_area を b にする（行 2）。関数 st_within(a.geom, b.geom) の条件、つまり世帯が避難区域に含まれる条件のもとで（行 3）、15 の避難区域と世帯自助力ごとに世帯数を集計する（行 1 と行 4）。

15 の避難区域の共助力は、それぞれの区域内の全世帯自助力の集計により決める。つまり、表 5-4 の集計結果により、自助力レベル 0（なし）と 1（不足）の合計世帯数と、レベル 3（あり、余力もあり）の世帯数との比較で決める。その結果は、表 5-4 の右列に示されたように、15 の避難区域の共助力は、「不足」」、「余力なし」と「余力あり」の 3 つのレベルで評価できる。

次は、表 5-4 の最左列と最右列を抽出し、それぞれ id と co_help_level を列名にし、その結果を tb_co_help_level の csv 形式にまとめ、後ほどデータベースにインポートする（図 5-17）。

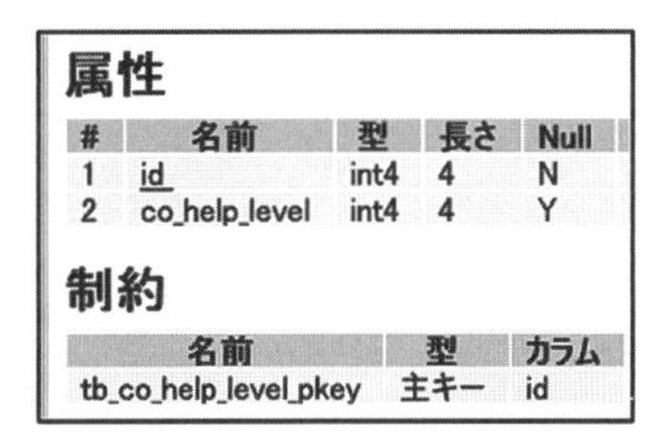

属性

#	名前	型	長さ	Null
1	id	int4	4	N
2	co_help_level	int4	4	Y

制約

名前	型	カラム
tb_co_help_level_pkey	主キー	id

図 5-17　共助力表 tb_co_help_level

最後に、構文 5-9 と 5-10 を用いて、この共助力レベルを 15 の避難区域の属性として、データ stb_evacuation_area に追加する。

構文 5-9

```
1 alter table s_evacuation.stb_evacuation_area
2 rename column self_help_level to co_help_level
```

構文 5-9 は、stb_evacuation_area データの既存のフィールド self_help_level を rename し、co_help_level に変える。構文 5-10 は、前述の構文 5-6 と

表 5-4　避難区域における共助力の判定

避難区域＼自助力	0（なし）	1（不足）	2（あり、余力はなし）	3（あり、余力もある）	避難区域の共助力
1	1		1		1（不足）
2	1		3	1	2（余力なし）
3	1	1	4	2	2（余力なし）
4	1	1	3	2	2（余力なし）
5	1	1	9	3	3（余力あり）
6	1		3	5	3（余力あり）
7	1		3	3	3（余力あり）
8	1	2	12	2	1（不足）
9	1	1	3	1	1（不足）
10	1		1	5	3（余力あり）
11	1		3	1	2（余力なし）
12	1		1	2	3（余力あり）
13	1		3	1	2（余力なし）
14	1	1	3	1	1（不足）
15	1		1		1（不足）
総計	15	7	53	29	104

構文 5-10

```
1 update s_evacuation.stb_evacuation_area
2 set co_help_level = a.co_help_level
3 from (select id, co_help_level from s_evacuation.tb_co_help_level) as a
4 where s_evacuation.stb_evacuation_area.id = a.id
```

同様、update と select の複合構文を用いて、stb_evacuation_area の co_help_level の値を更新する。解説は構文 5-6 の解説を参考してほしい。

図 5-18 には、15 の独居高齢者世帯を中心とした避難区域における共助力の空間分布を示す。隣接の避難区域の共助力を確認してみる。例えば、共助力「不足」の 9 と 15 番の区域に、隣接の「余力あり」5、7、10 番と 12 番の区域に囲まれて、区域を超えた支援体制は組みやすい。一方、西北隅角にある共助力「不足」の 14 番区域には、周辺隣接の 2 と 3 も「余力なし」であり、広範囲にわたって共助力の調整作業が必要になるが、この部分の分析は次の節で解説する。

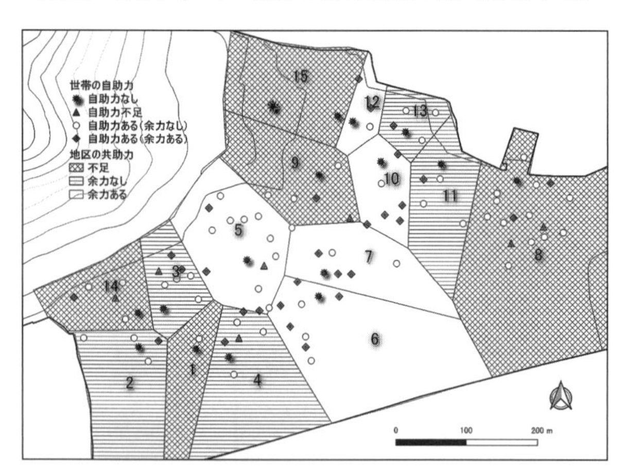

図 5-18　独居高齢者世帯を中心とした避難区域における共助力の空間分布

5.3.3　共助型避難体制の構築

表 5-4 と図 5-18 に示されたように、15 区域における共助力の過不足は空間上に広がっている。どのように共助力を「余力あり」区域から「不足」区域へ効率よく届けるか、研究の課題になる。次は、GIS の空間解析手法を用いて、支援側と援助の受け入れ側の間に、総距離を最小にするような最寄りの共助型避難体制の構築を試みる。

自助力レベル 0、あるいは 1 の世帯、つまり自助力不足の世帯は need_help と呼び、自助力レベル 3 の世帯は helper と呼ぶ。構文 5-11 は双方の直線距離を求める。

【構文 5-11 の解説】

同じ世帯データ stb_household を 2 回選択し、それぞれ a と b と定義する（行 3）。初回目の a からは setai_id を抽出し、それを支援の受け入れ側として need_help と名付け、2 回目の b からも setai_id を支援する側として helper と定義する（行 1）。受け入れ側の自助力 a.self_help_level は、それぞれ 0 か 1、また、支援する側の b.self_help_level は 3 である条件のもとで（行 4）、両点間の直線関数 st_shortestline(a.geom, b.geom) を用いて、a.geom と b.geom の間に直線を引き、同時に線の長さも計算する（行 1）。その結果を stb_all_help_lines に書き出す（行 2）。

図 5-19 は stb_all_help_lines の様子を示す。ここで、受け入れ側 need_help の世帯数は 22（レベル 0 の世帯数は 15、レベル 1 の世帯数は 7）であり、支援側 helper の世帯数は 29 である（表 5-3 参照）。つまり、

構文 5-11

```
1 select a.setai_id as need_help, b.setai_id as helper, st_shortestline(a.geom, b.geom) as geom,
  st_length(st_shortestline(a.geom, b.geom)) as length
2 into s_evacuation.stb_all_help_lines
3 from s_evacuation.stb_household a, s_evacuation.stb_household b
4 where (a.self_help_level = 0 and b.self_help_level =3) or (a.self_help_level = 1 and b.self_help_level =3)
```

図5-19には計22 × 29=639本の直線がある。その中から、need_help側にとって最短の22本の直線を選ぶ。この問題は下式のような線形計画で定式化できる。

$$\min_{j} \sum_{i=1}^{22} L_{i,j}, j \in \{ j_m, j_n \mid j_m \neq j_n, j_m, j_n \in (1,2,\cdots 29) \} \quad 式1$$

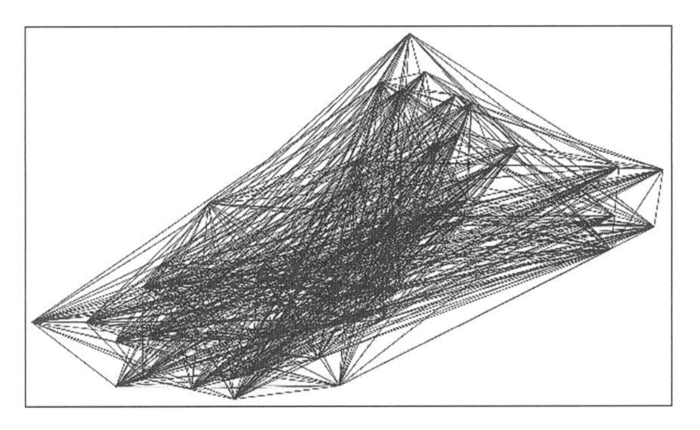

図5-19　すべての共助ライン

ここでは、$L_{i,j}$はi番目のneed_help側とj番目のhelper側との間の距離である。その目標は22のneed_help側から、それぞれ異なるhelperの1名を選び、その総距離を最小にすることである。

式1の解は、例えばRのプログラムで解けるが、以下では、手動でも解ける簡易な近似方法を提案する。

まずstb_all_help_linesの属性表を図5-20のようにクロス集計表に書き換え、そこから避難共助の支援体制を確定する。

クロス集計表（図5-20）の列はneed_help側の22世帯、行はhelper側の29世帯を表し、表中の数値はneed_helpとhelperの間の距離を表す。表の最下行には、各々のneed_help世帯にとっての最寄りのhelper世帯との距離を示す。同様に、表の右列には、それぞれのhelper世帯にとって最寄りのneed_help世帯との距離を示す。紙幅の都合により、図5-20にはクロス集計表の右下角のみを示している。

	A	B	Q	R	S	T	U	V	W	X	Y
1	need help		15	16	17	18	19	20	21	22	
2	helper		5302	5307	5401	5503	5507	5602	5608	5609	最短距離
24	22	5304	81	106	104	228	294	286	233	269	28
25	23	5306	119	31	131	245	315	324	264	297	31
26	24	5405	109	163	88	111	180	213	151	174	88
27	25	5407	81	207	59	67	133	140	79	111	59
28	26	5504	131	237	106	28	98	133	74	91	28
29	27	5505	270	385	248	124	58	113	126	92	58
30	28	5509	115	234	92	32	101	122	60	86	32
31	29	5610	180	321	166	95	84	29	44	48	29
32		最短距離	54	31	59	28	58	29	44	48	

図5-20　避難共助体制の判定（局部）

図5-20のクロス集計表を用いて、helper側とneed_help側による避難共助ペアを組む。初回目のペア調整として、まず、helper側とneed_help側の双方にとって、互いに最寄りとなる対象を選択し、それを共助の暫定ペアとして定める。例えば、helperの23番とneed_helpの16番のペアは、双方にとって相手が最寄りの存在であり、その距離はわずか31mである。よってhelperの23番とneed_helpの16番は共助のペアとなる。同様に、helperの25番とneed_helpの17、helperの26番とneed_helpの18番、またhelperの27番とneed_helpの19番のいずれも共助のペアになる。一方、need_helpの20番、21番と22番にとって、29番のhelperがいずれも最寄りになり、ここには調整が必要になる。結果として、双方にとって最寄りのhelperである29番とneed_helpの20番はまずペアとする。次にneed_helpの21番は、次の距離の短い28番のhelperとペアを組む。最後に、need_helpの22番は、すでにペアになっておらず、かつ最も距離の短いhelperの24番とペアを組むことになる。

ここまでの初回目のペア調整は、need_help側の順番に、最寄りのhelperを選び、ペアを組むことになっている。その結果、先に調整する対象が優先的に最寄りの相手とペアを組むことになり、後に残る少ない対象において、最寄りの相手の選ぶ条件が変わり、22ペアの総距離を最小にする式1の目標を達成できる保証はない。

22ペアの総距離を最小化に近づけるために、初回目のペア調整結果をベースに、2回目の調整を行う。例えば、helperの24とneed_helpの22のペア（距離174）、とhelperの25とneed_helpの17のペア（距離59）を取り上げ（図5-20）、もし両ペアを交代させると、helperの24とneed_helpの17の距離は88、次helperの25とneed_helpの22の距離は111である。このペアの交代だけで、両ペアの総距離が元の174 + 59 = 233から、現在の88 + 111 = 199まで短縮することになる。

このように、提案の簡易な近似方法は、厳密的に式1の目標に到達する保証はないが、図5-20のクロス集計表を用いた直覚的な判断と調整で、この目標に近づけることができる。

こうして22組の共助ペアの情報、つまりneed_help側のsetai_idとhelp側のsetai_idをcsvファイルtb_pair_of_helpにまとめ（図5-21）、データベースにインポートする。

	A	B
1	need_help	helper
2	4102	4103
3	4201	4205
4	4203	4208
5	4207	4206
6	4301	4302
7	4305	4303

tb_pair_of_helps

図5-21　避難共助体制の確定

最後に、構文5-12を用いて、共助ペア情報tb_pair_of_helpに基づき、構文5-11で求めたstb_all_help_lines（図5-19）から、共助ペアの直線を抽出し、この共助型の津波避難体制をGISで可視化する（図5-22）。

構文5-12

```
1  select a.need_help, a.helper, a.geom, a.length
2  into s_evacuation.stb_helpline_min
3  from s_evacuation.stb_all_help_lines a,
   s_evacuation.tb_pair_of_helps b
4  where a.need_help = b.need_help
   and a.helper = b.helper
5  order by a.need_help
```

【構文5-12の説明】

すべての共助線stb_all_help_linesをa、選ばれた最寄り共助ペアstb_pair_of_hlepsをbとする（行3）。aとb双方のhelperとneed_helpが一致する条件のもと（行4）、aからneed_help、helper, geomとlengthを抽出し（行1）、その結果をaのneed_helpの順に並び替え（行5）、最終的にstb_helpline_minのテーブルに書き出す（行2）。

ここまで、22組の避難共助体制が確立された。次の節では、実際に道路に沿った避難最短経路とその避難最短経路に沿った避難行動をGISシミュレーションで表現する。

5.4　避難行動のGISシミュレーション

前節では、津波避難の共助体制を求め、図5-22の直線で可視化した。この節では、住民の避難経路に着目し、①各々の住宅から避難所までの最短避難経路を探し、②住民の避難行動における時空間的な動きをGISで表現する。この②を避難行動のGISシミュレーションと呼ぶ。この部分の解説は、以下の5つのステップに分けて説明する。

① 道路データの作成
② 道路トポロジーデータの作成
③ 避難最短経路の計算
④ 10秒単位の避難移動ピッチデータの作成
⑤ QGISのTimeManagerを用いた避難行動のアニメーション表現

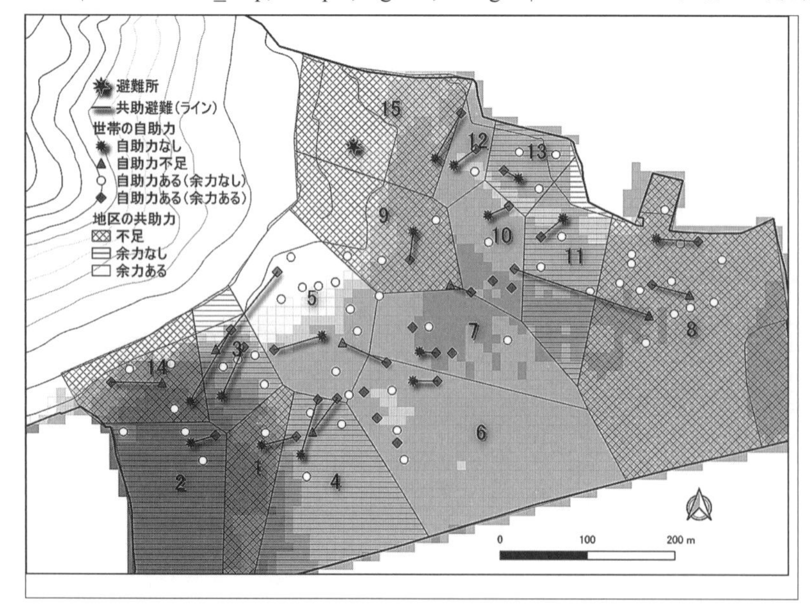

図5-22　避難共助体制の可視化

5.4.1　道路データの作成

本研究において、津波避難は道路に沿った住民による徒歩避難を指す。従って、道路データ、つまり、道路中心線のデータは本研究にとって必要不可欠になる。一方、表 5-1 に示した基盤地図情報から入手した道路縁 stb_road_ourline データは、道路外郭のデータであり、そのままでは本研究の分析には使えず、道路外郭に沿った道路中心線の作成が必要になる。図 5-23 は QGIS の［デジタイジングツール］を用いて作成した道路中心線 stb_road_center_line を示す【☞ 4.2.4「ベクタデータ（ポリゴンデータ）の作成」】。

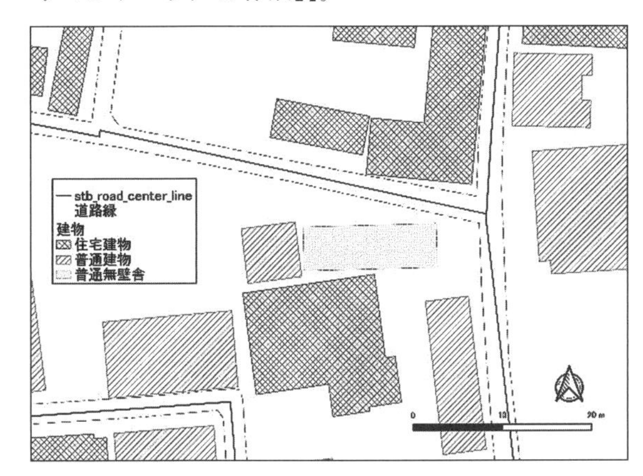

図 5-23　道路縁線と中心線

次に、構文 5-13 と構文 5-14 を利用し、各々の住宅建物から道路中心線をつなぐ歩道を作成する。構文 5-13 は、各々の住宅中心 stb_household から全ての道路中心線 stb_road_center_line までの最短直線を作成する。構文 5-14 は、前述の結果から各々の住宅建物にとって最も短いラインを抽出し、住宅と道路をつなぐ歩道にする。

構文 5-13

```
1 select a.setai_id, st_shortestline(a.geom, b.geom) as geom,
  st_length(st_shortestline(a.geom, b.geom)) as length
2 into s_evacuation.stb_all_pathway
3 from s_evacuation.stb_household a, s_evacuation.stb_road_center_line b
4 order by a.setai_id, length
```

【構文 5-13 の解説】

世帯ポイント stb_household を a に、道路中心線 stb_road_center_line を b にする（行 3）。世帯データの a から setai_id を抽出し、関数 st_shortestline(a.geom, b.geom) を用いて住宅と中心線の間に最短直線をもとめ、それと同時に、関数 st_length() を使って複合構文にし、最短直線の長さを求める（行 1）。その結果を世帯 ID と線の長さの順に並び替え（行 4）、中間結果の stb_all_pathway に書き出す（行 2）。

構文 5-14

```
1 select a.setai_id, a.geom, a.length
2 into s_evacuation.stb_min_pathway
3 from s_evacuation.stb_all_pathway as a
4 inner join
  (select setai_id, min(length) as min_length
  from s_evacuation.stb_all_pathway
  group by setai_id) as b
5 on a.setai_id = b.setai_id
  and a.length = b.min_length
```

【構文 5-14 の解説】

ここではやや複雑な複合構文を使って、中間結果から世帯ごとの最短歩道を抽出する。まず、中間結果の stb_all_pathway を a とする（行 3）。次に複合構文として、中間結果から setai_id ごとの最短歩道の長さを抽出し（行 4 括弧内の構文）、その結果を b にし、a と b を結合（inner join）する（行 4）。その b は複合 SQL 構文として、中間結果から setai_id ごとの最短歩道の長さを抽出する（行 4 の括弧内の構文）。a と b の setai_id と length が一致する条件のもと（行 5）、a から setai_id, geom と length を抽出し（行 1）、最終結果を stb_min_pathway に書き出す（行 2）。

最後は、道路中心線 stb_road_center_line と歩道 stb_min_pathway を表 5-1 の仕様で stb_road に統一する。

まず、図 5-24 のように、［ブラウザ］、［PostGIS］、接続［避難行動］、スキーマ［s_evacuation］の順で選択し、右クリックで［新規テーブル］を選択すると、図 5-25 の画面が現れ、以下のように stb_road の属性を設定する。

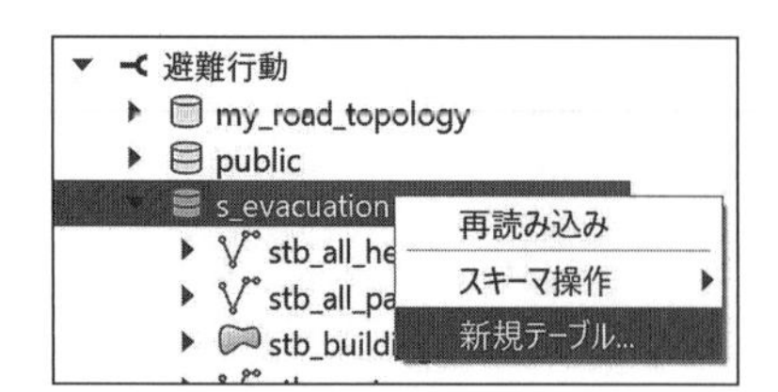

図 5-24　新規テーブルの作成

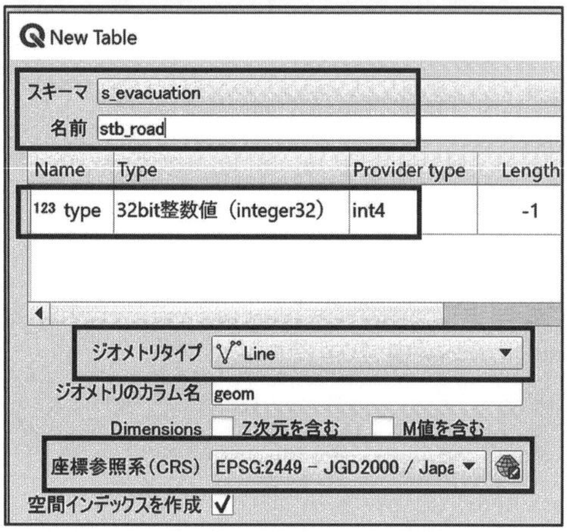

New Table

スキーマ　s_evacuation
名前　stb_road

Name	Type	Provider type	Length
123 type	32bit整数値（integer32）	int4	-1

ジオメトリタイプ　Line
ジオメトリのカラム名　geom
Dimensions　Z次元を含む　M値を含む
座標参照系（CRS）　EPSG:2449 - JGD2000 / Japa
空間インデックスを作成　✓

図 5-25　stb_road の属性設定

［スキーマ］: s_evacuation

［名前］: stb_road

［フィールド追加］をクリックする

［type］: 32bit 整数値（integer32）

［ジオメトリタイプ］: Line

［座標参照系］: EPSG2449

なお、stb_road の主キー id は連番の整数型 serial で自動的に追加される。最後の「実行」ボタンをクリックすると、新規テーブルが作成される。図 5-26 は実装後の stb_road の属性を示す。

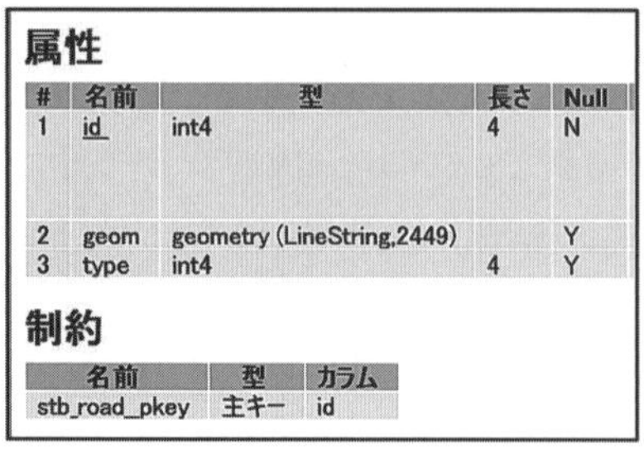

属性

#	名前	型	長さ	Null
1	id	int4	4	N
2	geom	geometry (LineString,2449)		Y
3	type	int4	4	Y

制約

名前	型	カラム
stb_road_pkey	主キー	id

図 5-26　stb_road の属性

次に、構文 5-15 と構文 5-16 を使って、stb_min_pathway と stb_road_center_line からそれぞれ歩道と道路中心線を抽出し、統一した道路データ stb_road に追加する。図 5-27 には完成した道路データ stb road を示す。

構文 5-15

```
1  insert into s_evacuation.stb_road
   (geom, type)
2  select geom, setai_id as type
3  from s_evacuation.stb_min_pathway
```

構文 5-16

```
1  insert into s_evacuation.stb_road
   (geom, type)
2  select geom, '1' as type
3  from s_evacuation.stb_road_canter_line
```

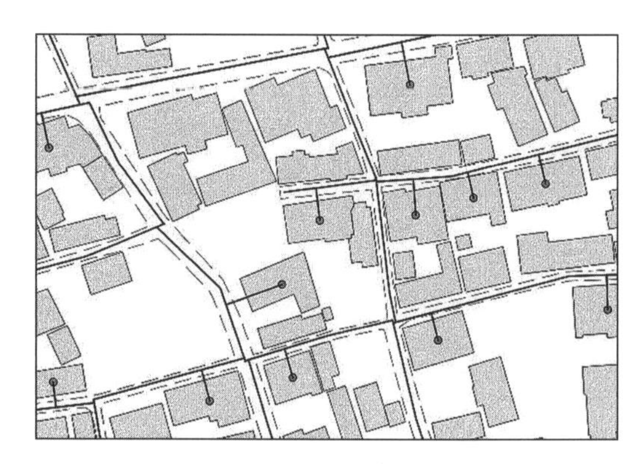

図 5-27　完成した道路データ stb_road

【構文 5-15 と構文 5-16 の解説】

ここでは insert into と select の複合構文を使っている。構文 5-15 では、歩道データ stb_min_pathway から geom と setai_id を抽出し、さらに setai_id を type と名を変更し（行 2 と行 3）、stb_road の geom と type フィールドに入れる（行 1）。同様に、構文の 5-16 は、道路中心線から geom と値 1 を抽出し、それぞれ stb_road の geom と type に入れる。データを追加する際に、主キー id は自動的に 1 から連番で振り付けられる。

5.4.2　空間トポロジーの作成

この節では、道路データ stb_road を使って、次節で避難最短経路を計算するために必要な道路トポロジーデータを作成する。

トポロジーを分析する際に、PostgreSQL の拡張パッケージ postgis_topology を追加する必要がある（図 5-28）【☞ 7.2「空間データベース構築」】。

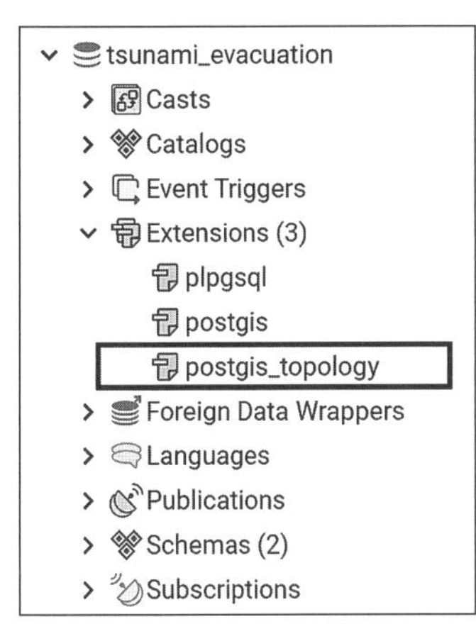

図 5-28　空間トポロジーの拡張

次は、構文 5-17 を使って、テーマトポロジー my_road_topology を作成する【☞ 8.4「空間トポロジーの実装」】。図 5-29 は、テーマトポロジーが作成された後のデータベーススキーマの構造を示す。

構文 5-17

```
1 select topology.CreateTopology
  ( 'my_road_topology', 2449,0.0028, false )
```

図 5-29　トポロジースキーマの作成

次は、構文 5-18 を用いて、stb_road の道路データに topogeom フィールドを作成する。最後に、構文 5-19 を利用し、既存の道路ジオメトリ geom から、空間情報をトポロジーのノードとエッジをつなぐ情報に変換し、その結果を新規の topogeom フィールドにデータ移入を行う。また、完成したトポロジーデータは my_road_topology スキーマに格納する。図 5-30 は完成したトポロジーデータ node と edge_data を用いて描いた道路トポロジー構造である。

構文 5-18

```
1 select topology.AddTopoGeometryColumn
  ('my_road_topology', 's_evacuation',
  'stb_road', 'topogeom','line')
```

構文 5-19

```
1 update s_evacuation.stb_road
2 set topogeom =
  topology.toTopoGeom(geom,'my_road_topol
  ogy', 1, 0.028)
```

図 5-30　完成した道路トポロジーデータ

5.4.3　避難最短経路の計算

いよいよ避難の最短経路の作成段階に入る。言うまでもなく、避難経路の出発点は各々の住宅建物の重心点であり、終点は避難所になる。

前節で作成した歩道データは、住宅建物の重心点から道路中心線までの最短直線であるが、そのデータは stb_road に格納している。一方、トポロジーのエッジ edge_data とノード node は、本質的に道路データ stb_road に含まれた線と端点を分離し、道路線に沿って、首尾をつなぐ線と点の集まりである。従って、住宅建物の重心点、つまり、避難経路の出発点は、トポロジーの node データに含まれているはずである。次の構文 5-20 はトポロジーの node データから避難経路の出発点を抽出する。

構文 5-20

```
1 select a.node_id, a.geom, c.setai_id
2 into my_road_topology.start_node
```

```
3  from my_road_topology.node a,
   s_evacuation.stb_building b,
   s_evacuation.stb_household c
4  where st_within(a.geom, b.geom)
   and b.type = ' 住宅建物 '
   and st_within(c.geom, b.geom)
5  order by c.setai_id
```

【構文 5-20 の解説】

トポロジー node、建物 stb_building と世帯ポイント stb_household をそれぞれ a、b、c と定義する（行 3）。以下 3 つの条件、①ノードが建物ポリゴンに含まれる、②その建物のタイプは“住宅建物”である、③世帯ポイントも②の建物に含まれる条件のもとで（行 4）、node データ a からは node_id, geom、世帯データ c からは setai_id を抽出し（行 1）、その結果を setai_id の順に並べ（行 5）、start_node の名前でテーマトポロジーの my_road_topology へ書き出す（行 2）。

これで避難最短経路作成の準備は整った。トポロジーデータ edge_data と start_node、さらに避難所のデータを用いて、以下のように避難の最短経路を求める。[ツールボックス]、[ネットワーク解析]、[最短経路（始点レイヤから指定終点）] の順にクリックすると、図 5-31 の画面が現れる。

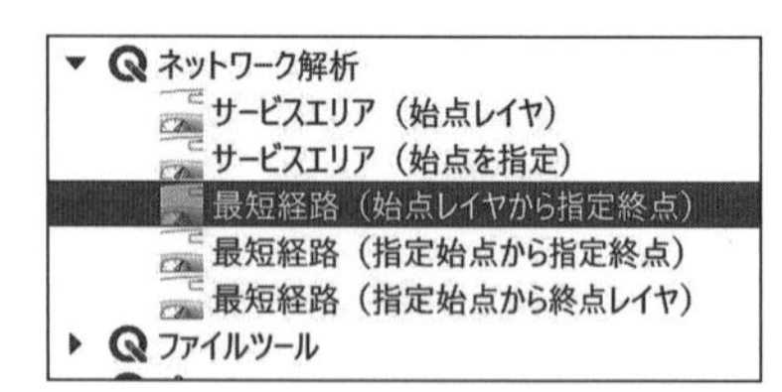

図 5-31　最短経路分析ツール

図 5-32 の「最短経路」画面に以下のようにパラメータを設定する。

［ネットワークを表すベクタレイヤ］には、edge_data を設定する。［計算するパスの種類］は［最短］を選ぶ。［始点のベクタレイヤ］には［star_node］を置く。次に「終点」右の検索ボタンをクリックすると、マップ上に地物の座標を直接に採取するマウスポイントが現る。その際、マップに切り替え、避難所ポイントの座標を採取する。最後に［実行］ボタンをクリックすると、図 5-33 に示した避難の最短経路が求められる。この結果は、DB マネジャーを通して stb_evacuation_pathway の名前でトポロジー my_road_topology に格納する。最短経路の属性として、全世帯の setai_id、対応する node_id と避難所までの距離（cost フィールド）が記載されている。

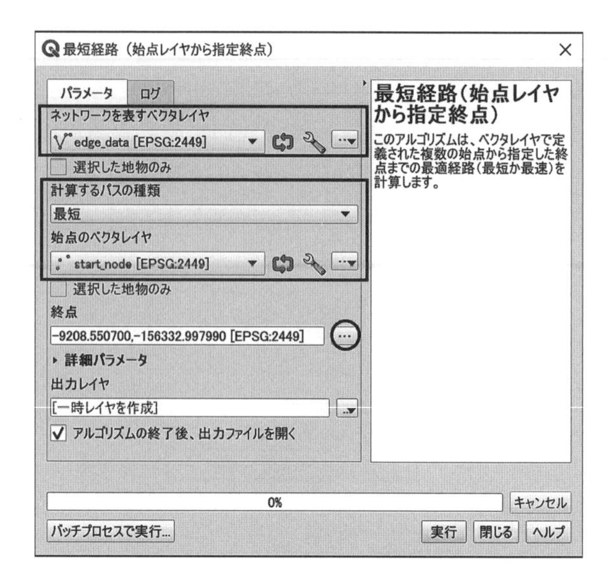

図 5-32　最短経路分析の画面

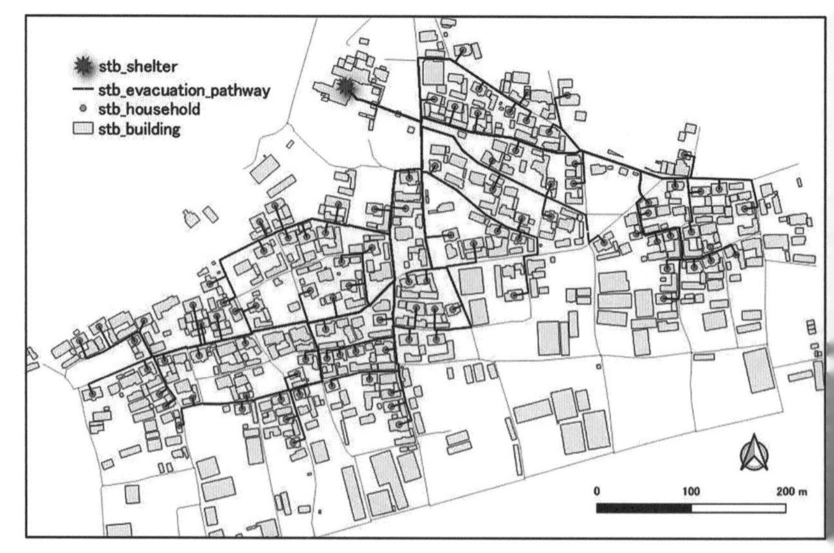

図 5-33　各々の世帯からの避難最短経路

5.4.4　10 秒間隔のピッチデータの作成

次は、世帯単位の避難行動を時空間的に検証する。つまり、GIS シミュレーションの仕組みを解説する。基本になるのは、一定の時間間隔において、世帯から避難最短経路に沿ったピッチデータの作成である。

本研究において、住民の年齢、共助避難体制の有無、避難経路上の標高勾配などの要因を考慮し、状況を踏まえた走行速度を設定し、シミュレーションを行った。本稿では避難行動における様々なシチュエーションを省略し、平均走行時速 4.5 キロ、10 秒間隔の標準的なピッチデータを対象に、その基本作成方法を手順に沿って解説する。

ステップ 1：ピッチデータテーブルの新規作成

まず、ピッチデータを保存するためのテーブルを stb_simulation_points の名前で新規作成する。

図 5-34 の上図のように、QGIS の［ブラウザ］、［PostGIS］、接続口の［避難行動］、スキーマ［s_evacuation］の順に選択し、マウスを右クリックし、［新規テーブル］を選ぶ。次に、中図の［New Table］に以下の項　目を設定する。

［スキーマ］: s_evacuation

［名前］: stb_simulation_points

［フィールド追加］: 2 件

① Name: start_from

Type: int4

② Name: distance

Type: real

［ジオメトリタイプ］: Point

［座標参照系］: EPSG2449

パラメータ設定後、[OK] ボタンをクリックすると、新規テーブルが作成される。図 5-34 の下図は、DB マネジャーから見た属性を示す。主キー id は、連番型の整数で自動的に作られていることが確認できる。

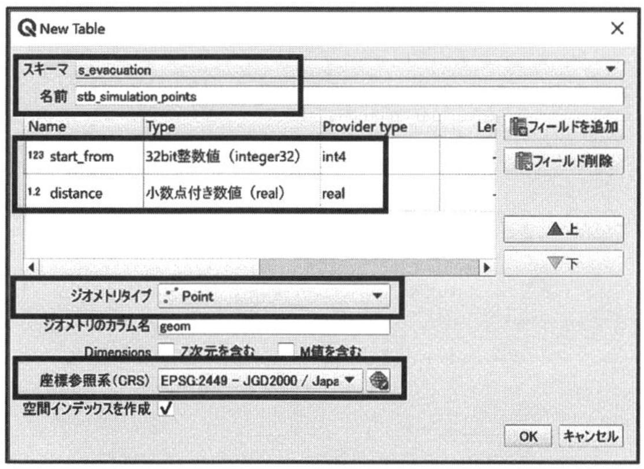

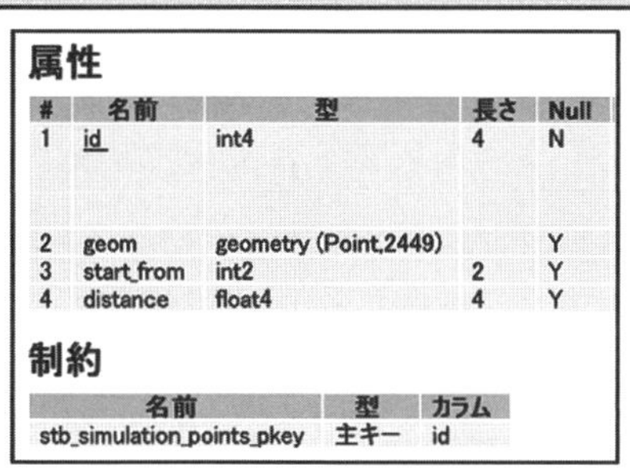

属性

#	名前	型	長さ	Null
1	id	int4	4	N
2	geom	geometry (Point,2449)		Y
3	start_from	int2	2	Y
4	distance	float4	4	Y

制約

名前	型	カラム
stb_simulation_points_pkey	主キー	id

図 5-34　新規テーブルの作成

ステップ 2：指定点から最短経路を選択

次は、指定した 1 つの世帯から避難所までの最短経路を選択する。そのために、図 5-37 のように、世帯 stb_household のレイヤに setai_id のラベルを設定し、確認しながら作業を進める。

［ツールボックス］、［ネットワーク解析］、［最短経路（指定始点から指定終点）］の順に選択する（図 5-35）。

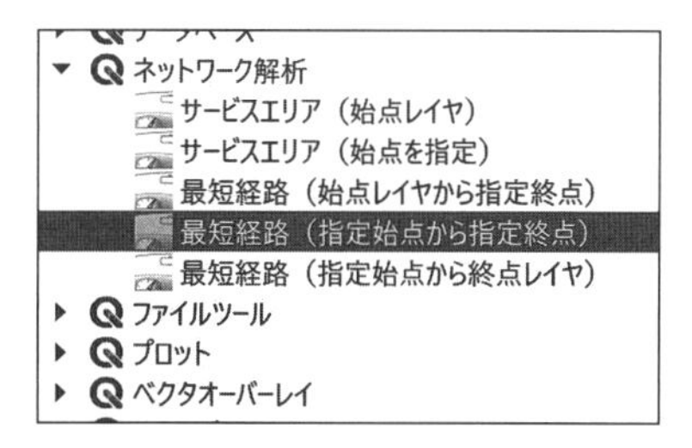

図 5-35　両点から 1 つの最短経路を選択

次に、図 5-36 に示した［最短経路］画面に以下の項目を設定する。［ネットワークを表すベクタレイヤ］に前節で求めた全体の最短避難経路 stb_evacuation_pathway を設定する。次に［計算するパスの種類］に「最短」を選び、［始点］と［終点］には、それぞれ直接に出発の世帯（本例は setai_

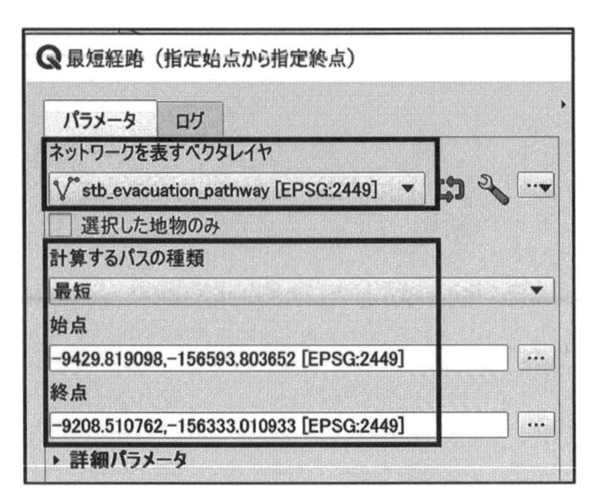

図 5-36　最短経路の両端点の設定

id = 5507 の点）と避難所を選び、座標を取得する。最後に「実行」をクリックすると、結果の「出力レイヤ」が現れ、図 5-37 のように 1 つの避難最短経路が出力される。

図 5-37　最短経路の両端点の設定

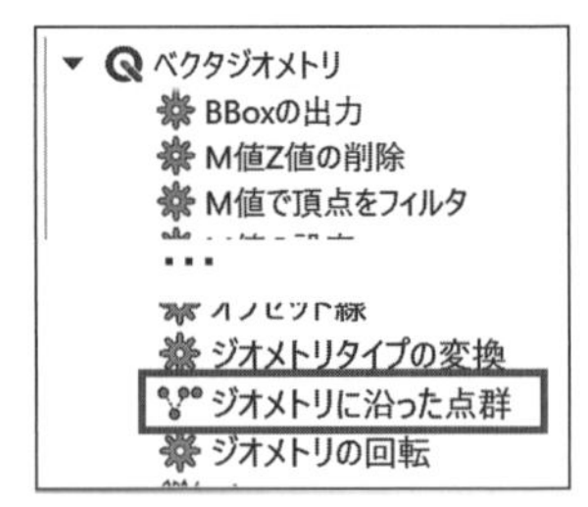

図 5-38　ベクタジオメトリに沿った点群

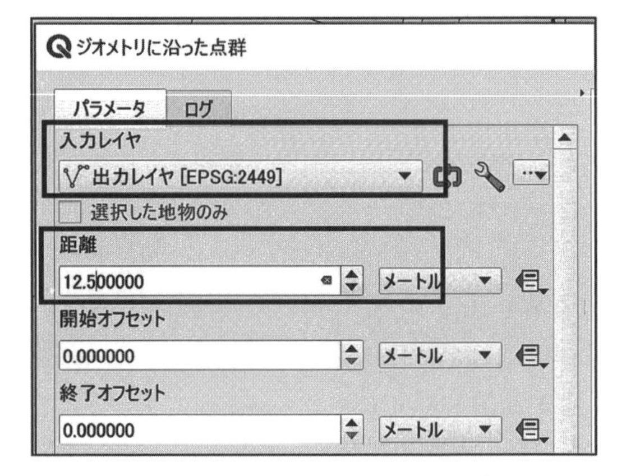

図 5-39　避難経路に沿った点群作成

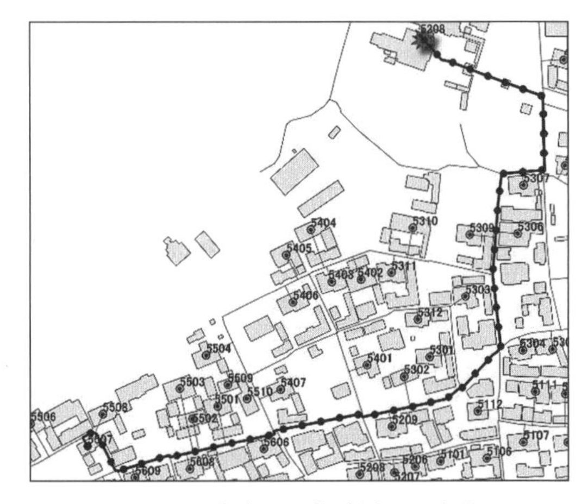

図 5-40　完成した「内挿点」の点群

ステップ 3：10 秒間隔のピッチデータの作成

次は、前のステップで作成した最短経路（出力レイヤにある）を用いて、経路上に沿って 10 秒間隔に、つまり長さ 12.5m の間隔に点群を作成する。

図 5-38 のように、［ツールボックス］、［ベクタジオメトリ］、「ジオメトリに沿って点群」の順に選択し、図 5-39 の画面に以下の値を設定する。

［入力レイヤ］:「出力レイヤ」

［距離］: 12.5（メートル）

［実行］ボタンをクリックすると、［内挿点］のレイヤが現れ、図 5-40 のような避難経路に沿った等間隔の点群が作られる。

ステップ 4：点群のデータベース格納

次は、DB マネジャーを経由し、中間結果の［内挿点］レイヤをデータベーススキーマ s_evacuation に temp の名前でインポートする（図 5-41）。

最後に、構文 5-21 を用いて、中間テーブル temp から geom、start_from（本例では start_from は 5507 番の世帯）と distance を抽出し、stb_simulation_

ベクタレイヤのインポート
入力(Input) 内挿点
選択した地物のみインポートする
出力テーブル
スキーマ s_evacuation
テーブル temp
オプション
主キー id
ジオメトリのカラム geom
変換前SRID EPSG:2449 - JGD200(
変換後SRID EPSG:2449 - JGD200(
文字コード UTF-8
出力先テーブルを置き換える(すでに存在する場合)
マルチパートにしない
フィールド名を小文字に変換
空間インデックスを作成
コメント
OK　キャンセル

図 5-41　中間結果 temp の DB 格納

points に追加する。

構文 5-21

```
1  insert into
   s_evacuation.stb_simulation_points
   (geom, start_from, distance)
2  select geom, '5507' as start_from, distance
3  from s_evacuation.temp
```

ここまでにより、1 つの世帯の避難経路上のピッチデータの作成が完了した。次の避難経路のピッチデータを作成するために、まず、一旦中間結果の「出力レイヤ」と「内挿点」の 2 つのレイヤとデータベース内の temp テーブルを削除する。次に、前述のステップ 2 〜ステップ 4、3 つの作業を繰り返し行えば、図 5-42 のように全世帯における避難経路上のピッチデータが完成する。

5.4.5　TimeManager のアニメーション表現

この章の最終節として、QGIS のアニメーションツール TimeManager を導入し、前節で完成した避難経路上のピッチデータを用いて、QGIS シミュレーションの実験を行う。解説は以下の 3 つのステップに分けて行う。

ステップ 1：ピッチデータに時刻属性の追加

TimeManager のアニメーション動作は時間軸で行われるので、stb_simulation_points に時間属性を追加する必要がある。

まず、図 5-43 のようにピッチデータの 12.5m の距離間隔に対し、対応の 10 秒の時間間隔を入れ、距離と時刻の対応表を csv 形式で作成する。その際、時刻の形式はデータベースの timestamp データ形式、つまり、yyyy-mm-dd hh:mm:ss の形式で時刻を記述する。本稿では、仮にシミュレーションの開始時刻を 2021-10-01 10:30:00 とし、以降は 10 秒間隔で時刻を記入する。このファイルを tb_timestamps と

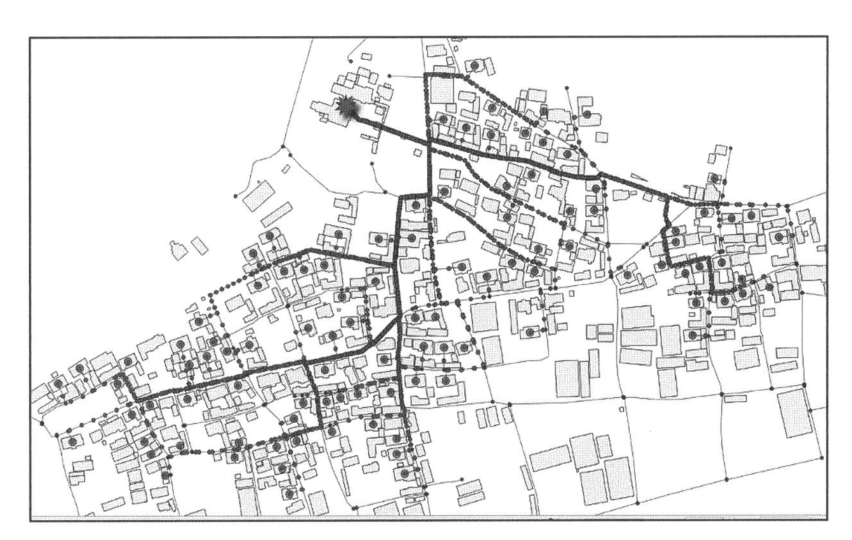

図 5-42　完成したすべての避難経路上のピッチデータポイント

	A	B
1	distance	time_stamps
2	0	2021-10-01 10:30:00
3	12.5	2021-10-01 10:30:10
4	25	2021-10-01 10:30:20
5	37.5	2021-10-01 10:30:30
6	50	2021-10-01 10:30:40
7	62.5	2021-10-01 10:30:50
8	75	2021-10-01 10:31:00
9	87.5	2021-10-01 10:31:10

tb_timestamps

図 5-43　距離と時刻の対応表

して保存し、データベースにインポートする。図5-44 は DB マネジャーからみた tb_timestamps の属性を示す。

属性

#	名前	型	長さ	Null	デフォルト	コメント
1	id	int8	8	N		
2	geom	geometry (Point,2449)		Y		
3	start_from	int2	2	Y		
4	distance	float4	4	Y		
5	time_stamps	timestamp	8	Y		

制約

名前	型	カラム
stb_simulation_timestamp_pkey	主キー	id

図 5-44　tb_timestamps の属性

次は、構文 5-22 を用いて、前節で作成したピッチデータ stb_simulation_points と今回作成した tb_timestamps を結合し、時刻属性をピッチデータに入れる。

構文 5-22

```
1  select a.id, a.geom, a.start_from, a.distance,
   b.time_stamps
2  into s_evacuation.stb_simulation_timestamp
3  from s_evacuation.stb_simulation_points a,
   s_evacuation.tb_timestamps b
4  where a.distance = b.distance
5  order by a.id
```

【構文 5-22 の解説】

ピッチデータ stb_simulation_points と距離・時刻対応表 tb_timestamps を、それぞれ a と b に定義する（行 3）。テーブル a と b の distance 値が一致する条件のもとで（行 4）、a からは id, geom, start_from, distance を抽出し、b からは time_stamps を抽出する（行 1）。その結果を a の id の順に並べ（行 5）、新規の stb_simulation_timestamp へ書き出す（行 2）。

図 5-45 には stb_simulation_timestamp の属性を表す。

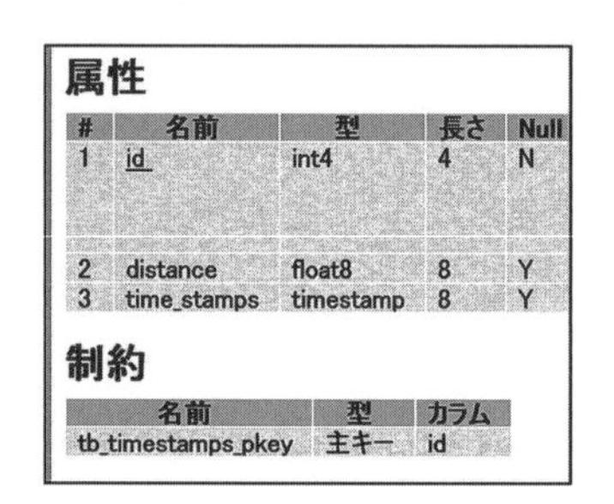

属性

#	名前	型	長さ	Null
1	id	int4	4	N
2	distance	float8	8	Y
3	time_stamps	timestamp	8	Y

制約

名前	型	カラム
tb_timestamps_pkey	主キー	id

図 5-45　時刻属性を入れたピッチデータ

ステップ 2：TimeManager のプラグイン

はじめて QGIS の TimeManager を使用する場合、ソフトのインストールと QGIS へのプラグイン作業が必要である。以下はその操作方法を紹介する。

なお、本稿の執筆時点（2011 年 11 月）において、QGIS3.16 は TimeManager を扱えず、以下は QGIS3.0 を使って、TimeManager のプラグインを行う。

図 5-46 の URL でダウンロードサイトにアクセスし、ソフトをダウンロードする。次に、図 5-47 のように、ファイルを解凍せずに［ZIP からインストール］でインストールする。使用する場合、［プラグイン］メニューから［TimeManager］ボタンをクリックする。

図 5-46　ダウンロードサイト
https://plugins.qgis.org/plugins/timemanager/

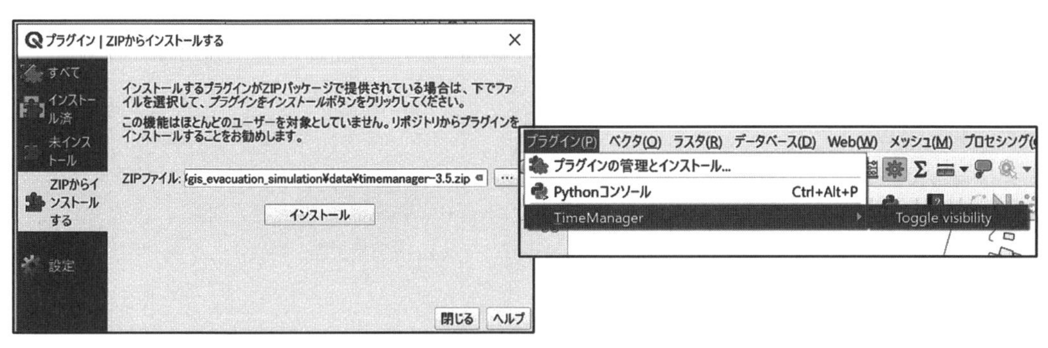

図 5-47　プラグインと使用

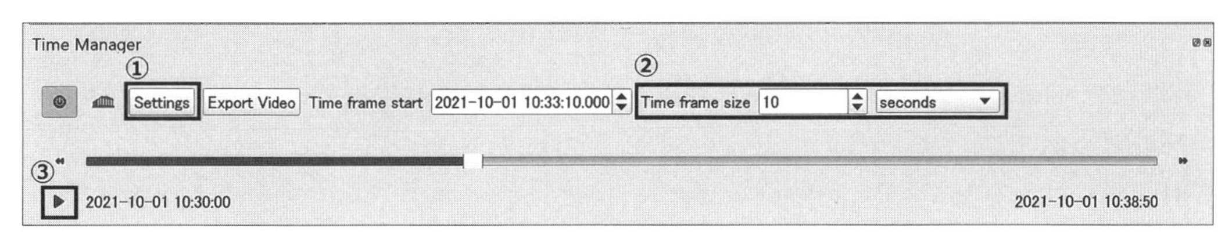

図 5-48　TimeManager のメイン操作バー

ステップ 3：TimeManager の操作

プラグイン TimeManager を起動すると、図 5-48 のメイン操作バーが現れる。順番に①レイヤファイルの設定、②アニメーションの時間設定、③アニメーション開始を行うと、ピッチデータが時刻の通り現れ、避難行動が視覚的に表現される。

図 5-48 のメイン操作バーの①［Settings］をクリックすると、図 5-49 の上図画面が現れる。ここでは、まず、［Looping animation］にチェックを入れ、次に［Add layer］ボタンをクリックする。すると図 5-49 の下図が開かれ、ここでは以下のようにレイヤ設定と行う。

［Layer］：stb_simulation_timestamp

［Start time］：time_stamps（フィールド）

［End time］：time_stamps（フィールド）

図 5-50 に、一連のアニメーション動画を表示している。

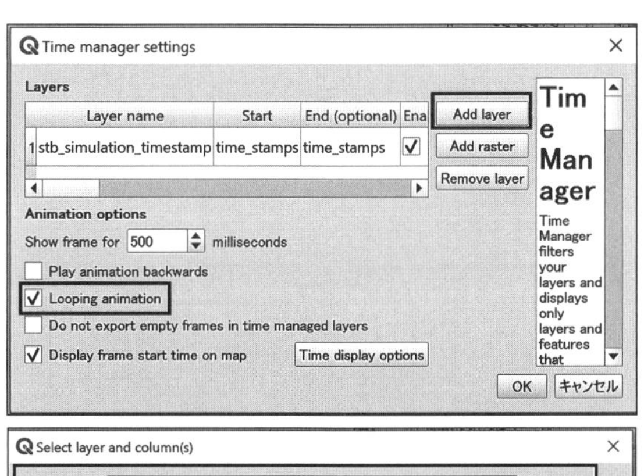

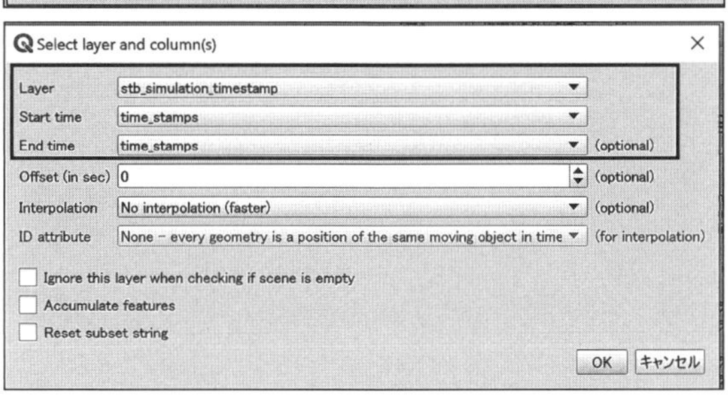

図 5-49　TimeManager 関連属性の設定

5.5　まとめ

住民の津波避難行動は、基本的に住民自らの自助力とコンミュニティの公助力によって行われる。高齢化の進展に伴う自助力の低下により、コミュニティ公助力の向上は喫緊の課題になった。

家族単位の共助型避難行動の目標は、限られた時間の中で、コミュニティ住民全員の安全な避難を完成させることにある。緻密かつ科学的な計画手法は、この目標を達するために必要不可欠である。

本章は、GIS とデータ工学の手法を用いて、共助型避難行動の形成における科学的なアプローチを考案した。その内容は、①住民調査に基づいた世帯ごとの自助力の判定、②世帯ごとの自助力と空間立地に基づいたコミュニティ共助力の判定、③前項の自助力と共助力に基づいた最寄りの支援体制の構築、④最短避難経路の検出、⑤避難行動行動の QGIS シミュレーション、以上の 5 つの側面に及ぶ。

本研究で提示したアプローチは、地域防災の現場に以下 3 つの役割を果たせる。1 つ目は、住民自助力と地域共助力の判定手法である。避難行動に限らず、地域防災力の計測方法として、広く応用することができる。2 つ目は、共助避難体制に基づいた避難行動のシミュレーション結果が、日ごろから地域で行う防災訓練の行動指針になることである。支援側と支援を受ける側による実践訓練は、市民防災訓練の質向上に貢献できると考える。3 つ目は、提示した SQL プログラミングによる分析方法は、防災シミュレーション専用のパッケージの開発などを含め、津波避難行動解析の自動化と知能化へ導くことが可能である。

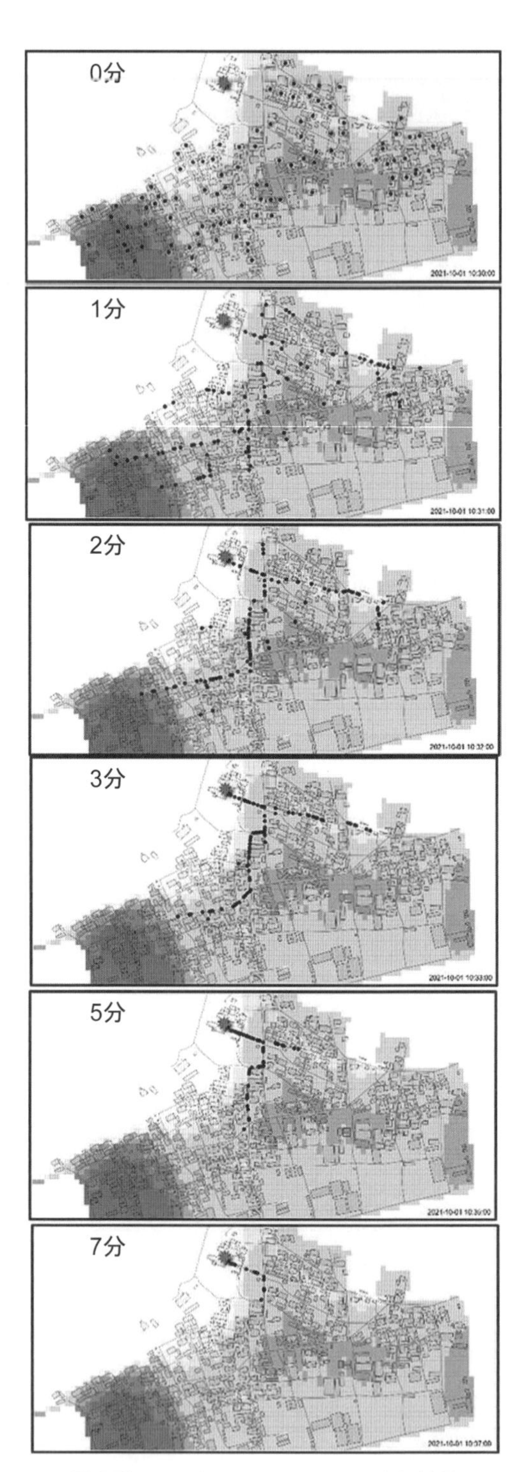

図 5-50　GIS シミュレーションの実行結果

参考文献

蒋　湧（2021）「共助型津波避難行動における GIS シミュレーション」、愛知大学、中部地方産業研究所、『年報・中部の経済と社会』2021 年版、19-35 頁

謝辞

本章の執筆にあたって、蒋ゼミ第 8 期生大場竣介氏の卒業研究に記載した対象地区と住民調査結果を参考した。また、本稿の作成趣旨と完成原稿を本人に確認し、承諾を頂いた。ここにお礼を申し上げる。

【産　業】

第6章　自動車部品産業の産業集積

KEYWORDS

研究内容	点分布のカーネル密度分析、密度等高線のベクタ化、企業立地のカーネル密度に基づいた産業集積の解析、部品調達圏に基づいた産業集積の解析
システム環境	PostgreSQL12、PostGIS3.0、QGIS3.16
主なデータ	愛知県内の自動車部品メーカーと自動車完成車メーカーのデータ、愛知県の道路データ（高速道路、国道と主要地方道路）、市区町村界データ
分析手法	pgAdmin4 と DB マネジャーによるデータベース構築、カーネル密度の推定、ラスタデータ解析、ベクタデータ交差と差分処理、PostGIS 、PostGIS Topology を用いたジオメトリネットワーク構築、ネットワーク分析

6.1　はじめに

現実世界において、物事の位置を点状の地物として表す場合、その分布は、均等的、ランダム的と集積的、3つの状態に分けることができる。例えば、学校や避難施設などは校区ごとに比較的に均等分布している。それに対し、年齢別や職業別の人口分布には不確実性が増し、ランダム分布のように見える。しかし、日常生活において、絶対的な均等分布やランダム分布は非常に稀であり、ほとんど場合、点状地物は何らかの原因で空間的に集積している。

集積現象の論理的な裏付けはワルド・トブラーの地理学の第一法則（Tobler's first law of geography）である。第一法則によると、全ての物事は周辺の他の物事と関連しているが、関連の強さは物事間の距離に反比例する。例えば、交通混雑の交差点付近に近くなればなるほど、交通事故の発生頻度が増す。先に述べた人口分布さえ、縮尺を変えれば、都市部や山間部の集落に人口の集積現象が確認できる。地方ごとの方言や民俗などは、こうした時空間上の人間社会の営みから生まれた地域文化である。よって、物事の集積は、地理学の基本法則に準ずる普遍的な現象と言える。

本章は産業集積の事例を通して、点分布の集積特徴を、定量的かつ空間的に解き明かす手法を解説する。

6.1.1　研究の背景

経済活動の空間分布には不均衡性と集積性の特徴がある。経済規模に関する収穫逓増性や知識のスピルオーバーなど産業集積のメカニズムに関する理論は、新古典経済学や都市経済学において多く見解が示されている。

一方、自動車産業は大きな産業変革に迫られている。電気自動車（EV）や炭素繊維などの新素材、更にAIや自動運転など自動車産業に押し寄せたイノベーションの波が産業構造の変革を推し進めた。全国自動車部品産業の出荷額の約50%が集積している愛知、岐阜、三重と静岡の中部4県において、産業構造の大変革による影響は極めて大きいと考えられる。

その背景のもとで、既存産業集積の実態を把握し、企業の能力に相応しい事業転換と新技術への投資、或いは地域の特性に見合った産業政策の転換は喫緊の課題になる。

本章は愛知県の自動車部品工場の立地を点分布として、①カーネル密度に基づいた産業集積、②道路ネットワークの到達圏と部品の調達関係に基づいた産業集積の分析手法を解説する。

6.1.2 データベース環境の整備

本研究のデータ解析は、QGIS3.16、PostgreSQL 12 と PostGIS3.0 を用いた環境の下で行われる。表 6-1 には、本研究に使用するデータソースの一覧を示す。そのうち、完成車組立工場と部品工場のデータは、「トヨタ自動車グループの実態 2006」（IRC 株式会社）の資料に基づき、筆者が自作したポイントデータである。県境界データ stb_city_border は、市区町村データの融合（dissolve）で得られた自作データである。環境整備は以下の 4 つのステップで行われる。

表 6-1　使用データ一覧

No	データ名	説明	出典
1	stb_assembly_plan	完成車組立工場	IRCより自作
2	stb_factory_aichi	部品工場	IRCより自作
3	stb_road	道路	esri Japan
4	stb_city	市区町村界	e-stat
5	stb_city_border	県境界	自作

ステップ 1：データベースの構築

まず、図 6-1 に示したようなデータベースの初期環境を構築する

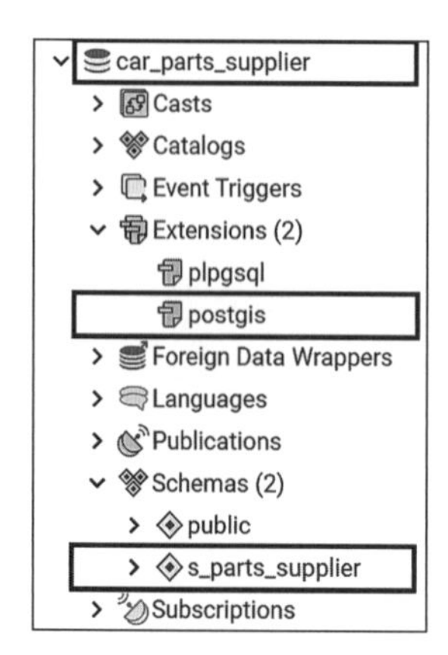

図 6-1　データベースの初期環境

データベース PostgreSQL の pdAdmin4 ツールを使って、データベースの環境を構築する。データベース名は car_parts_supplier とする。データベース拡張 Extensions に postgis の空間拡張を入れ、スキーマ（Schemas）に本研究の専用スキーマ s_parts_supplier を作成した。データベースの初期環境の構築後、pdAdmin ツールを閉じる。

ステップ 2：QGIS 環境との接続

次に QGIS を開き、QGIS と PostGIS 間の接続を行う。図 6-2 のように QGIS のブラウザパネルから見た PostGIS との接続は、「Car_Parts_Supplier」と名付けられ、そこからデータベースのスキーマ s_parts_supplier が見える。

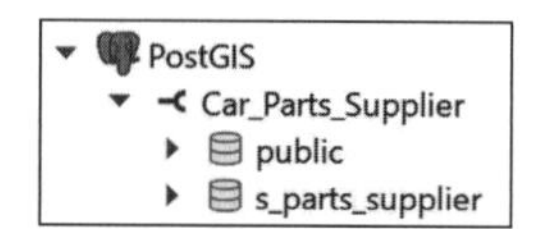

図 6-2　QGIS 内の PostGIS 接続

ステップ 3：データインポート

次は、QGIS の DB マネジャーツールを開き、それを経由し、表 6-1 に示したデータソース（シェープファイル）をデータベースにインポートする（図 6-3）。

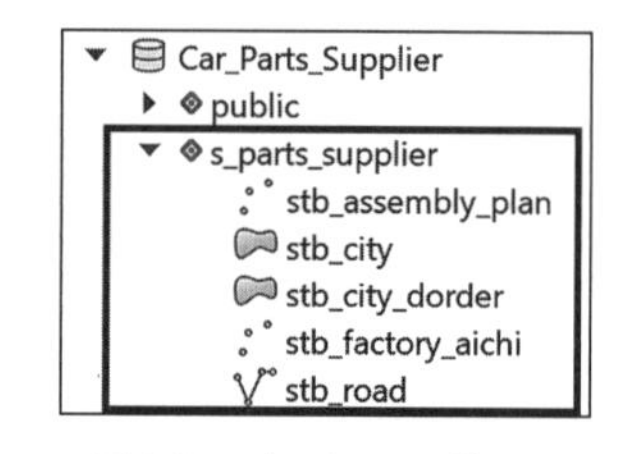

図 6-3　データインポート

データインポートの際に、データのジオメトリ分解について注意を払う必要がある。表 6-2 のデータ仕様に示されたように、道路 stb_road、部品工場 stb_factory_aichi と組立工場 stb_assembly_plan、3 つのデータは分解型のジオメトリを使用する。それは、トポロジーデータの構築に必要なデータ型であり、データインポートの段階で、図 6-4 に示したように、[マルチパートにしない] にチェックを入れる必要がある。

ステップ 4：データ構造の実装

表 6-2 に示したデータ構造を、QGIS の DB マネ

表 6-2　データ仕様

No	Data	Table Name	Field	Data Type	Description
1	県境界	stb_city_border	**id**	int4	主キー
			geom	geometry(multipolygon)	集約型ジオメトリ
2	市区町村	stb_city	**id**	int4	主キー
			geom	geometry(multipolygon)	集約型ジオメトリ
			city_code	varchar	行政区コード
			city_name	varchar	市区町村名
3	道路	stb_road	**id**	int4	主キー
			geom	geometry(linestring)	分解型ジオメトリ
			road_type	varchar	道路類別
4	部品工場	stb_factory_aichi	**id**	int4	主キー
			geom	geometry(point)	分解型ジオメトリ
			factoryid	int4	工場ID
			companyid	int4	メーカーID
			name	varchar	工場名
			employee	int4	従業者数
			productout	int8	生産高
5	完成車組立工場	stb_assembly_plan	**id**	int4	主キー
			geom	geometry(point)	分解型ジオメトリ
			factory	varchar	工場名
			products	varchar	完成車名

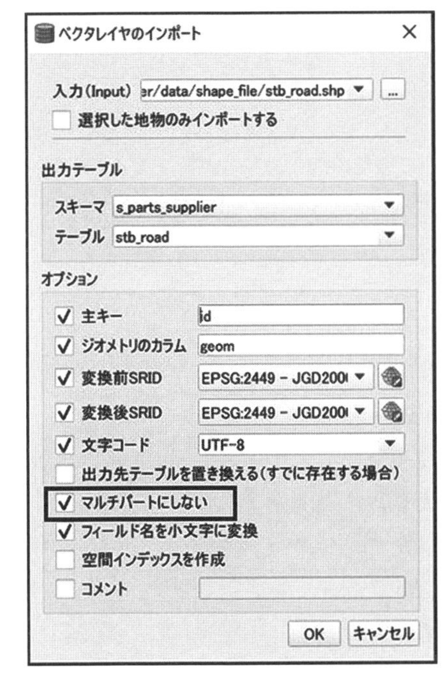

図 6-4　シンプルジオメトリデータ

ジャーの SQL ウィンドウ環境で、SQL 構文を用いて実装を行う。

上述の 4 ステップに関わる詳細な操作説明については、「入門編」に参照できる【☞ 7.2「空間データベース構築」～ 7.4「データ構造の実装」】。図 6-5 は自動車部品産業分布の主題図を示す。

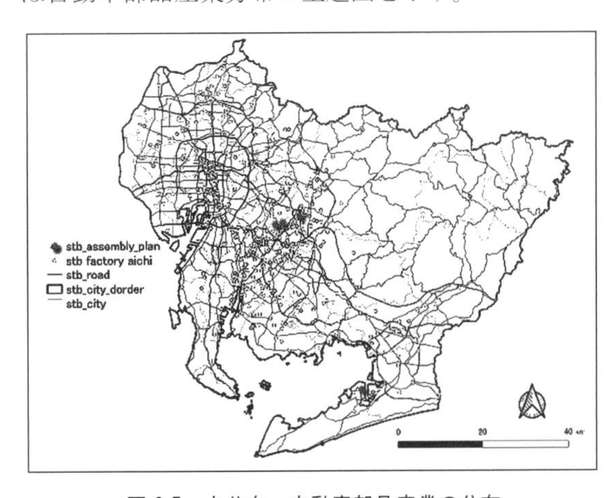

図 6-5　点分布：自動車部品産業の分布

6.1.3　研究内容とプロセス

本章の内容は以下の 2 つの部分に分けられる。1

つは工場点分布のカーネル密度に基づいた産業集積、もう1つは部品工場から組立工場へ、つまり部品の調達圏に基づいた産業集積を求める。

図6-6は研究のプロセスを示す。まず、工場出荷額の点分布に対し、カーネル密度を推計すると、ラスタ形式の密度データが得られる。そこから密度等高線を抽出し、ポリゴン形式の産業集積エリアを求める。それらの産業集積のポリゴンと部品工場のポイントの空間結合（overlay）により、産業集積に関する集計を行う。

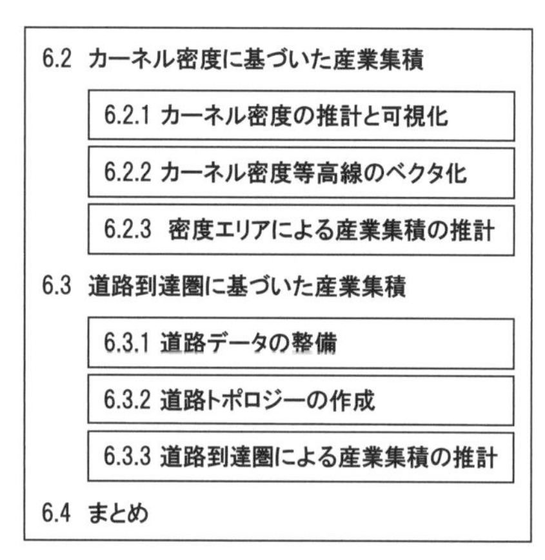

図6-6　研究のプロセス

部品調達圏に基づいた産業集積は、JIT（Just In Time）自動車生産体制の実態から生まれた概念であり、完成車メーカー周辺の部品工場の集積度を測る。その場合、まず、部品工場と自動車組立工場間の道路データを作成し、次にPostGISのトポロジースキーマを実装する。最後に、道路トポロジーの到達圏を部品調達圏として求め、それを用いて産業集積度を測る。

6.2　カーネル密度に基づいた産業集積

この節では、カーネル密度関数の計算、表現、ラスタ形式からベクタ形式へのデータ作成について、詳細な操作手順を解説する。

6.2.1　カーネル密度の推計と可視化

まず、QGISの［ヒートマップ（カーネル密度推定）］ツールを使って、工場点分布の出荷額の属性をベースにしたカーネル密度を推計する。

［ツールボックス］>［内挿］>［ヒートマップ（カーネル密度推定）］の順にクリックし（図6-7）、設定画面が開かれたら、図6-8のように設定を行う。

図6-7　ヒートマップ（カーネル密度推定）

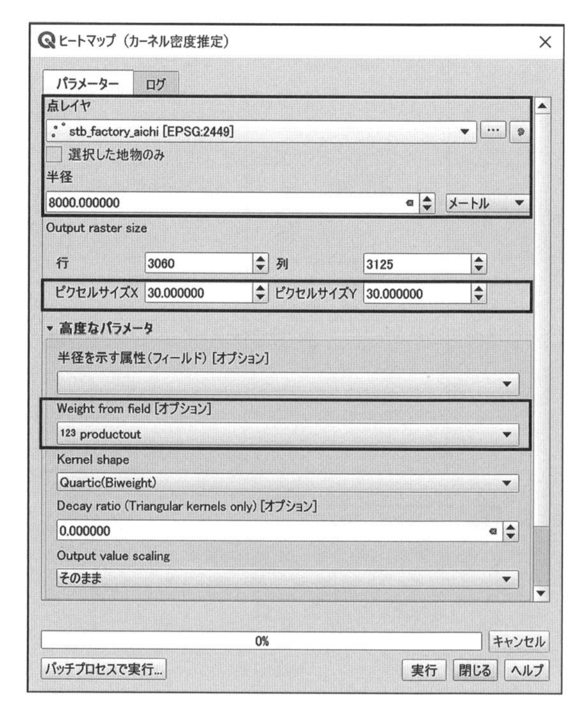

図6-8　カーネル密度の推定

［点レイヤ］⇒「stb_factory_aichi」
［半径］⇒　8000（メートル）
［ピクセルサイズ］⇒30.0
［Weight from field］⇒ productout

最後に［実行］ボタンをクリックすると、「Heatmap」レイヤが現れる。

次は、その結果をラスタデータとして保存する。［Heatmap］のレイヤを右クリック、［エクスポート］>［名前を付けて保存…］の順に選択すると、図6-9の保存画面が開かれる。保存画面は以下のように設定する。

［出力モード］⇒生データ
［形式］⇒ GeoTIFF

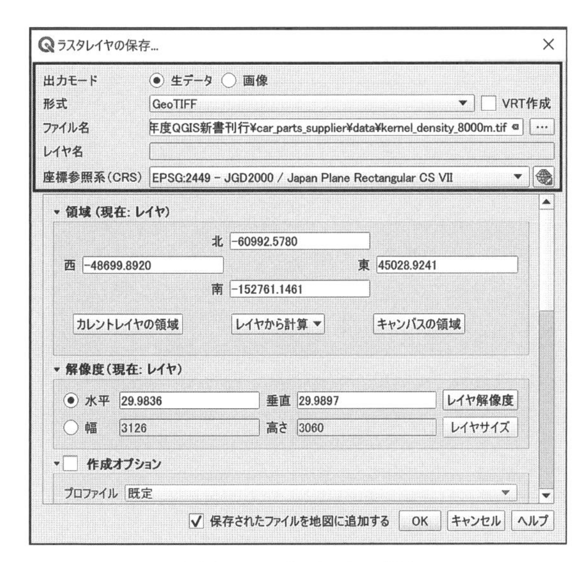

図 6-9　ラスタデータの保存

［ファイル名］⇒ kernel_density_8000m
［座標参照系］⇒ EPSG:2449 JGD2000/
Japan Plane Rectangular CSVII
［OK］ボタンをクリックすると、密度のラスタデータが保存される。

最後は、「kernel_density_8000m」のレイヤプロパティのシンボロジ設定（図 6-10）を通して、カーネル密度の可視化を図る。

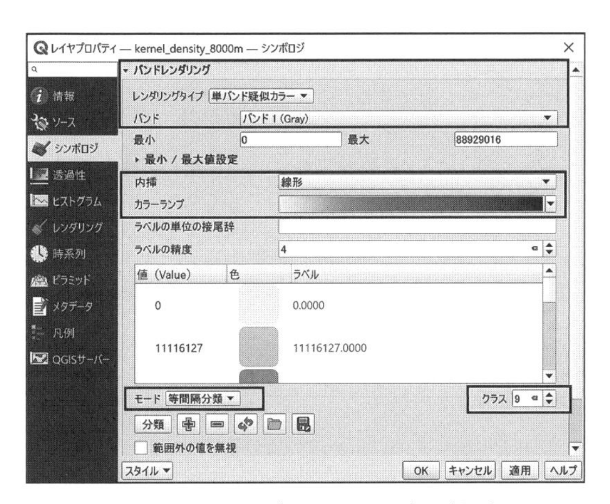

図 6-10　ラスタデータのシンボロジ設定

［レンダリングタイプ］⇒単バンド模擬カラー
［カラーランプ］⇒ Reds（左薄い右濃い）
［モード］⇒ 等間隔分類
［クラス］⇒ 9
最後に［OK］ボタンをクリックする。

図 6-11 は完成した自動車部品産業のカーネル密度の分布図を示す。

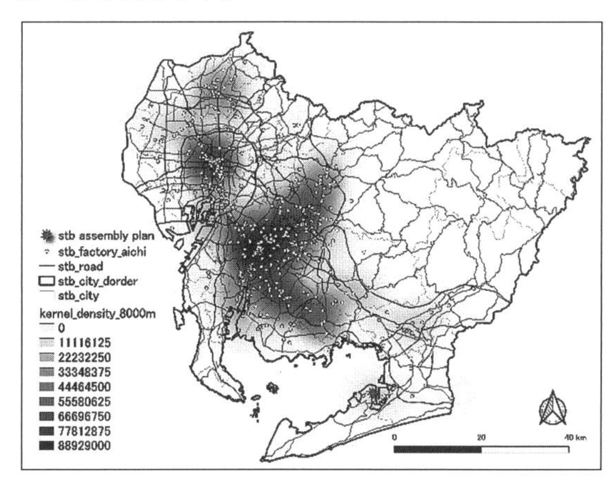

図 6-11　点分布の密度分布

6.2.2　カーネル密度等高線のベクタ化

この節では、ラスタ形式のカーネル密度データをベクタ形式のラインとポリゴンに変換する方法をステップごとに解説する。

ステップ 1：等高線の抽出

まず、図 6-12 のように［ラスタ］>［抽出］>［等高線（contour）］の順に選択し、図 6-13 の等高線画

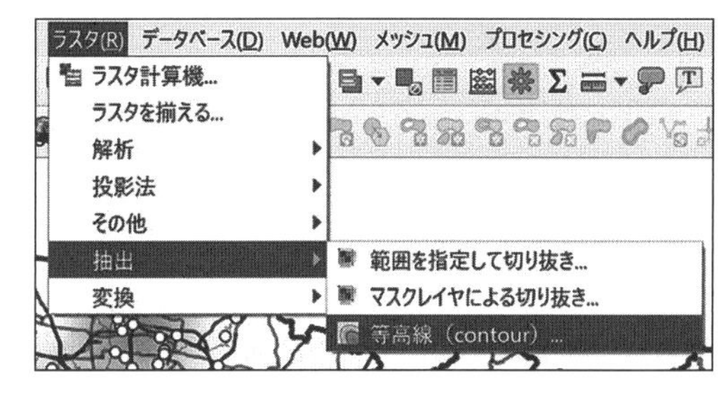

図 6-12　カーネル密度等高線の抽出

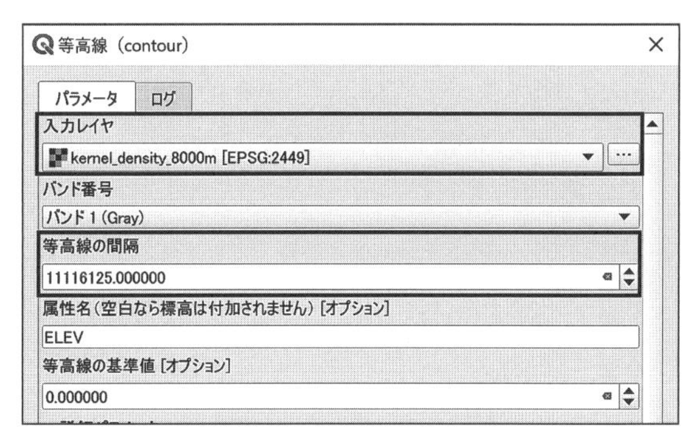

図 6-13　等高線の抽出画面

面を開く。ここで図 6-11 の凡例に示した等間隔のカーネル密度値に従って、密度の等高線を抽出する。

［入力レイヤ］⇒ kernel_density_8000m

［等高線の間隔］⇒ 11116125（図 6-11 のカーネル密度凡例に示した間隔値を使用する）

［実行］ボタンをクリックすると、図 6-14 の密度等高線が得られる。

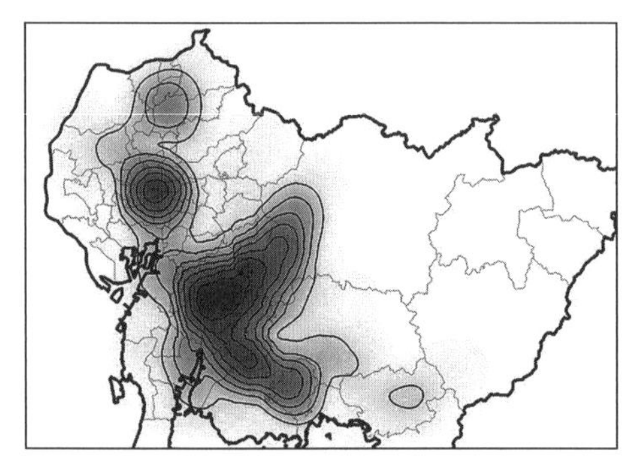

図 6-14　抽出した密度の等高線

この等高線データを stb_contour_line の名前でデータベースにインポートし、次にラインをポリゴンに変換する。

ステップ 2：ラインからポリゴンへ変換

図 6-15 のように［ツールボックス］＞［ベクタジオメトリ］＞［線をポリゴンに変換（lines to polygons)］の順で選び、図 6-16 の変換画面を開く。そこで、［入力レイヤ］に保存した等高線データ stb_contour_line を入れると、密度等高線から生成されたポリゴンが現れる。

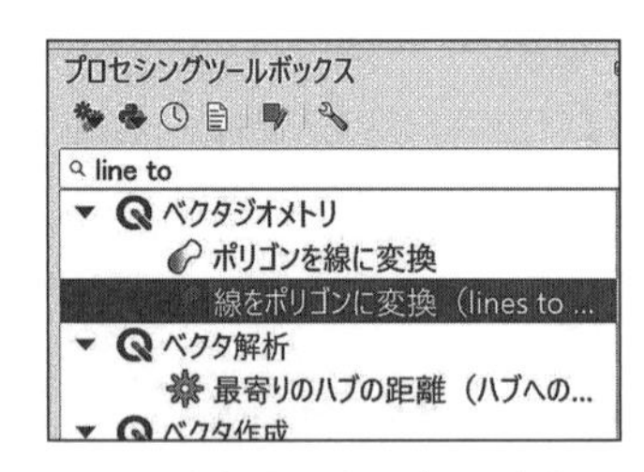

図 6-15　等高線をポリゴンに変換画面

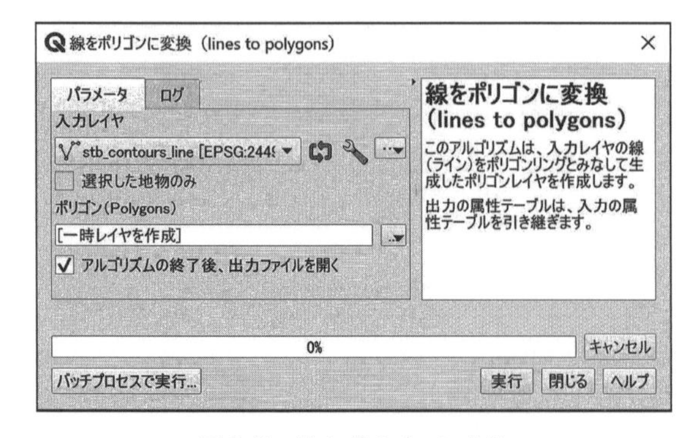

図 6-16　線をポリゴンに変換

ステップ 3：ポリゴンの融合

この段階で得られたポリゴンデータの属性テーブルを開いてみると、密度レベル elev ごとに多数のデータが存在している。これからの処理をしやすくするために、［ベクタ］＞［空間演算ツール］＞［融合（dissolve)］の順で、融合ツールを開き、［基準となる属性］に elev を設定し、［実行］を行う【☞ 2.4.2「市境界の抽出」】。図 6-17 は融合した結果を示し、密度レベル elev ごとにただ 1 つのデータに集約したことを確認できる。この結果を stb_contours_polygon の名前でデータベースに入れる。

	id	elev
1	8	11116125
2	7	22232250
3	2	33348375
4	6	44464500
5	1	55580625
6	4	66696750
7	3	77812875
8	5	88929000

図 6-17　等高線のポリゴン変換と融合

ステップ 4：ポリゴンの差分処理

ここまでの stb_contours_polygon テーブルには 8 つのポリゴンが存在する。ポリゴンの面積は密度レベルに反比例にしているので、低レベルのポリゴンが高レベルのポリゴンを覆うような形で、お互いに重なる。このポリゴン間の重なる部分を取り除く作業として、ポリゴンの差分処理が必要になる。

まず、差分結果の保存先として、新規テーブル stb_kernel_density_polygon を作成する。PostGIS のスキーマ s_parts_supplier を右クリックし、［新規テーブル］を選ぶ（図 6-18 の上図)。すると図 6-18 の

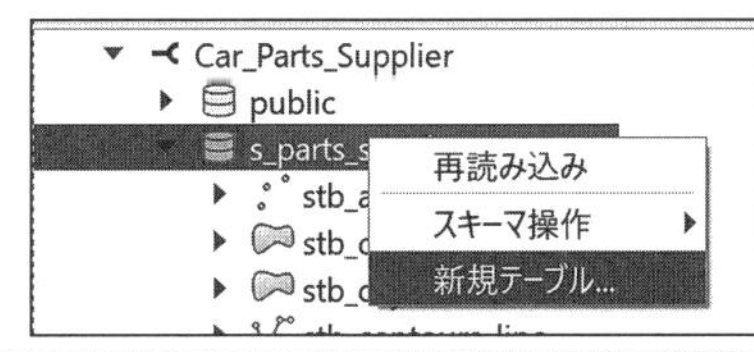

図 6-18　新規 stb_kernel_density_polygon

下図が開くので、以下のように新規テーブルの設定を行う。

［スキーマ］⇒ s_parts_supplier

［名前］⇒ stb_kernel_density_polygon

［フィールド追加］⇒（以下のように設定）

Name	Type	Provider type
from_elev	64bit 整数値	int8
to_elev	64bit 整数値	int8
level	32bit 整数値	int4

［ジオメトリタイプ］⇒ MultiPolygon

［ジオメトリのカラム名］⇒ geom

［座標参照系］⇒ EPSG:2449

［OK］ボタンをクリックすると、データベースに空の新規テーブルが作られる。次は、構文 6-1 のように隣接するレベルの 2 つのポリゴンを選択し、お互いの差分を計算し、その結果を新規の stb_kernel_density_polygon に追加する。

【構文 6-1 の解説】

構文 6-1 では、insert into…select from の複合構文を使って、対象ポリゴンの選択と差分処理、差分結果のデータベース追加を含め、複数の操作を一括処理している。行 1 は、通常の insert into 構文であり、追加するのは geom、from_elev、to_evel と level の 4 項目である。ここで主キー id は連番型の整数であり、データベース内部で自動的に振り付けられる。追加する 4 項目の値は、行 2 以降の select from 構文によって決められる。構文 6-1 は最低 elev と次に低い elev、つまり elev = 11116125 と elev = 2223225 の両ポリゴンの差分処理を行う。まず、同じ stb_contours_polygon テーブルから elev = 11116125 のポリゴンは a と、elev = 2223225 のポリゴンは b と定義し（行 3 と行 4)、a の elev は from_elev、 b の elev は to_elev として抽出し、同時に差分処理関数 st_difference(a.geom, b.geom) を使って差分処理を行う（行 2)。それらの結果は level 項目へ 1 と入力する（行 2)。

図 6-19 は構文 6-1 の実行結果を示す。elev = 11116125 の広域ポリゴンから、重なっていた elev = 2223225 ポリゴンを取り除く結果になっていることが確認できる。

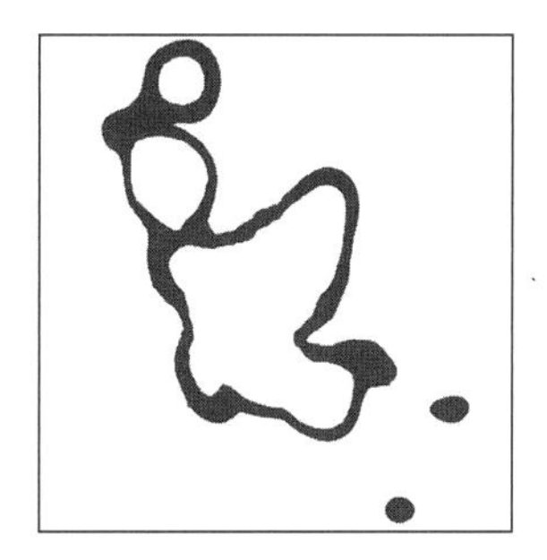

図 6-19　カーネル密度エリアの差分結果

次は、構文 6-1 を繰り返し実行させ、その他のポリゴンに対し差分処理を行い、その結果を図

構文 6-1

```
1  insert into s_parts_supplier.stb_kernel_density_polygon(geom, from_elev, to_elev, level)
2  select st_difference(a.geom, b.geom) as geom, a.elev as from_elev, b.elev as to_elev, 1
3  from s_parts_supplier.stb_contours_polygon a,
   s_parts_supplier.stb_contours_polygon b
4  where a.elev = 11116125 and b.elev = 22232250
```

6-20 に示す。図 6-20 の上図は完成した stb_kernel_density_polygon の属性表を表し、下図はその差分結果で描けたポリゴンベースの産業集積エリアの主題図を示す。次の節では、この結果を用いた産業集積に関する様々な統計集計を説明する。

情報	テーブル	プレビュー			
	id	geom	from_elev	to_elev	level
1	1	MULTIPOLYGON	11116125	22232250	1
2	2	MULTIPOLYGON	22232250	33348375	2
3	3	MULTIPOLYGON	33348375	44464500	3
4	4	MULTIPOLYGON	44464500	55580625	4
5	5	MULTIPOLYGON	55580625	66696750	5
6	6	MULTIPOLYGON	66696750	77812875	6
7	7	MULTIPOLYGON	77812875	88929000	7

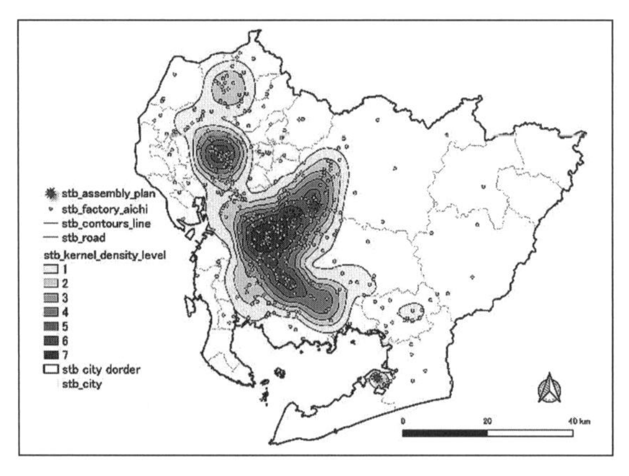

図 6-20　産業集積エリア

6.2.3　密度エリアによる産業集積の推計

前節の結果 stb_kernel_density_polygon と SQL 構文を用いて、①密度レベルごとの産業集積、②市区町村と産業集積エリアのクロス集計を行う。

構文 6-2 は、工場データ stb_factory_aichi と集積エリア stb_kernel_density_polygon の空間参照により、密度レベルごとの工場数、従業者数と出荷額に対し集計を行う。

構文 6-2

```
1  select b.level, count(a.id) as nember_of_factory,
   sum(a.employee) as sum_employee,
   sum(a.productout) as sum_out,
   st_area(b.geom)/1000000 as area
2  from s_parts_supplier.stb_factory_aichi a,
   s_parts_supplier.stb_kernel_density_polygon b
3  where st_within(a.geom, b.geom)
4  group by b.level, area
5  order by b.level
```

【構文 6-2 の説明】

工場テーブル stb_factory_aichi を a に、集積エリア stb_kernel_density_polygon を b にする（行 2）。a が b に含まれるの条件のもとで、つまり st_within(a.geom, b.geom)（行 3）のもとで､b の level ごとに（行 4）、a の工場数、従業者数、出荷額合計を集計し、同時に b の面積も計算する（行 1）。その結果を b の level の昇順に並べる（行 5）。

表 6-3 と表 6-4 は構文 6-2 の結果を整理した集計表を表す。表 6-3 をみると、レベル 1 の低密度エリアにおいて、全域約 38%の面積に、19%の工場数、13%の従業員と 14%の出荷額が集中している。それに対し、レベル 7 の高密度エリアには、全域面積のわずか 4%の範囲に、約 12%の工場、21%の従業員と 10%出荷額が集約している。表 6-4 は単位面積当たりの工場数、従業者数と出荷額を示す。

表 6-3　密度レベルごとの産業集積の集計

密度レベル	工場数		従業者数		出荷額		面積	
1	111	19%	29969	13%	99435092	14%	537	38%
2	93	16%	26602	12%	99388927	14%	285	20%
3	50	8%	19056	9%	68551483	9%	155	11%
4	60	10%	24145	11%	100217364	14%	153	11%
5	104	18%	30190	14%	126102638	17%	128	9%
6	105	18%	45162	20%	155897374	22%	96	7%
7	71	12%	47106	21%	73734972	10%	51	4%
合計	**594**	**100%**	**222230**	**100%**	**723327850**	**100%**	**1405**	**100%**

表 6-4　レベルごとの産業集積密度の集計

密度レベル	工場数/平方キロ	従業者数/平方キロ	出荷額/平方キロ
1	0.21	55.76	184996.59
2	0.33	93.21	348262.39
3	0.32	123.08	442758.24
4	0.39	157.52	653809.37
5	0.81	236.44	987583.55
6	1.09	469.57	1620945.98
7	1.40	930.27	1456147.33

構文 6-3

```
1  select a.city_name, b.level, st_intersection(a.geom, b.geom) as geom
2  into s_parts_supplier.stb_intersection_result
3  from s_parts_supplier.stb_city a, s_parts_supplier.stb_kernel_density_polygon b
4  where st_intersects(a.geom, b.geom)
```

構文 6-4

```
1  select b.city_name, b.level, count(a.id), sum(a.employee) as sum_emp, sum(a.productout) as sum_out
2  from s_parts_supplier.stb_factory_aichi a, s_parts_supplier.stb_intersection_result b
3  where st_within(a.geom, b.geom)
4  group by b.city_name, b.level
5  order by b.city_name, b.level
```

次に構文 6-3 と 6-4 を使い従業者数と出荷額に対し、市区町村と産業集積エリアのクロス集計を行う。

【構文 6-3 の説明】

ここでは典型的な交差（intersection）を求める SQL 構文を使って、stb_city の市区町村区域と stb_kernel_density_polygon の産業集積エリアの共通部分、つまり交差部分を求め、その中間結果を stb_intersection_result に書き出す。

【構文 6-4 の説明】

この構文も、これまで何度も紹介した典型的な空間参照の構文である。st_within() の関数を利用し、構文 6-3 で求めた市区町村と密度レベルごとの産業集積エリアの交差部分 stb_intersection_result（ポリゴン）に含まれる工場（ポイント）の属性、つまり、従業者数と出荷額の合計を集計する。

構文 6-4 の実行結果を表 6-5 と表 6-6 に分けて整理し、それぞれは従業者数と出荷額におけるトップ 10 の市区町村を対象に、産業集積レベルごとの集計を示す。それによると、トップ 10 の市区町村の従業者数と出荷額は、それぞれ愛知県全域の約 75%と 74%に達した。そのうち、特に刈谷、安城、豊田と大府などの産業集積蜜度はレベル 6 と 7 に達し、他市より高いことがうかがえる。

表 6-5　市区町村ごと密度レベル別の従業者数のクロス集計

ランク	密度レベル ＼ 市区町村	1	2	3	4	5	6	7	総計	割合
1	刈谷市						2846	43434	46280	21%
2	豊田市	1598	2698	9077	4580	13115	4782	934	36784	17%
3	安城市			831	1286	7118	14058		23293	10%
4	西尾市	1977	1226		7312	2032	2100		14647	7%
5	名古屋市中区				64	1606	8599		10269	5%
6	岡崎市	6993	640	1327					8960	4%
7	小牧市	950	7604						8554	4%
8	大府市				4756	1363	1624	566	8309	4%
9	名古屋市中村区					131	5444		5575	3%
10	額田郡幸田町		723	180	4061				4964	2%
Top 10合計		11518	12891	11415	22059	25365	39453	44934	167635	75%
その他		18451	13711	7641	2086	4825	5709	2172	54595	25%
全域総計		29969	26602	19056	24145	30190	45162	47106	222230	100%

表 6-6　市区町村ごと密度レベル別の出荷額のクロス集計

ランク	密度レベル / 市区町村	1	2	3	4	5	6	7	総計	割合
1	豊田市	5181055	8743039	29123207	14800201	50391345	11383035	4470806	124092688	17%
2	安城市			4043607	2839422	42518661	54325312		103727002	14%
3	刈谷市						8929429	63260953	72190382	10%
4	西尾市	5389335	2932842		23707059	4689546	15019090		51737872	7%
5	額田郡幸田町		5574439	539822	36234251				42348512	6%
6	岡崎市	23840109	6508313	6031576					36379998	5%
7	名古屋市中区				207502	5206993	27879784		33294279	5%
8	小牧市	3080102	24653785						27733887	4%
9	大府市				15419963	3296585	3448231	1468086	23632865	3%
10	碧南市	6787996	7146429	4151813		226211	863739		19176188	3%
Top 10合計		44278597	55558847	43890025	93208398	106329341	121848620	69199845	534313673	74%
その他		55156495	43830080	24661458	7008966	19773297	34048754	4535127	189014177	26%
全域総計		99435092	99388927	68551483	100217364	126102638	155897374	73734972	723327850	100%

6.3　道路到達圏に基づいた産業集積

カーネル密度は点分布の空間特徴だけを取り入れ、求めた密度空間である。その意味で、カーネル密度に基づいた産業集積は、工場（点）分布の空間特徴から反映された産業集積であり、産業集積の本質には触れていない。

産業集積の本質は、経済活動の空間不均衡性にある。経済規模に関する収穫逓増性や、産業知識と技術の共有や、労働力市場と生産原料の産地などは、経済活動の空間不均衡性を引き起こす主な原因である。

本節では、自動車部品産業の JIT（Just in Time）生産体制の概念を取り入れ、JIT により形成された「部品調達圏」に基づいた産業集積を検証する。

JIT 生産体制には、通常部品工場、組立工場、道路と部品の基本 4 要素が含まれるが、本稿は紙幅上の制限で、1 つの組み立て工場とその関連の部品工場、道路を構成した調達圏を取り上げる。部品工場（点）、部品工場から組立工場への道路（線）、一定時間内の到達圏（面）を通して、産業集積エリアを検証する。

6.3.1　道路データの整備

この節では、PostGIS のトポロジー拡張を使って分析を行うので、まず、PostgresSQL の pgAdmin4 を使って、拡張の Extensions に必要な postgis_topology を追加する。そうすると、スキーマ Schemas に新たな topology が現れる（図 6-21）。

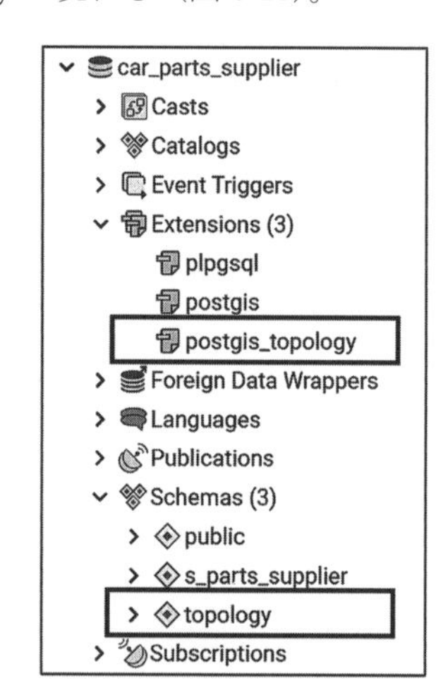

図 6-21　PostGIS トポロジーの拡張

ステップ 1：工場連結道の作成

次は、構文 6-5 と構文 6-6 を使って、部品工場と道路の「連結道」を最短直線で結び付け、stb_min_pathway と名付ける。

構文 6-5

```
1  select a.id,
   st_shortestline(a.geom, b.geom) as geom,
   st_length(st_shortestline(a.geom, b.geom)) as length
```

```
2  into s_parts_supplier.stb_all_pathway
3  from s_parts_supplier.stb_factory_aichi a,
   s_parts_supplier.stb_road b
4  order by a.id
```

構文 6-6

```
1  select a.id as factory_id, a.geom, a.length
   into s_parts_supplier.stb_min_pathway
2  from s_parts_supplier.stb_all_passway as a
3  inner join
4  (select id, min(length) as min_length
5  from s_parts_supplier.stb_all_passway
   group by id) as b
   on a.id = b.id and a.length = min_length
```

構文 6-5 と構文 6-6 の目的と構成は、前章の構文 5-13 と構文 5-14 の内容と同じなので、構文の説明は前章の内容を参照して欲しい。完成した連結道 stb_min_pathway を図 6-22 に示す。

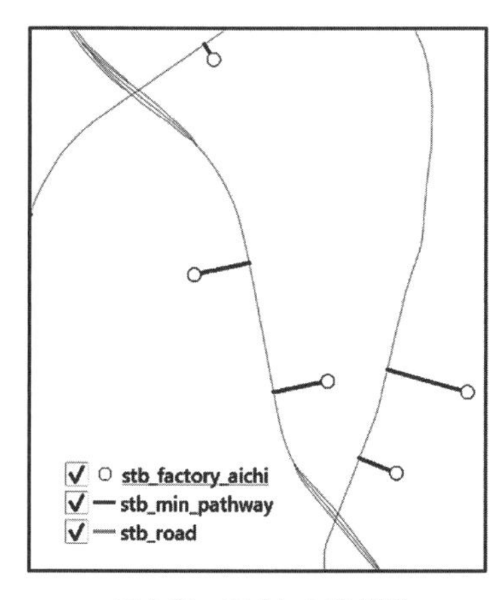

図 6-22　完成した連結道

ステップ 2：道路ネットワークデータの統合

次に、図 6-23 のように、道路 stb_road と連結道 stb_min_pathway を道路トポロジーの基礎データとして、新規テーブル stb_road_network に統合する。

図 6-18 のように［New Table］（図 6-24）を開き、stb_road_network を新規作成する。

［スキーマ］⇒ s_parts_supplier

［名前］⇒ stb_road_network

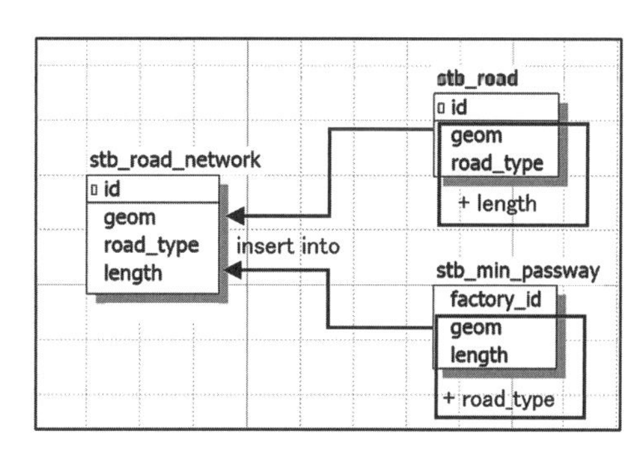

図 6-23　道路データの統合

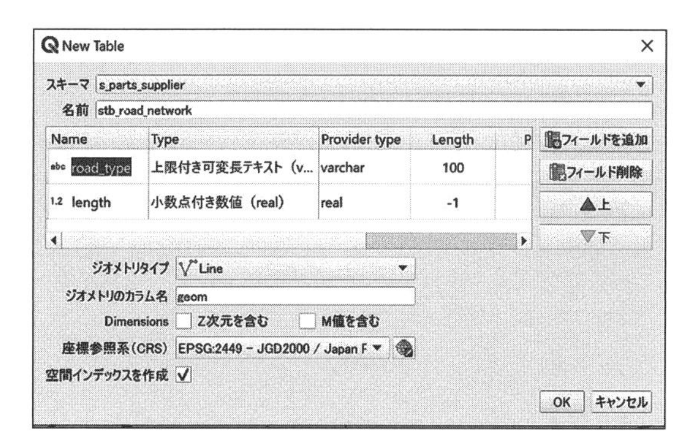

図 6-24　stb_road_network の新規作成

［フィールド追加］⇒（以下のように設定）

Name	Type	Provider type
road_type	上限付き可変長テキスト	varchr(100)
length	小数点付き数値	real

［ジオメトリタイプ］⇒ line

［ジオメトリのカラム名］⇒ geom

［座標参照系］⇒ EPSG:2449

［OK］をクリックすると、s_parts_supplier に新規の stb_road_network が確認できる。次の構文 6-7 と構文 6-8 を使い、図 6-23 に示したように、stb_road と stb_min_pathway から、データを stb_road_network に追加する。

構文 6-7

```
1  insert into s_parts_supplier.stb_road_network
   (geom, road_type, length)
2  select geom, road_type,
   st_length(geom) as length
3  from s_parts_supplier.stb_road
```

構文 6-8

```
1 insert into s_parts_supplier.stb_road_network
  (geom, road_type, length)
2 select geom, ' 連結道 ', length
3 from s_parts_supplier.stb_min_pathway
```

【構文 6-7 と構文 6-8 の説明】

すでに紹介した insert into…select from の複合構文を使って、それぞれ stb_road テーブルと stb_min_pathway テーブルから（行 3）、新規のテーブル stb_road_network に属性 geom、road_type と length の順番に合わせて、該当の値を抽出し（行 2）、stb_road_network に追加する（行 1）。図 6-25 は完成した stb_road_network の模様を示す。

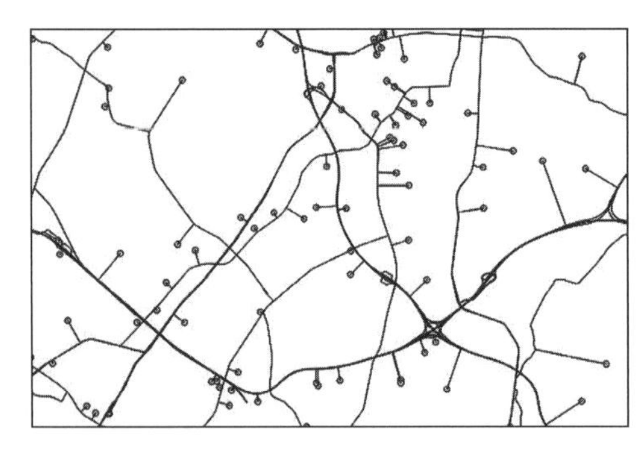

図 6-25　完成した stb_road_network

表 6-7 は道路類別ごとの走行速度を示す。次は、構文 6-9 を使って、stb_road_network テーブルに speed カラムを新規作成する。その後、構文 6-10 を使って、表 6-7 に示した走行速度値をカラム speed に格納する。

表 6-7　道路類別ごとの走行速度

道路類別	走行速度(km/h)
高速自動車国道	100
高速自動車国道（トンネル区間）	100
都市高速道路	80
都市高速道路（トンネル区間）	80
一般国道	60
一般国道（トンネル区間）	60
一般国道（有料区間）	60
主要地方道	40
主要地方道（トンネル区間）	40
主要地方道（有料区間）	40
連結道	30

構文 6-9

```
1 alter table s_parts_supplier.stb_road_network
2 add column speed integer
```

構文 6-10

```
1 update s_parts_supplier.stb_road_network
2 set speed = 100
3 where road_type like ' 高速 %'
```

図 6-26 は走行速度の値を入れた後の stb_road_network の属性テーブルを示す。

情報　テーブル　プレビュー

	id	geom	road_type	length	speed
1	2	LINESTRING	高速自動車国道	628.6609	100
2	3	LINESTRING	高速自動車国道	364.23605	100
3	1	LINESTRING	都市高速道路	204.41003	80
4	6	LINESTRING	高速自動車国道	681.0029	100
5	7	LINESTRING	高速自動車国道	635.4604	100

図 6-26　走行速度 speed 属性の追加

6.3.2　道路トポロジーの作成

ここでは、本研究に必要な道路データ stb_road_network を作成した。次は PostGIS の postgis_topology 機能を使って、道路トポロジーデータセットを作成する。

A) 道路トポロジーの実装

以下 3 つの構文を順次に実行させ、道路トポロジー

構文 6-11

```
1 select topology.CreateTopology
  ('my_road_topology', 2449,0.0028, false)
```

構文 6-12

```
1 select topology.AddTopoGeometryColumn
  ('my_road_topology', 's_parts_supplier',
  'stb_road_network', 'topogeom','line')
```

構文 6-13

```
1  update s_parts_supplier.stb_road_network
2  set topogeom = topology.toTopoGeom
   (geom,'my_road_topology', 1, 0.028)
```

を実装する。まず、構文 6-11 は my_road_topology の専用スキーマを作成し、その結果を図 6-27 の黒枠に示す。次の構文 6-12 は、stb_road_network に topology ジオメトリ用のカラム topogeom を作成する。最後の構文 6-13 はデータ移入を行う。つまり、stb_road_network のジオメトリ geom から、既存の道路立地情報を道路をつなぐ情報に変換し、それをトポロジー情報として stb_road_network の topogeom に格納すると、同時に、my_road_topology にあるポロジーデータセット edge_data と node なども更新される。図 6-28 は、edge_data と node を用いた道路トポロジー分布を示す。

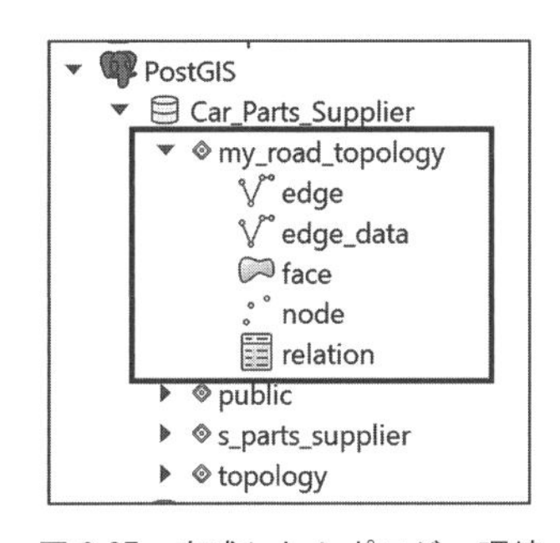

図 6-27　完成したトポロジー環境

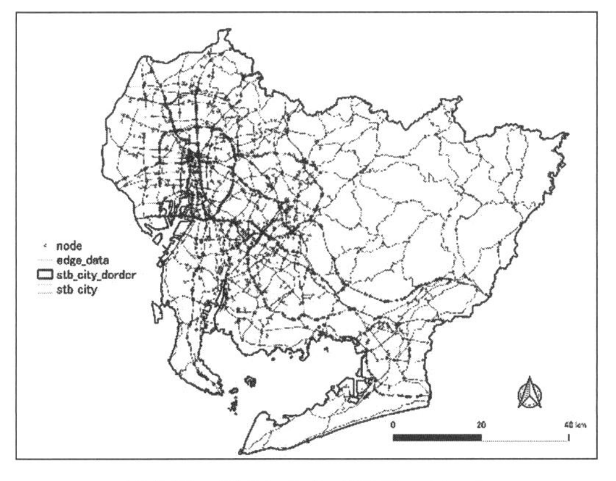

図 6-28　完成したトポロジーデータ

B)　エッジコストの実装

次の最短経路や到達範囲などの計算には、図 6-27 に示した edge_data の道路トポロジーデータセットを使用することになる。しかし、現段階において、edge_data にエッジ単位の長さや通行時間など、エッジコストと呼ばれる属性はなく（図 6-29）、追加する必要がある。

属性

#	名前	型	長さ	Null
1	edge_id	int4	4	N
2	start_node	int4	4	N
3	end_node	int4	4	N
4	next_left_edge	int4	4	N
5	abs_next_left_edge	int4	4	N
6	next_right_edge	int4	4	N
7	abs_next_right_edge	int4	4	N
8	left_face	int4	4	N
9	right_face	int4	4	N
10	geom	geometry (LineString,2449)		Y

図 6-29　edge_data の属性情報

エッジコストを実装するために、まず、既存の stb_road_network から道路の speed を対応するエッジに移入する必要がある。

データ移入の手順として、まず、エッジの中間点を求める。次に、そのエッジ中間点と道路 stb_road_network の空間参照により、道路の speed 値を取得し、それを edge_data に入れる。以下、ステップごとに操作を解説する。

ステップ 1：edge_data の中間点を求める

図 6-30 に示したように、［ツールボックス］＞［ベクタジオメトリ］＞［線上の等間隔点］の順で、図 6-31 の画面を開く。

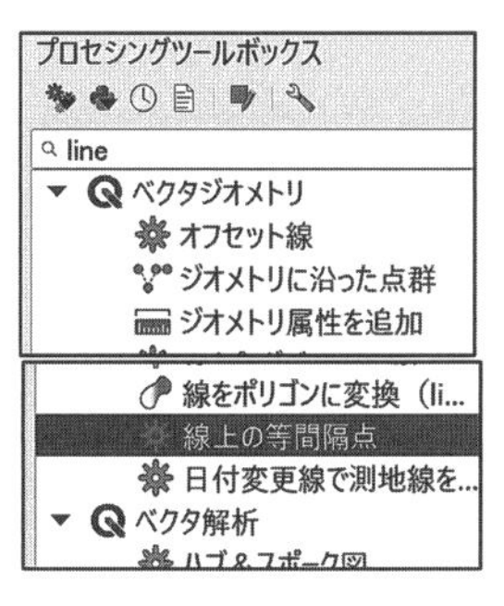

図 6-30　線上の等間隔点

まず、図 6-31 の上図のように、

［入力レイヤ］⇒ edge_data

［距離］⇒右のボタンを押し、
次に［編集］を選ぶ。

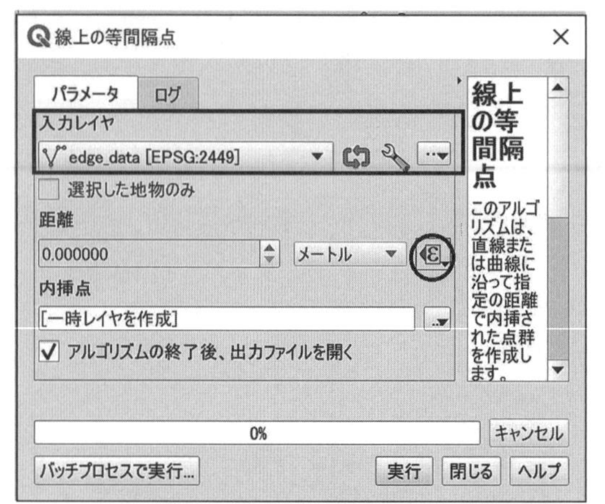

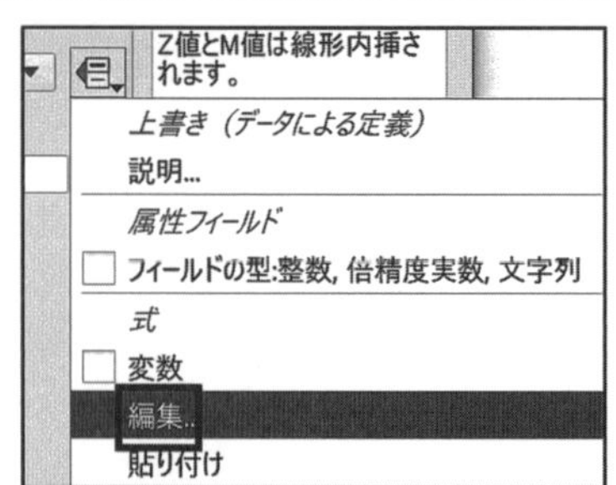

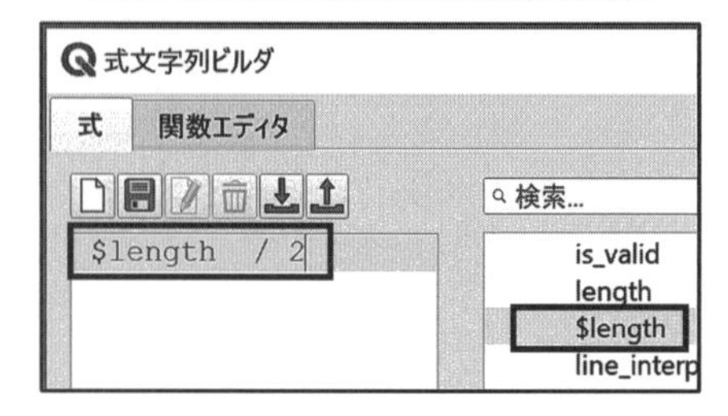

図 6-31　edge_data 上の等間隔点を求める

図 6-31 の下図のような［式文字列ビルダ］が現れ、右側の検索欄に［ジオメトリ］を選び、そこから長さ関数 $length を選択し、計算式 $length/2 を入力し、［実行］する。すると edge_data の中間点が求められるので、それを edge_middle_point と名付け、トポロジースキーマ my_road_topology に格納する。図 6-32 は求めた edge_data 中間点を示す。

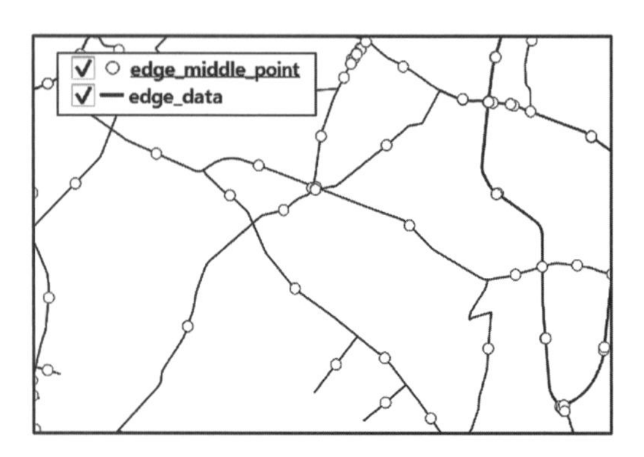

図 6-32　edge_data の中間点

ステップ 2：空間結合

構文 6-14 を用いて、edge_data のエッジデータ、edge_middle_point のエッジ中間点と stb_road_network の道路データを空間結合し、そこから得られたエッジコストの関連情報をエッジデータ edge_data_with_cost へ移入する。

構文 6-14

```
1  select distinct a.*, c.road_type, c.speed
2  into my_road_topology.edge_data_with_cost
3  from my_road_topology.edge_data a,
   my_road_topology.edge_middle_point b,
   s_parts_supplier.stb_road_network c
4  where st_within(b.geom,
   st_buffer(c.geom, 0.001))
   and a.edge_id = b.edge_id
5  order by a.edge_id
```

【構文 6-14 の説明】

エッジデータ edge_data を a に、中間点 edge_middle_point を b に、道路ネットワークのデータ stb_road_network を c に定義する（行 3）。中間点 b が道路 c の上で重なることを求めるために、道路周辺に小さい 0.001 のバッファを発生させた。条件 1 は st_within(b.geom, st_buffer(c.geom, 0.001)) であり、中間点 b が道路 c の 0.001 バッファ範囲に含まれること（行 4）。それと同時に、条件 2 はエッジ a とエッジ中間点 b が同じ edge_id を持つこと（行 4）。こうした 2 つの条件のもとで、エッジデータ a から全てのカラム、道路データ c からは road_type と speed を抽出し（行 1）、その結果を a の edge_id の順に並べ（行 5）、新規のテーブル edge_data_with_cost として書き出す（行 2）。

ステップ3：エッジの長さと走行時間の計算

最後に、下記の構文6-15～構文6-17を使って、エッジコストを実装する。

まず、構文6-15を2回実行し、それぞれreal型のlengthとminutesカラムを作成する（2回目の時、構文中のlengthをminutesに変える）。

構文6-15

```
1  alter table
   my_road_topology.edge_data_with_cost
2  add column length real
```

次の更新構文6-16と6-17を使って、lengthとminutesの値を更新する。完成したエッジコストedge_data_with_costの属性を図6-33に示す。

構文6-16

```
1  update my_road_topology.edge_data_with_cost
2  set length = st_length(geom)
```

構文6-17

```
1  update my_road_topology.edge_data_with_cost
2  set minutes = (6*length)/(100*speed)
```

属性

#	名前	型	長さ	Null
1	edge_id	int4	4	Y
2	start_node	int4	4	Y
3	end_node	int4	4	Y
4	next_left_edge	int4	4	Y
5	abs_next_left_edge	int4	4	Y
6	next_right_edge	int4	4	Y
7	abs_next_right_edge	int4	4	Y
8	left_face	int4	4	Y
9	right_face	int4	4	Y
10	geom	geometry (LineString,2449)		Y
11	road_type	varchar (100)		Y
12	speed	int4	4	Y
13	length	float4	4	Y
14	minutes	float4	4	Y

図6-33　追加したedge_dataのコスト属性

6.3.3　道路到達圏による産業集積の推計

この章の最後の節として、QGISのネットワーク解析とedge_data_with_costのトポロジーデータを用いて、道路到達圏の解析で自動車部品の調達圏に基づいた産業集積を分析する。

A）最短経路の到達時間

まず、各々の部品工場から組立工場までの最速経路を求める。愛知県には複数の自動車組立工場が存在するが、ここでは、その中の1つだけを取り上げ、その解析方法を解説する。

［ツールボックス］＞［ネットワーク解析］＞［最短経路(指定始点から終点レイヤ)］の順に選択し(図6-34)、次の図6-35のようにパラメータを設定する。

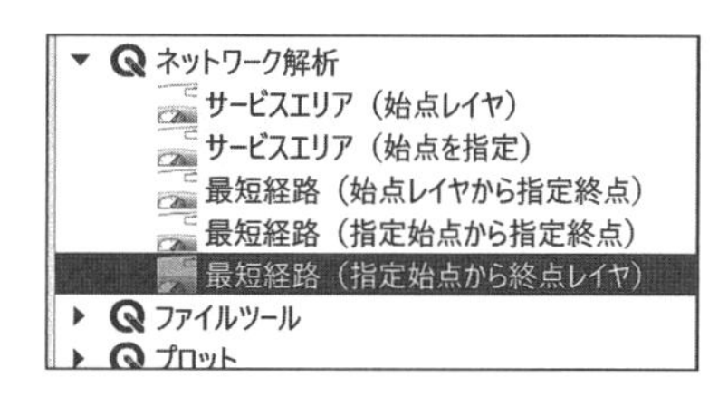

図6-34　最短経路の推計

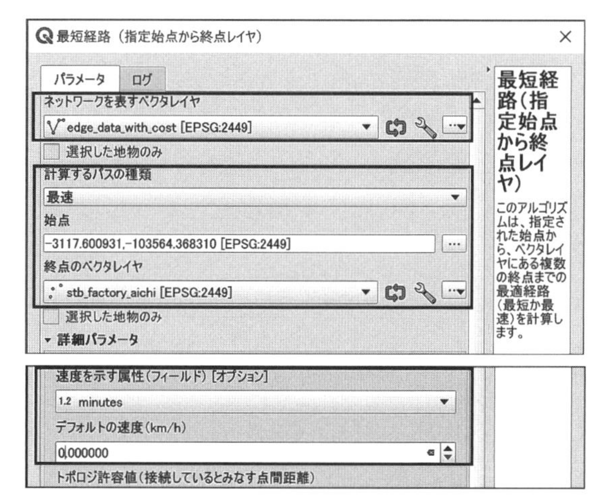

図6-35　最速経路の時間推計

［ネットワークを表すベクタレイヤ］⇒
edge_data_with_cost

［計算するパスの種類］⇒最速

［始点］⇒マウスで「元町工場」のポイントを選択

［終点ベクタレイヤ］⇒stb_factory_aichi

［速度を示す属性（フィールド）］⇒minutes

［ディフォルト速度］⇒0.0

［実行］⇒クリックする。

部品工場ごとの最速経路が現れ、それをstb_shortest_arrival_lineと名付け、データベースに格納する。

図6-36は、部品工場ごとの最速経路と属性を示す。ここで、属性表の最後のフィールドcostは組

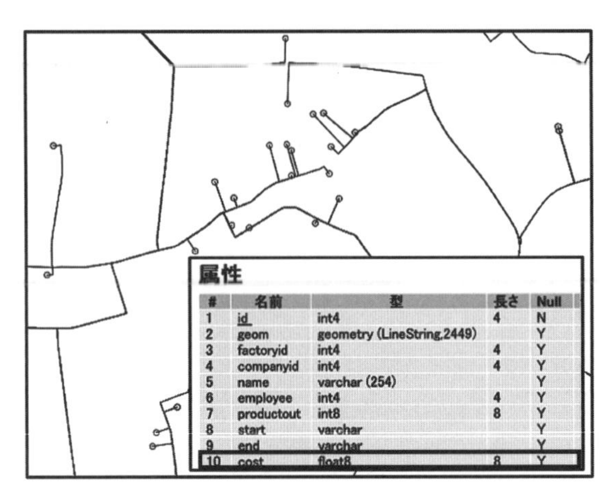

属性

#	名前	型	長さ	Null
1	id	int4	4	N
2	geom	geometry (LineString,2449)		Y
3	factoryid	int4	4	Y
4	companyid	int4	4	Y
5	name	varchar (254)		Y
6	employee	int4	4	Y
7	productout	int8	8	Y
8	start	varchar		Y
9	end	varchar		Y
10	cost	float8	8	Y

図 6-36　最速経路時間推計の結果

立工場までの最速時間（分）を記述している。

次は、構文 6-18 を使って、最速経路の stb_shortest_arrival_line から求めた時間 cost を、部品工場 stb_factory_aichi の属性として選択し、その結果を stb_factory_with_minutes と名付け、データベースへ格納する。

構文 6-18

```
1  select a.*, b.cost as minutes
2  into s_parts_supplier.stb_factory_with_minutes
3  from s_parts_supplier.stb_factory_aichi a,
   s_parts_supplier.stb_shortest_arrival_line b
4  where a.id = b.id
```

表 6-8 は、stb_factory_with_minutes の集計結果であり、到達圏ごとの工場数が産業集積の指標として求められた。また、図 6-37 は各々の部品工場の到達時間に基づいた産業集積の状態を可視化した。

表 6-8　到達圏ごとの工場数

到達圏（分）	工場数	割合
10	34	5%
20	156	22%
30	266	37%
40	193	27%
50	74	10%
合計	423	100%

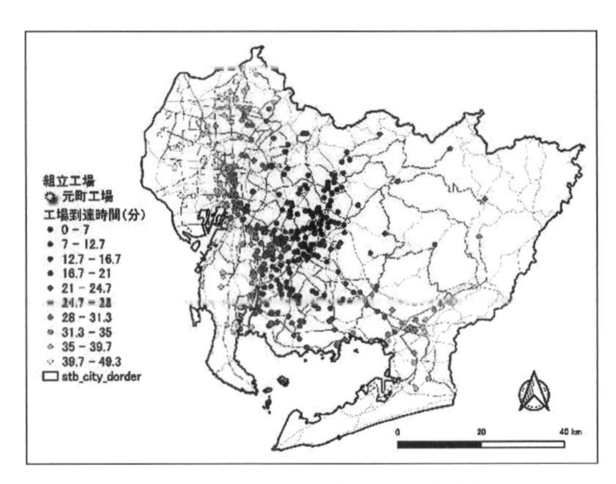

図 6-37　到達時間に基づいた産業集積

B）到達圏の可視化

次は、stb_shortest_arrival_line の結果を用いて、到達時間に基づいた到達圏ポリゴンの求め方を以下のステップで解説する。

ステップ 1：時間内の最短経路の抽出

テーブル stb_shortest_arrival_line の属性表を開き、図 6-38 のように［フォームによる地物選択］をクリックし、［cost1］⇒ 20、右側の選択時の演算子［以下 (<=)］をチェックし、次に［地物を選択］をクリックする。

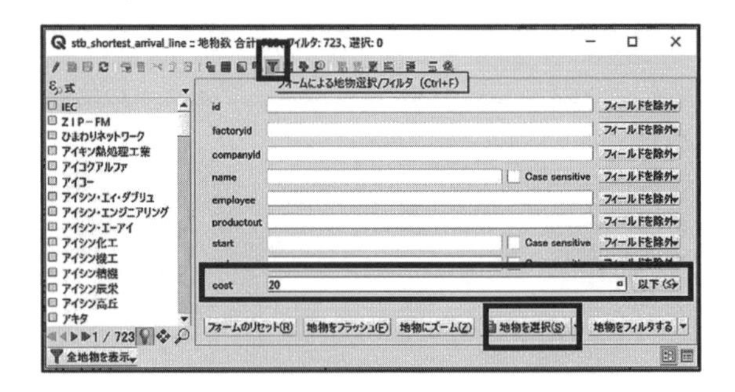

図 6-38　到達時間 20 分以内の最短経路抽出

ステップ 2：最短経路を含む凸包の作成

図 6-39 のように、［ツールボックス］＞［ベクタジオメトリ］＞［凸包（convex hull）］の順で選択すると、図 6-40 の画面が開くので、以下のようにパラメータを設置する。

［入力レイヤ］⇒ stb_shortest_arrival_line

［選択した地物のみ］⇒チェック入れる

［実行］⇒クリックする

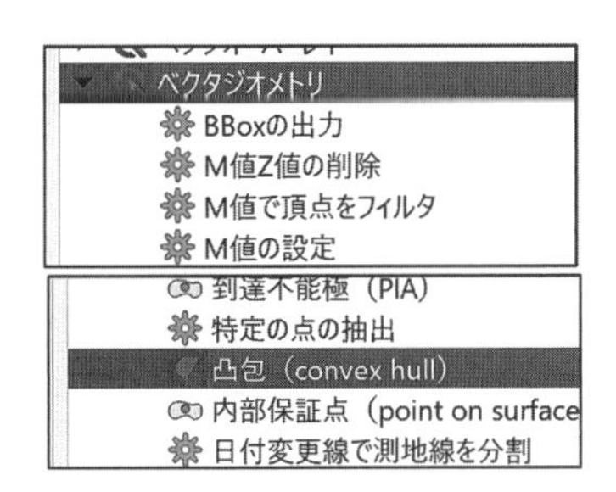

図 6-39　凸包の使用

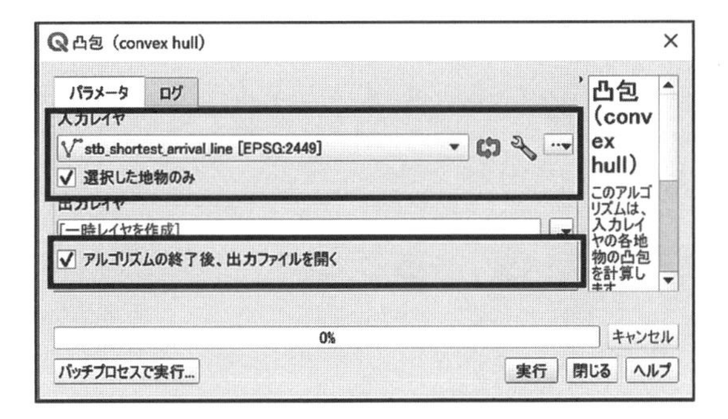

図 6-40　凸包ポリゴンの作成

図 6-41　20 分の到達圏範囲

すると、図 6-41 の中間結果［出力レイヤ］が得られる。

次は、［ベクタ］＞［空間演算ツール］＞［融合(dissolve)］の順で融合ツールを開き、図 6-41 で示した［出力レイヤ］を融合すると、図 6-42 の結果が得られる。同じ作業を繰り返し行い、それぞれ 10 分、20 分、30 分と 40 分の結果を得る。

図 6-42　20 分の到達圏の融合

最後に、［ツールボックス］＞［ベクタ一般］＞［ベクタレイヤのマージ］ツールを使って、4 つの中間結果レイヤをまとめ、stb_arrial_area の名前でデータベースに格納する。図 6-43 は求めた stb_arrial_area の属性表を示す。

情報　テーブル　プレビュー　クエリ(Car_Parts_Supplier)

	id	geom	cost	layer
1	1	MULTIPOLYGON	8.665218844501...	出力レイヤ10
2	2	MULTIPOLYGON	13.66571638543...	出力レイヤ20
3	3	MULTIPOLYGON	22.66661724210...	出力レイヤ30
4	4	MULTIPOLYGON	34.83418782353...	出力レイヤ40

図 6-43　4 つの到達圏のまとめ

ステップ 3：差分処理（重なる部分を取り除く）

まとめた到達圏 stb_arrial_area の 4 つのポリゴンは、前節のカーネル密度レベルごとのポリゴンと同じように重なっている。ここでは、もう一度本章の 6.2.2 の【ステップ 4：ポリゴンの差分処理】を復習し、同じ手順で到達圏の差分処理を行う。その際、差分結果の保存先は stb_arrival_area_minutes と名付け、差分処理の構文は構文 6-19 を使用する。図 6-44 は到達圏に基づいた産業集積エリアを示す。

構文 6-19

```
1  insert into s_parts_supplier.stb_arrival_area_minutes(geom, minutes)
2  select st_multi(st_difference(a.geom,b.geom)) as geom, 40
3  from s_parts_supplier.stb_arrial_area a,
   s_parts_supplier.stb_arrial_area b
4  where a.id = 4 and b.id = 3
```

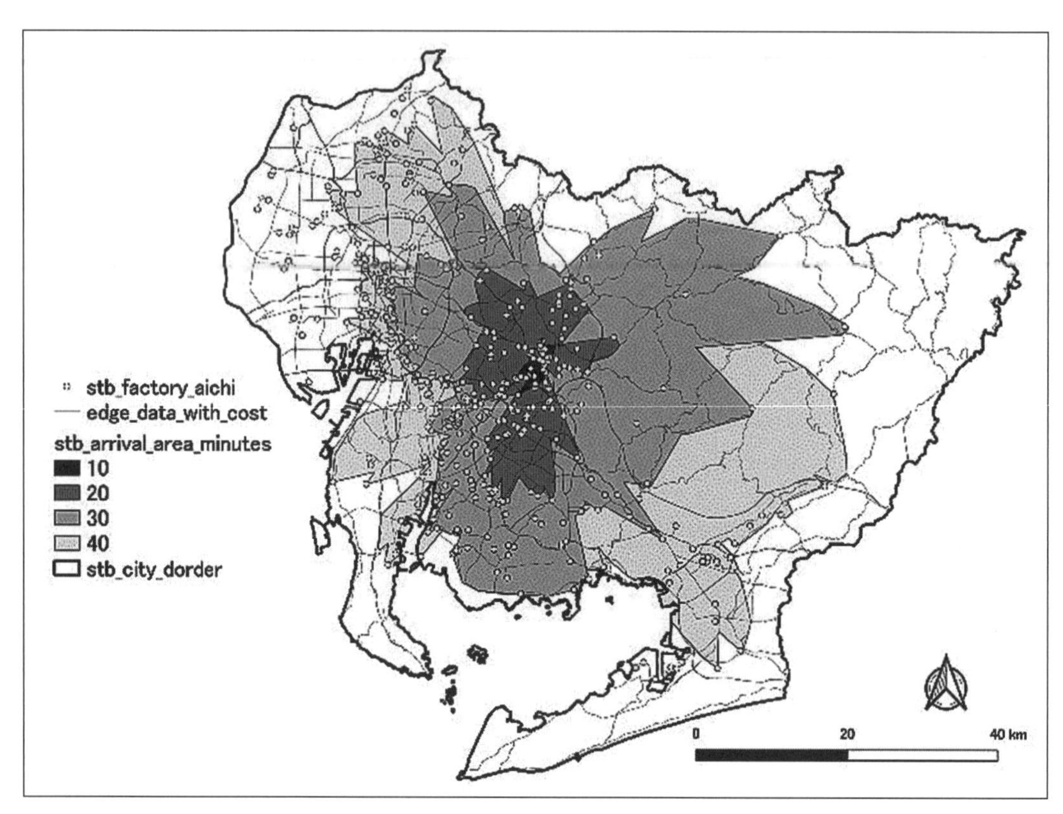

図 6-44　到達圏に基づいた産業集積エリア

6.4　まとめ

本章は、企業の点分布と部品の調達圏、2つの視点で自動車部品産業の産業集積を分析した。

まず、企業の分布を単純に空間上の点分布と見なし、点分布のカーネル密度分析手法を用いた産業集積の解析を行った。

カーネル密度の分析結果はラスタデータ形式で得られるので、対象点の密度分布を写真描画のように緻密に表現できる。

優れた可視化機能に比べ、カーネル密度の数値解析にはやや工夫が必要になる。本章は、ラスタデータの解析に慣れていないユーザに対し、密度等高線の抽出とポリゴン変換の手法を紹介した。その結果、これまで馴染んできたベクタデータの空間解析方法を利用しての産業集積の数値分析が可能になった。

次に、「部品調達圏」の視点で、つまり、産業集積のメカニズムから、集積区域の分析を試みた。部品メーカーから完成車メーカーまで、部品の調達圏に産業が集積しており、その現象をPostGISの道路トポロジーデータを用いて、産業集積区域の性質を分析し、可視化した。

現実世界において、産業集積に限らず、様々な集積現象が存在している。今後集積現象を解析する場合に、本章で紹介した分析手法の活用が期待される。

【産　業】
第７章

自動車部品産業の系列とサプライチェーンの可視化

KEYWORDS

研究内容	自動車部品メーカーの系列構造、サプライチェーン、ソーシャルネットワークを用いた系列の可視化、ジオメトリネットワークを用いたサプライチェーンの可視化
システム環境	PostgreSQL12、PostGIS3.0、QGIS3.16、R4.1.1、RStudio1.4.1717
主なデータ	自動車部品メーカーと工場の個票データ、系列関連データ、部品調達調査票データ、全国の道路データ（高速道路、国道と県道）など
分析手法	pgAdmin4 と DB マネジャーによるデータベース構築、RPostgreSQL と igraph のパッケージを用いた R ソーシャルネットワーク構築、PostGIS Topology を用いたジオネットワーク構築

7.1　はじめに

1 台の自動車には約 3 万点の部品があり、通常、この 3 万点の部品は自動車完成車メーカー（以下、「完成車メーカー」という）と下請けの部品メーカーの協力で生産される。ここで、部品メーカーは、部品の「供給者」としてサプライヤー（supplier）と呼び、部品のサプライヤーから完成車メーカーへの「供給連鎖」をサプライチェーン（supply chain）と呼ぶ。

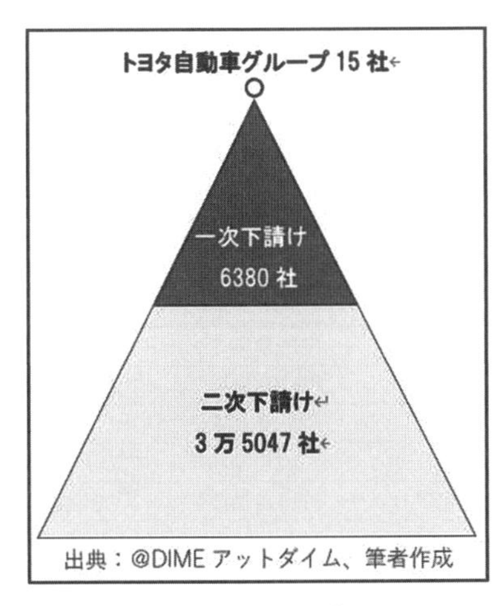

図 7-1　トヨタ自動車グループと下請け企業

完成車メーカーの部品生産率は「内製率」と呼ばれる。欧米の完成車メーカーと比べ、日本完成車メーカーの部品内製率は非常に低い。つまり、日本の車づくりは、完成車メーカーを中心に多くの部品メーカーの集結により成り立っている。図 7-1 は完成車メーカー大手のトヨタグループと下請けの部品メーカーで形成された「ピラミッド型」の組織構造のイメージを示す。従って、自動車産業の広い裾野のゆえに、多くの雇用を生み出し、地域の経済を支えてきた。

7.1.1　研究背景

近年、自動車部品の生産と調達は日本国内に限らず、その活動は世界規模で広がり、部品サプライチェーンの範囲は拡大しつつある。

他方、近年の巨大地震や大型台風などの自然災害、感染症のパンデミック（世界的大流行）や貿易戦争などの要因により、サプライチェーンにおける地政学のリスク管理が大きな課題として注目されている。

本章は、サプライチェーンにおける組織的、かつ地理空間的な情報の可視化を取り上げ、サプライチェーンのリスク管理に必要不可欠な情報処理と情報可視化の手法を解説する。

7.1.2 研究手法と主なデータ

本稿は、トヨタグループを対象に、①完成車メーカーと部品メーカーの系列関係の可視化、②部品メーカーの工場から完成車メーカーまでの部品調達ルートの可視化を目標にし、その手法を紹介する。

具体的に、目標①は、Rのソーシャルネットワークの手法を用いて、トヨタグループの協力会を通して、自動車部品メーカーの「系列」関係を可視化する。次の目標②は、道路のトポロジーデータを作成し、実際に部品生産の工場から完成車メーカーまで、道路に沿った部品調達のネットワークをGIS上に可視化する。

表7-1には本章で使用するデータを示す。自動車部品メーカーに関わるデータ（表7-1のNo.3～No.10）は、株式会社アイアールシーが出版した「トヨタ自動車グループの実態2006年版」と「自動車部品200品目の生産流通調査2018年」のテキスト資料に基づき、筆者が自作したデータセットを利用する。一方、全国の道路データは、国土数値情報サイトの高速道路データと株式会社ゼンリンからの国道と県道データを使い、道路中心線のデータセットを作成した。

7.1.3 主な内容

図7-2は本章の主な内容を示す。

第7章2節は、PostgreSQL、RとRStudioを用いて、Rプログラミングで自動車部品メーカー協力会の組織構造をソーシャルネットワークで表現する。第7章3節は、PostGISと道路トポロジーを用いて、協力会の部品サプライチェーンを可視化する。

7.2 部品メーカー協力会構造の可視化
- 7.2.1 データベース環境の整備
- 7.2.2 データ作成
- 7.2.3 ソーシャルネットワークの構築と可視化
- 7.2.4 ジオメトリネットワークの構築と可視化

7.3 協力会サプライチェーンの可視化
- 7.3.1 データベース環境の拡張整備
- 7.3.2 道路基礎データの作成
- 7.3.3 ネットワークのトポロジーの構築
- 7.3.4 道路トポロジーに基づいたサプライチェーンの可視化

7.4 まとめ

図7-2 主な内容

7.2 部品メーカー協力会構造の可視化

トヨタ関連の部品メーカー協力会は、トヨタグループをはじめ、中核的な部品メーカーが主催する部品メーカーの研究部会のことを指し、部品の品質向上と供給安定を目的とし、長い歳月にわたって活動をしてきた。通常、協力は、研究会や懇親会を通して、トヨタのモノづくりの理念と考え方を部品メーカーに伝え、部品メーカー同士は生産技術を共有している。つまり、協力会は、トヨタ関連の下請けメーカーのコミュニティであり、一般的に「系列」

表7-1 データ一覧表

No	データ名	データ形式	用途	出所
1	stb_basemap.shp	shape file	全国都道府県ベースマップ	e-stat
2	stb_national_road	shape file	全国高速道路、国道と県道	自作、国土数値情報とゼンリンから抽出
3	stb_company	shape file	トヨタ関連自動車部品メーカ	自作、アイアールシー、トヨタ自動車グループの実態 2006年版
4	tb_group	csv file	系列一覧	自作、アイアールシー、トヨタ自動車グループの実態 2006年版
5	tb_wk_group	csv file	系列部会の一覧	自作、アイアールシー、トヨタ自動車グループの実態 2006年版
6	tb_company_group	csv file	部品メーカーと系列部会の関連	自作、アイアールシー、トヨタ自動車グループの実態 2006年版
7	stb_factory	shape file	トヨタ関連自動車部品メーカの関連工場	自作、アイアールシー、トヨタ自動車グループの実態 2006年版
8	tb_parts_supply	csv file	トヨタ関連自動車部品の生産流通調査結果	自作、アイアールシー、自動車部品200品目の生産流通調査2018
9	tb_parts	csv file	自動車部品名一覧	自作、アイアールシー、自動車部品200品目の生産流通調査2018
10	tb_parts_type	csv file	自動車部品の類別	自作、アイアールシー、自動車部品200品目の生産流通調査2018

と呼ばれている。

本稿は、「トヨタ自動車グループの実態 2006」からトヨタ関連の 14 の協力会に属する 25 の研究部会に加入している 405 の企業のデータを用いて、協力会の組織構造の可視化方法を紹介する。

7.2.1　データベース環境の整備

この節では、協力会構造の可視化に必要なデータベース環境を作成する。表 7-2 にはデータベース仕様を示し、それに従って、データベース環境を構築する。

まず、図 7-3 に示したデータベース環境を構築する。手順として、①データベースを新規作成し、②空間拡張を行い、③新規スキーマを作成する【☞ 7.2「空間データベース構築」】。

- Database Name > car_parts_suppliers_2
- Extensions > postgis
- Schemas > s_auto_parts_association

次は、QGIS ブラウザの PostGIS 接続にデータベース car_parts_suppliers_2 を接続する。続けて、QGIS の DB マネジャーを開き、スキーマ s_auto_parts_association に表 7-1 中の No.1 ～ No.6 のデータをインポートする（図 7-4）【☞ 7.3「データインポート」】。

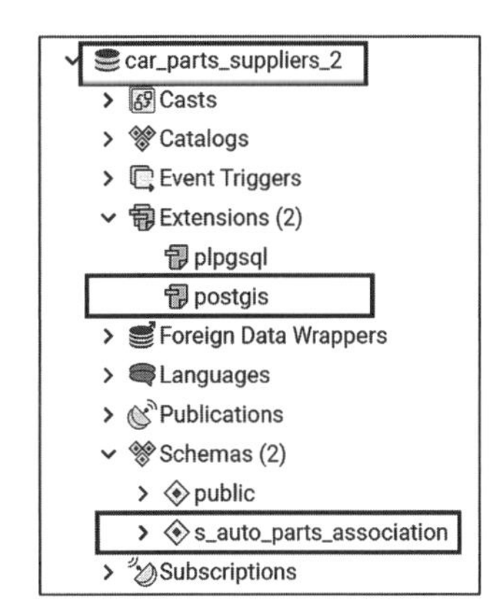

図 7-3　データベース環境

最後に、表 7-2 の Data Type と Constraint（制約）の仕様に従って、データ構造の実装を行う【☞ 7.4「データ構造の実装」】。

図 7-5 はデータベース ER 図を用いて系列のデータ構造を示す。系列のデータ構造は、3 つの実体

表 7-2　データベース仕様（その 1）

No	Table Name	Field	Data Type	Description	Constraint	
1	stb_basemap	**id**	int4		主キー	
		geom	geometry(polygon)			
		key_code	varchar	都道府県コード		
		ken_name	varchar	都道府県名		
2	stb_national_road	**id**	int4		主キー	
		geom	geometry(line)			
		road_type	int4	道路類別コード:高速=1、国道=2、県道=3		
3	stb_company	**company_id**	int4	部品メーカーID	主キー	①
		geom	geometry(point)			
		company	varchar	部品メーカー名		
		capital	float8	資本金		
		cmployee	float8	従業員数		
4	tb_group	**group_id**	int4	系列ID	主キー	②
		group	varchar	系列名		
		main_company_id	int4	系列親会社のID	外部キー	to ①
5	tb_wk_group	**wk_group_id**	int4	系列部会ID	主キー	③
		wk_group	varchar	系列部会名		
		group_id	int4	系列ID	外部キー	to ②
6	tb_company_group	**id**	int4	協力会の所属ID	主キー	
		company_id	int4	部品メーカーID	外部キー	to ①
		wk_group_id	int4	系列部会ID	外部キー	to ③

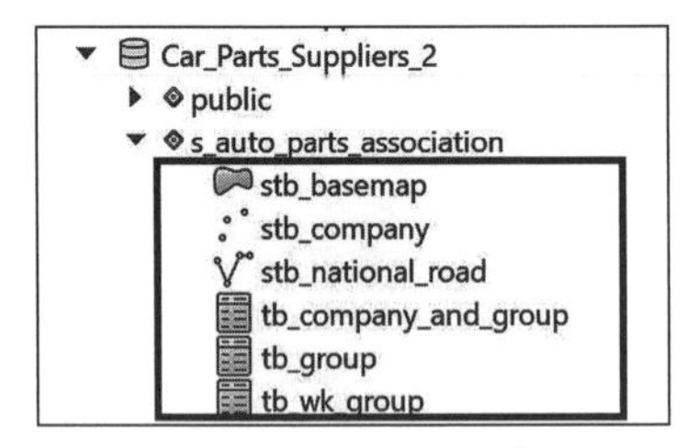

図 7-4　DB マネジャーを用いたデータインポート

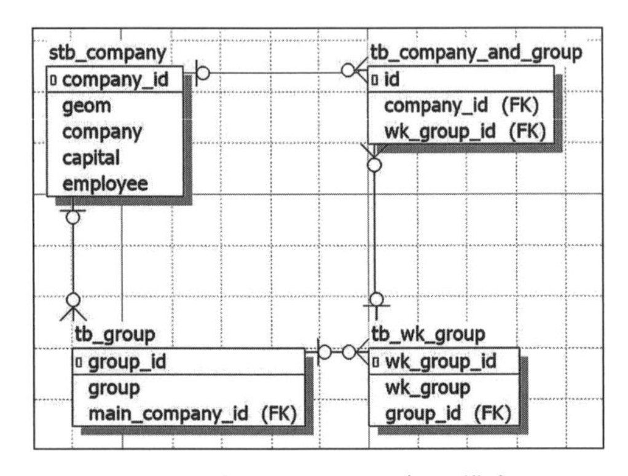

図 7-5　部品メーカーのデータ構造

データと 1 つの事象データで構成される。実体として、協力会 tb_group、研究部会 tb_wk_group と部品メーカー stb_company がある。どのメーカーがどっちの研究部会に参加しているかは、事象データの tb_company_and_group に記述される。図 7-5 の ER 図に示したように、1 つのメーカーが複数の研究部会に加入できるし、また 1 つの研究部会には複数のメーカーが集まれる。つまりメーカーと研究部会は多対多の関係が成り立っている。

7.2.2　データ作成

ソーシャルネットワークを用いて、協力会の組織構造を可視化するために、図 7-5 のデータベース構造から、R ネットワーク用のノードとリンクのデータを抽出する必要がある。

ネットワークのリンクとは、図 7-5 に示した部品メーカー（stb_company）の id と協力会（tb_group）の主催会社 main_company_id の間の直線を指す。図 7-6 はリンクデータの属性テーブルを示し、構文 7-1 にはリンクデータ作成の SQL 構文を示す。一方、図 7-7 はネットワークノードの属性を示し、図 7-5 にある stb_company のみならず、tb_group の main_company_id も含め、すべての会社の一覧表になっている。構文 7-2 と構文 7-3 はネットワークノード作成の SQL 構文を示す。

情報 | テーブル | プレビュー

	company_id	main_company_id	group_id	group_name
1	1	880	1	協豊会
2	4	880	1	協豊会
3	4	26	9	トヨタ車体･車体協和会
4	4	880	2	栄豊会

図 7-6 ネットワークリンクの属性

情報 | テーブル | プレビュー

	company_id	company
1	1	トヨタ紡織
2	4	アイシン精機
3	6	ダイハツ工業

図 7-7 ネットワークノードの属性

実際に QGIS の DB マネジャーを開き、SQL ウィンドウズを用いて、SQL 構文 7-1 ～構文 7-3 を書き、ネットワークリンクとノードを作成する【☞ 7.5「空間解析」】。

構文 7-1

```
1  select a.company_id, c.main_company_id, c.group_id, c.group as group_name
2  into s_auto_parts_association.tb_social_net_link
3  from s_auto_parts_association.tb_company_and_group a,
   s_auto_parts_association.tb_wk_group b,
   s_auto_parts_association.tb_group c
4  where a.wk_group_id = b.wk_group_id and b.group_id = c.group_id
5  order by a.company_id
```

構文 7-2

```
1  select distinct a.company_id, b.company
2  into s_auto_parts_association.tb_social_net_node
3  from s_auto_parts_association.tb_company_and_group a,
   s_auto_parts_association.stb_company b
4  where a.company_id = b.company_id
5  order by a.company_id
```

構文 7-3

```
1  insert into s_auto_parts_association.tb_social_net_node(company_id, company)
2  select distinct a.main_company_id as company_id, b.company
3  from s_auto_parts_association.tb_social_net_link a,
   s_auto_parts_association.stb_company b
4  where a.main_company_id = b.company_id
   and a.main_company_id not in
5  (select company_id from s_auto_parts_association.tb_social_net_node)
```

【構文 7-1 の解説】

3つのテーブル tb_company_and_group、tb_wk_group と tb_group をそれぞれ a、b と c に定義する（行 3)。a と b の wk_group_id、並びに b と c の group_id が一致する条件のもとで（行 4)、a からは company_id、c からは main_company_id、group_id と group を抽出する。ここにある group というフィールド名は、統計ソフト R の専用語であるため、別名 group_name に書き換える（行 1)。その結果を company_id の順番に（行 5）並び替え、ネットワークリンクとして tb_social_net_link の名前で書き出す（行 2)。

【構文 7-2 の解説】

テーブル tb_company_and_group を a に、テーブル stb_company を b とする（行 3)。両テーブルの company_id が一致する場合（行 4)、a から company_id を重複せずに（distinct）抽出し、b からは対応する会社名 company を抽出する（行 1)。その結果を a の company_id の順に並べ（行 5)、ネットワークノードデータとして、tb_socal_net_node と名付けて書き出す（行 2)。

【構文 7-3 の解説】

構文7-2では、tb_company_and_group から部品メーカーに関する情報（company_id）を抽出したが、協力会の main_company_id の情報はまだ抽出していない。ここでは、構文 7-1 で作成した tb_social_net_link から対象の main_company_id を抽出し、また、対応の会社名を tb_company から選び、その結果を構文 7-2 で作成した tb_social_net_node に追加する。

構文7-3は insert into … from の複合構造になって、やや複雑にみえる。まず、第 1 行目はデータ追加の基本構文として、テーブル tb_social_net_node のフィールド company_id と company にデータを追加する。追加するデータの値は、行 2 以降の select 構文で決める。

テーブル tb_social_net_link を a に、テーブル stb_company を b にする（行 3)。一定の条件のもとで（行 4 と行 5)、a からは異なる（distinct）main_company_id を抽出し、それを追加先のフィールド名に合わせるために、company_id に書き換える（行 2)。同時に、stb_company から対応する会社名 company を抽出する。

最後に条件（行 4 と行 5）の複合構造を解説する。ここでは 2 つの条件が課せられている。1 つ目は、

a の main_company_id と b の company_id が一致すること（行 4）。2 つ目は、抽出した main_company_id が、現時点でテーブル tb_social_net_node に含まれていないこと（not in）。それが複合構文の select …文（行 5）で実現される。

構文 7-2 と構文 7-3 を実行すると、図 7-6 に示した部品メーカー（stb_company）と協力会の主催者メーカー（main_company_id）を漏れなく、かつ重複せずに、出力テーブル tb_social_net_node にまとめることができる。

次は、ここで求めたネットワークリンクとノートデータを使って、ソーシャルネットワークを構築する。

7.2.3 ソーシャルネットワークの構築と可視化

この節では、オープンソースの統計ソフト R と RStudio を利用したソーシャルネットワークの構築と可視化の方法を紹介する。本節では、事例紹介の程度で解説を行い、R に関する詳細については、参考書を確認してほしい。次は以下の 6 つのプロセスを踏まえ、手法を解説する。

ステップ 1：R の統合分析環境の整備

R とは、統計解析向けのプログラミング言語及びその開発実行環境であり、「R 言語」とも呼ばれる。R はニュージーランドのオークランド大学の Ross Ihaka と Robert Clifford Gentleman 氏らにより作られ、オープンソースとして広く使われている。RStudio は R の統合開発環境であり、Windows 上での R プログラミングやグラフィック可視化の環境が備わっている。

作業として、まず R と RStudio をダウンロードし、その後 R と RStudio の順にインストールを行う。

Rダウンロードの公式サイト https://cran.r-project.org/mirrors.html にアクセスし、最新バージョンのインストーラをダウンロードする。筆者は 2021 年 8 月の時点で R4.1.1 を使用した。一方、RStudio は公式サイトの https://www.rstudio.com/products/rstudio/download/ からダウンロードできるが、筆者は現時点（2021 年 8 月）で RStudio1.4.1717 を利用している。

インストール作業において、特別に注意を払う必要はなく、ソフト画面指示の通りに作業を進める。必ず、R のインストール⇒ RStudio のインストールの順番を守るようにする。

ステップ 2: 新規プロジェクトの作成

これからの作業において、ユーザーは R の環境を意識せずに、直接 RStudio の環境だけを利用し、作業を進める。

RStudio を開き、［File］＞［New Project］＞［New Directory］＞［New Project］の順にクリックすると、図 7-8 の［New Project Wizard］が開かれる。ここでは、以下のように 2 つの項目を指定する。

［Directory Name］＞ car_parts_association

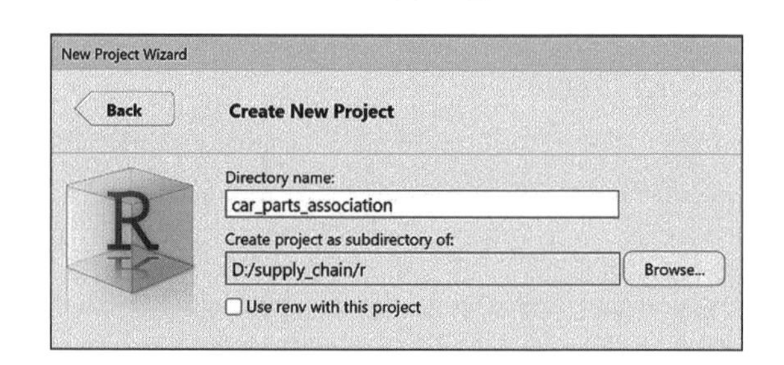

図 7-8　R Project の新規作成

［Create project as subdirectory of］＞プロジェクトの保存フォルダをユーザー自ら指定する。

最後に［Create Project］ボタンをクリックし、新規 R プロジェクトは完成する。

つまり、car_parts_association は R プロジェクト名であり、自分の PC 上の R プロジェクトに関係するデータの保存フォルダ名にもなっている。

次は、R プログラミングのために、R Script ファイルを新規作成する。

ステップ 3：R Script の作成

R のデータ処理は 2 つの形態がある。1 つは、キーボードから「Console」の入力画面を通して R へ逐次に命令を入力し、実行する方法である。もう 1 つは、複数の命令を、「R Script」と呼ばれるテキストベースのファイルにまとめて記述し、R の一括処理

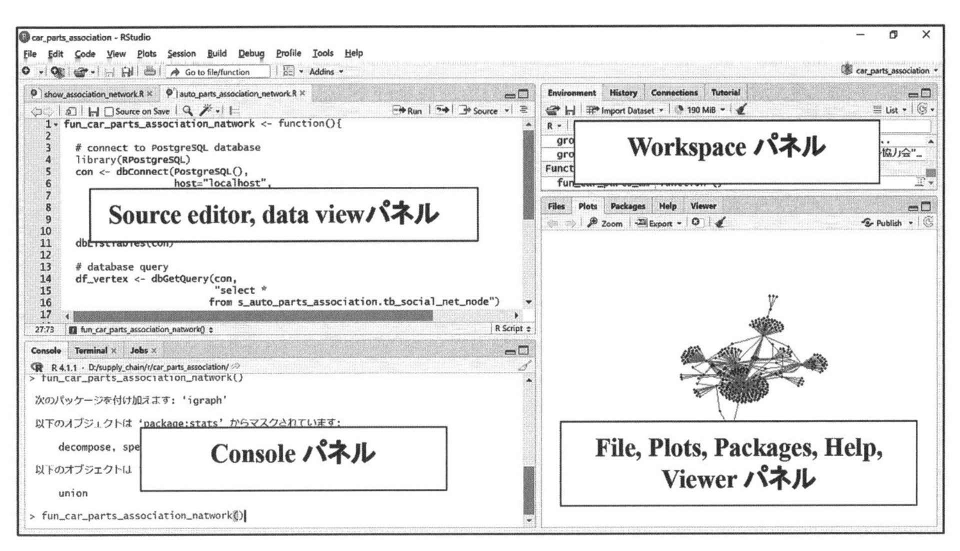

図 7-9　RStudio の作業画面

を実行する方法である。通常、後者は R プログラミングと呼ぶ。「Script」は本来「脚本」と訳され、ここではプログラミングのコードと解釈される。

本研究においては、データベースアクセス、ネットワークの構築とグラフ作成など一連の複雑な操作が含まれるので、後者の R Script の方法を採用する。

［File］＞［New File］＞［Script］の順に選択すると R コードの記述画面が現れ、ここで R プログラミングが行われる。本稿は aoto_parts_association_network.R の名前で script を保存するが、保存する際に拡張子 R は自動的につけられる。

図 7-9 は RStudio の操作画面を示す。R Script は「Source editor パネル」の中に記述し、「Console パネル」で実行され、結果グラフは「Plots パネル」に表示される。

ステップ 4：パッケージのインストール

R は外部からのパッケージをインストールすることにより、機能が拡張がされる仕組みになっている。このパッケージは、RStudio チームをはじめ、世界各国の研究者たちや、オープンソースの開発者たちが独自に開発し、CRAN（The Comprehensive R Archive Network）を通して配布されている。

本研究には、PostgreSQL データベースとの接続とソーシャルネットワークの構築、2 つのミッションを遂行するために、それぞれ RPostgreSQL と iGraph、2 つのパッケージのインストールが必要である。R プロジェクトを立ち上げ、「Console パネル」に必要なパッケージを以下のようにインストールする。

ステップ 5：データベースとの接続

```
> install.packages(“RPostgreSQL”)
> install.packages(“iGraph”)
```

次の R Script 構文 7-1 には、本研究のソーシャルネットワークの構築と可視化に関する R の全コードを示す。

R 関数 function() を使って、一連の R 操作は関数 fun_car_parts_association_network でまとめる（行 1）。関数の範囲は 1 行から最後の 25 行まで、括弧 {} の中に含まれる。また、冒頭の # 記号からはじまる行は、コメントとして、実際には実行されない。

まず、R Script 構文 7-1 の行 1 から行 18 まで、PostgreSQL データベースの接続に関する部分を解説する。

行 3 の library(RPostgreSQL) 文で、すでにインストールしたパッケージ RPostgreSQL を呼び出す。

次の行 4 から行 9 までは、データベース接続関数 dbConnect () 使ってデータベースと接続する。接続関数の中には、詳細な接続文字列が記載され、そ

R Script 構文 7-1

```
1  fun_car_parts_association_network <- function(){

2  # connect to PostgreSQL database
3  library(RPostgreSQL)
4  con <- dbConnect(PostgreSQL(),
5  host="localhost",
6  port=5432,
7  dbname="car_parts_suppliers_2",
8  user="postgres",
9  password="○○○○○")
10 dbListTables(con)

11 # database query
12 df_vertex <- dbGetQuery(con,
13 "select *
14 from s_auto_parts_association.tb_social_net_node")
15 df_edge <- dbGetQuery(con,
16 "select company_id as from, main_company_id as to, group_name
17 from s_auto_parts_association.tb_social_net_link")
18 dbDisconnect(con)

19 # create social network
20 library(igraph)
21 net <- graph_from_data_frame(d=df_edge, vertices=df_vertex, directed=F)

22 # plot(net)
23 set.seed(3)
24 igraph.options(layout=layout_with_kk, vertex.size = 3, vertex.label=NA)
25 plot(net)
```

の情報を変数 con に格納する。

次の行 10 の dbListTables(con) は、接続先のデータベーステーブルをリストで取得する関数である。

行 12 から行 17 は dbGetQuery() 関数を使って、必要なデータをデータベースから抽出し、その結果を R のデータフレームに格納する。行 12 から行 14 により、ネットワークノード tb_social_net_node からデータを抽出し、データフレーム df_vertex に入れる。同様に、行 15 から行 17 は tb_social_net_link からデータを取得し、df_edge に格納する。

クエリ実行後、dbDisconnect(con) を使って、データベースの接続を解除する（行 18）。

ステップ 6：R ネットワークの構築と可視化

次は、R のネットワークの構築と可視化のコードを説明する。

まず、library(igraph) 構文で igraphp のパッケージのライブラリーを呼び出す（行 20）。次に、関数 graph_from_data_frame() で行 12 と行 15 で作成された df_vertex と df_edge を呼び込み、R のネットワークを構築し、その結果をnet変数に格納する（行21）。関数graph_from_data_frame()には3つの基本引数がある。再初の引数dはネットワークリンクリストに関するデータフレーム（data frame）を指し、2番目の引数verticesは、ネットワークノートリストに関するデータフォーム、最後のdirectedは、ネットワークの有方向と無方向を示す引数であり、無方向はF（false）、有方向はT（true）になる。

最後に、構築したネットワークをプロットする。まず、行24は関数igraph.options()でプロット時のオプションを設定する。Rのigraphには多彩なオプションがあり、本事例には僅か一部しか使っていない。詳細については、参考文献［1］、［2］で確認できる。オプションlayoutはネットワーク配置の仕方である。本稿に使用するlayout_with_kkは、日本の研究者Kamada-Kawaiが開発したforce-directedアルゴリズムで実装したレイアウトである。vertex.sizeはノードのサイズ、vertex.labelはノードラベルの使用。NAはラベルなしを意味し、ノードの属性を指定すればラベルの表示が可能である。最後の関数plot()を使って、netに格納したネットワーク構造とその表示オプションをR画面のplotsパネルに表示する（図7-9）。その詳細は図7-10に示す（図中のラベル別のソフトを用いて作成した）。

次に行23のset.seed()の役割を解説する。関数Set.seed()を使用しない場合、plot()関数を実行するたびに、ネットワークのレイアウトはlayout_with_kkの仕組みの中でそのすがたが変化していく。ユーザーが自分の好みの「すがた」をset.seed()を使って保存することができる。ここでplot()関数が3回実行したときの「すがた」をset.seed(3)で保存することで、plot()は決められた「すがた」を出力することができる（図7-10）。

図7-10のネットワーク構造で注目すべき箇所として、①クラスタの構造、②多数のリンクと接続する中核的なノード、③多数のクラスタに含まれる特殊なノードの存在、などがあげられる。こうした特徴は、ネットワーク解析によって定量的に得られるが、本章ではこの部分の紹介を割愛するので、詳細については参考文献の［1］、［2］を参考にしてほしい。

7.2.4　ジオメトリネットワークの構築と可視化

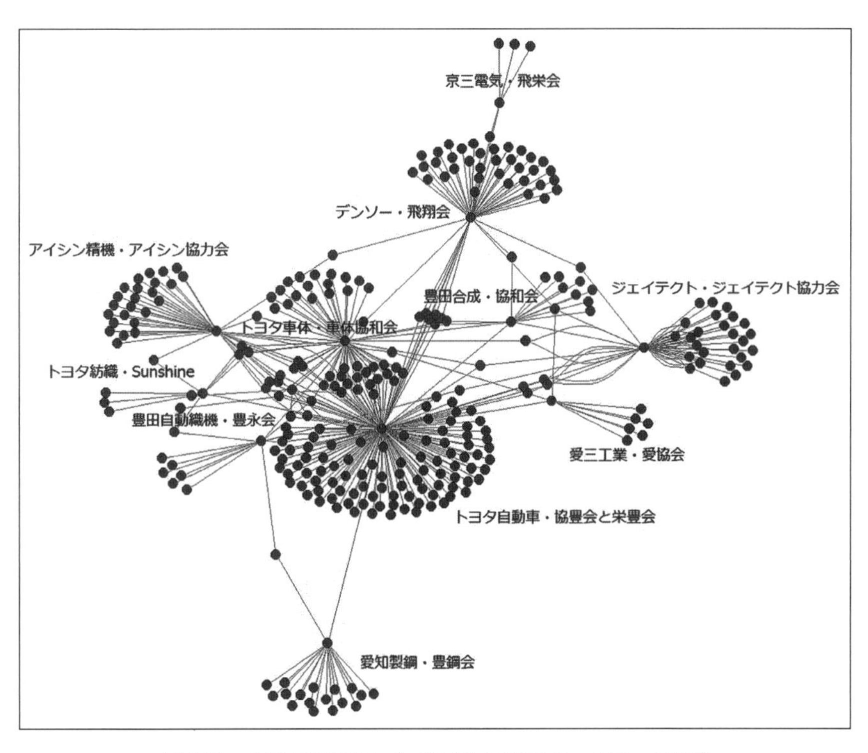

図7-10　トヨタ関連協力会（系列）組織のネットワーク構造

この節では、図 7-10 に示したソーシャルネットワークの構造に、各々のノードに対応する部品メーカーの立地情報（座標）を追加し、ジオメトリネットワーク（geometry network）を構築し、地理空間上の可視化を紹介する。

基本的な考え方として、ソーシャルネットワークのリンクデータ tb_social_net_link をベースに、stb_company の空間情報を加え、GIS 上のジオメトリネットワークを構築する。構文 7-4 はその SQL コードを示す。

【構文 7-4 の解説】

ネットワークリンク tb_social_net_link を a と定義し、メーカーテーブル stb_company は 2 回呼び出され、それぞれ b と c と定義する（行 3）。最初は協力会に参加する部品メーカーのジオメトリ geom を抽出するために stb_company が呼び出され、それを b にする。次は、協力会の main_company のジオメトリ geom のために、再び stb_company を c として呼び出す。次に a と b の company_id、並びに a の mian_company_id と c の company_id が一致する条件のもとで（行 4）、関数 st_shortesline(b.grom と c.geom) でネットワークの直線を作り、これと同時に関連メーカーの ID、名称、所属協力会の情報を抽出する（行 1）。それらの結果は、a の company_id の順で、stb_association_geometry_network に書き出す（行 5 と行 3）。図 7-11 はジオメトリネットワーク構造の結果を示す。

7.3 協力会サプライチェーンの可視化

構文 7-4

```
1  select st_shortestline(b.geom, c.geom) as geom, a.company_id, b.company,
   a.main_company_id, c.company as main_company, a.group_id, a.group_name
2  into s_auto_parts_association.stb_association_geometry_network
3  from s_auto_parts_association.tb_social_net_link a,
   s_auto_parts_association.stb_company b,
   s_auto_parts_association.stb_company c
4  where a.company_id = b.company_id and a.main_company_id = c.company_id
5  order by a.company_id
```

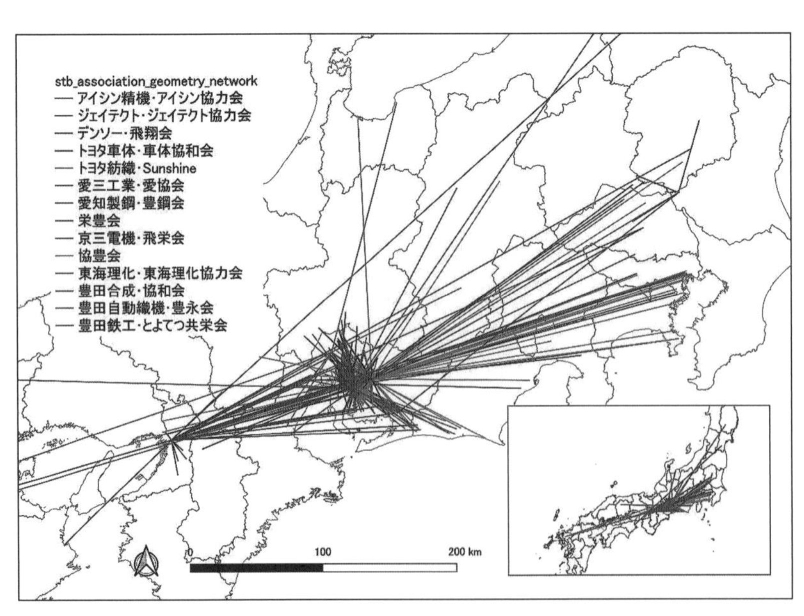

図 7-11　トヨタ関連協力会（系列）組織のジオメトリネットワーク構造

前節では、部品メーカー、協力会と協力会研究部会のデータを使って、協力会の組織構造を R のソーシャルネットワークと QGIS のジオネットワークを用いて可視化する方法を紹介した。この節では、更に部品、部品メーカーの生産工場と部品調達の情報を加え、協力会に支えられた部品生産と部品調達、つまり部品サプライチェーンの可視化方法を紹介する。

7.3.1　データベース環境の拡張整備

前節では、表 7-1 に示した 6 つのデータ（No.1 ～ No.6 のデータ）を用いて、図 7-3 ～図 7-5 に示した空間データベースを構築した。この節では引き続き、表 7-1 の残り No.7 ～ No.10 データ、つまり、部品、部品メーカーの生産工場、部品調達のデータを既存のデータベースに追加し、次の研究に必要なデータベース環境を拡張する。

以下の手順でデータベース環境拡張の整備を行う。

ステップ 1：データインポート

まず、DB マネジャーを使って、表 7-1 中の No.7 ～ No.10 のデータを既存のデータベーススキーマ s_auto_parts_association にインポートする【☞ 7.3「データインポート」】。図 7-12 は、データ追加後の DB マネジャーの画面を示す。

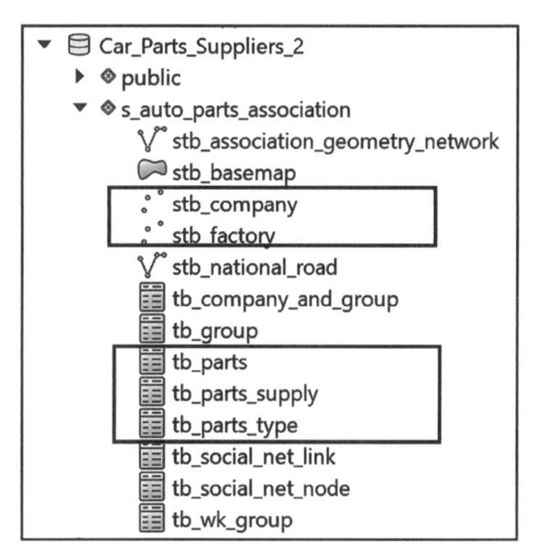

図 7-12　データ追加後の画面

ステップ 2：データ構造の実装

次は、表 7-3 のデータベース仕様（その 2）に従って、データ構造の実装を行う【☞ 7.4「データ構造の実装」】。ここで、工場 stb_factory の主キーは、company_id と factory_id、2 つのフィールドによって構成されることを注意する。構文 7-5 は stb_factory の主キー作成、また、構文 7-6 は、取引表

表 7-3　データベース仕様（その 2）

No	Table Name	Field	Data Type	Description	Constraint	
3	stb_company	company_id	int4	部品メーカーID	主キー	①
		geom	geometry(point)			
		company	varchar	部品メーカー名		
		capital	float8	資本金		
		cmployee	float8	従業員数		
7	stb_factory	company_id	int4	部品メーカーID	主キー/外部キー	②/to①
		factory_id	int4	所属工場ID	主キー	②
		geom	geometry(point)			
		factory	varchar	工場名		
8	tb_parts_supply	id	int4	取引ID	主キー	
		parts_id	int4	部品ID	外部キー	to ③
		maker_id	int4	完成車メーカーID(トヨタのみ)		
		supplier_id	int4	部品メーカーID	外部キー	to ②
		factory_id	int4	所属工場ID	外部キー	to ②
9	tb_parts	parts_id	int4	部品ID	主キー	③
		perts	varchar	部品名		
		type_id	int4	部品類別ID	外部キー	to ④
10	tb_parts_type	type_id	int4		主キー	④
		type_jpn	varchar	部品類名(和文)		
		type_eng	varchar	部品類名(英文)		

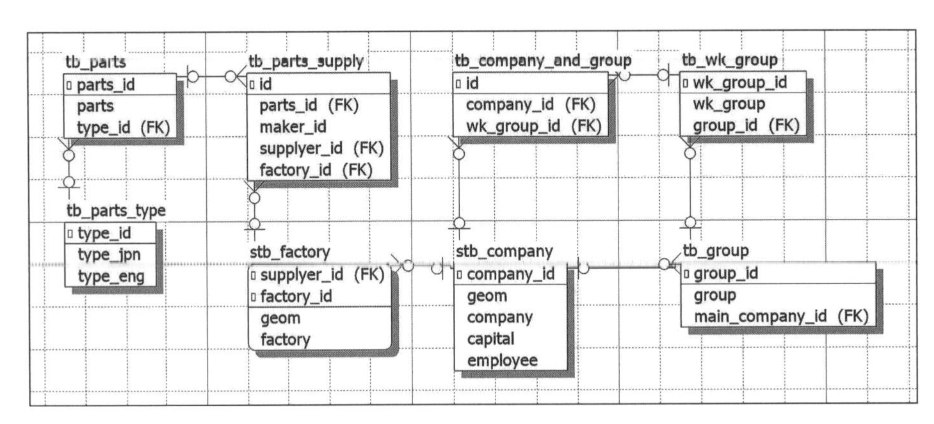

図 7-13　拡張したデータベース ER 図

構文 7-5

```
1 alter table s_auto_parts_association.stb_factory
2 add constraint pkey_factory primary key(supplyer_id, factory_id)
```

構文 7-6

```
1 alter table s_auto_parts_association.tb_parts_supply
2 add constraint fkey_to_factory foreign key(supplyer_id, factory_id)
3 references s_auto_parts_association.stb_factory(supplyer_id, factory_id)
```

tb_parts_supply の外部キー作成の SQL コードを示す。その他の主キー作成と外部キー作成の構文は省略する。

図 7-13 は拡張したデータベース ER 図を示す。図の右側は、協力会構造を示し（図 7-5）、図の左側は拡張した部品生産工場、部品調達と部品・部品類別の構造を示す。

本稿では、計算方法の解説に専念するために、以下のように計算対象範囲の縮小と計算負荷の軽減を図る。

- 完成車メーカーはトヨタのみ
- 部品メーカーはトヨタ自動車協豊会の会員とその所属工場に限定
- 道路は高速道路、国道、その他の工場への連結道（直線）に限定

次の手順を踏んで作成方法を解説する。

ステップ 1：道路の始点と終点の作成

前述を踏まえ、道路の始点はトヨタ自動車の協豊会に所属の部品メーカーの生産工場とし、終点はトヨタ本社とする。構文 7-7 と構文 7-8 で、それぞれ必要な始点と終点を求める。

7.3.2　道路基礎データの作成

前節の図 7-10 と図 7-11 では、直線で協力会の主催側と参加側の関係を示した。しかし、部品の調達に基づいた部品メーカーと完成車メーカーの空間的な協力関係は直線ではなく、道路で結んだネットワーク構造になる。つまり、完成車メーカーと協力の部品メーカーの間に、両者を結ぶ最短経路を探索する必要がある。この節では、そのための道路基礎データの作成方法を解説する。

構文 7-7

```
1 select a.*
2 into s_auto_parts_association.stb_factory_kyouhoukai
3 from s_auto_parts_association.stb_factory a,
  s_auto_parts_association.tb_company_and_group b
4 where a.supplyer_id = b.company_id and (b.wk_group_id = 1 or b.wk_group_id=2)
```

構文 7-8

```
1 select *
2 into s_auto_parts_association.stb_toyota
3 from s_auto_parts_association.stb_company
5 where company_id = 880
```

【構文 7-7 の解説】

工場テーブル stb_factory を a に、部品メーカーと協力会研究部会の関係テーブル tb_company_and_group を b に定義する（行 3）。ここで a の supplier_id と b の company_id が一致し、同時に b の部品メーカーは協豊会に所属する（つまり、mk_group_id は 1、または 2）の条件のもと（行 4）、テーブル a の属性を抽出する（行 1）。その中間結果を新規テーブル stb_factory_kyouhoukai に書き出す。

【構文 7-8 の解説】

非常に単純な構文である。stb_company テーブルから（行 3）、company_id=880 のレコード（行 4）、つまり、トヨタのレコードだけを抽出し（行 1）、その結果を新規テーブル stb_toyota に書き出す。

ステップ 2：始点からの連結道の作成

次は、構文 7-9 と構文 7-10 を使って、始点 stb_factory_kyouhoukai と高速道路、または国道をつなぐ連結道を作成する。

【構文 7-9 の解説】

始点 stb_factory_kyouhoukai を a、道路テーブル stb_national_road を b にする（行 3）。b の道路類別 road_type が 3 より小さい（つまり、road_type が 1 の高速道路、あるいは 2 の国道）の条件のもと（行 4）、全ての始点と道路の間に関数 st_shortestline() を使って最短直線を作成し、それを連結道とする。同時にテーブル a からは supplier_id と factory_id を抽出し、並びに関数 st_length() と st_shortestline() の併用で、連結道の長さを計算する（行 1）。それらの結果を supplier_id と factory_id の順番に並び替え（行 5）、中間結果の stb_all_pathway に格納する。

【構文 7-10 の解説】

構文 7-9 は、始点から全ての高速道路と国道の間の連結道を計算したが、その結果は 444 万件を超えた。構文 7-10 は、その中から始点にとって最も短い連結道を抽出する。

構文 7-10 はやや複雑な複合構文の構造になっている。まず、全連結道 stb_all_pathway を a とする

構文 7-9

```
1  select st_shortestline(a.geom, b.geom) as geom, a.supplyer_id, a.factory_id,
   st_length(st_shortestline(a.geom, b.geom)) as length
2  into s_auto_parts_association.stb_all_pathway
3  from s_auto_parts_association.stb_factory_kyouhoukai a,
   s_auto_parts_association.stb_national_road b
4  where b.road_type < 3
5  order by a.supplyer_id, a.factory_id
```

構文 7-10

```
1  select a.supplyer_id, a.factory_id, a.geom, a.length
2  into s_auto_parts_association.stb_min_pathway
3  from s_auto_parts_association.stb_all_pathway as a
4  inner join
5  (select supplyer_id, factory_id, min(length) as min_length
6  from s_auto_parts_association.stb_all_pathway
7  group by supplyer_id, factory_id) as b
8  on a.supplyer_id = b.supplyer_id and a.factory_id = b.factory_id and a.length = b.min_length
```

（行 3）。次に、同じ stb_all_pathway から supplyer_id と factory_id ごとに最短の連結道を抽出し、それをテーブル b にする（行 5～行 7 の複合構文）。行 8 に示した条件のもとで、テーブル a と b を結合し（行 4）、連結道の属性 a.supplyer_id、a.factory_id、a.geom、a.length を抽出し、その結果をテーブル stb_min_pathway に保存する。

図 7-14 は完成した部品メーカーからの連結道を示す。

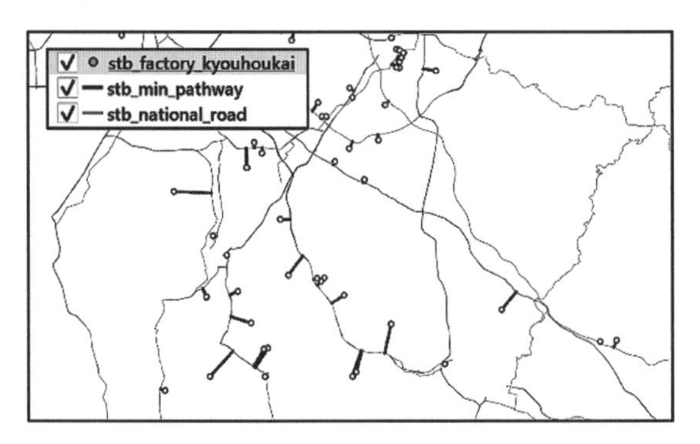

図 7-14　部品メーカーからの連結道

ステップ 3：高速道路、国道と連結道のデータ統合

次のステップは、高速道路、国道と連結道、3 つのデータを統合し、後ほどのネットワーク分析に使うための基礎データを備える。

図 7-15 に示したように、まず、新規のテーブル stb_road_for_nwk を作成する。

QGIS の［ブラウザ］＞［PostGIS］＞［s_auto_parts_association］の順に選び、マウスを右クリックし、［新規テーブル］を選択する（図 7-15 の上図）。

新規テーブルの作成には、以下のパラメータを設定する（図 7-15 の下図）。

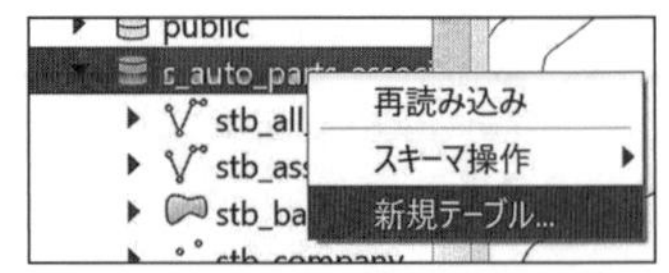

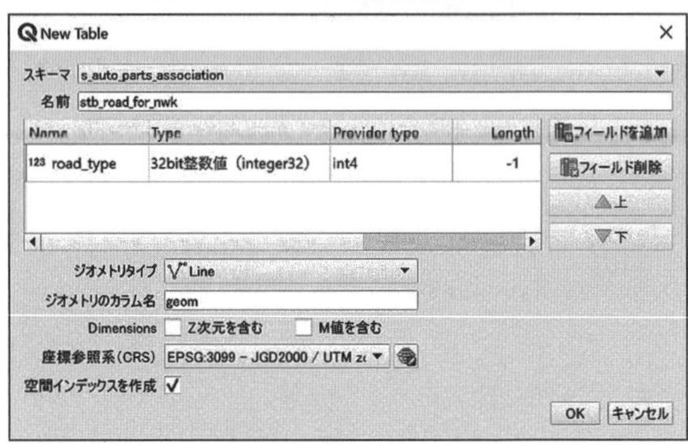

図 7-15　新規テーブル stb_road_for_nwk

［スキーマ］＞ s_auto_parts_association
［名前］＞ stb_road_for_nwk
［フィールドを追加］＞
　Name: road_type
　Type: int4(32bit 整数)
［ジオメトリタイプ］＞ Line
［ジオメトリのカラム名］＞ geom
［座標参照系］＞ EPSG:3099
［空間インデックス］＞ ☑

［OK］をクリックすると、新規テーブル stb_road_for_nwk が作成される。

次は、構文 7-11 と構文 7-12 を用いて、それぞれ高速道路、国道と連結道のデータを新規の stb_road_for_nwk に追加する。

【構文 7-11 と構文 7-12 の説明】

両構文とも典型的な insert into … select ... from の

構文 7-11

```
1 insert into s_auto_parts_association.stb_road_for_nwk(geom, road_type)
2 select geom, road_type from s_auto_parts_association.stb_national_road
3 where road_type < 3
```

構文 7-12

```
1 insert into s_auto_parts_association.stb_road_for_nwk(geom, road_type)
2 select geom, 4 from s_auto_parts_association.stb_min_pathway
```

複合構文であり、それぞれテーブル stb_national_road と stb_min_pathway から geom と road_type を抽出し、対象テーブル stb_road_for_nwk に追加する。構文 7-11 の条件 road_type<3（行 3）は、高速道路と国道に限定する構文であり、一方、構文 7-12 の行 2 にある数値 4 は、連結道の road_type を 4 に設定することを意味している。

ステップ 4：終点までの連結道の作成

ここまで、始点 stb_factory_kyouhoukai と高速道路、国道をつなぐ連結道を作成した。次は、終点の stb_toyota との連結道を作成し、その結果を stb_road_for_nwk に追加する。

始点 stb_factory_kyouhoukai には協豊会に所属する部品メーカーの 148 の工場が含まれていることに対し、終点の stb_toyota は 1 つのポイントしかない。そのため、終点の連結道の作成方法は簡潔に変えることが可能である。

構文 7-9 と構文 7-10 は、それぞれ始点からの全ての連結道の算出と、そこから最短の連結道の抽出、2 つに分けて行ったが、構文 7-13 は直接トヨタ（終点）をつなぐ最短連結道を算出する。

【構文 7-13 と構文 7-14 の説明】

テーブル stb_toyota を a に、統合した道路テーブル stb_road_for_nwk を b にする（行 3）。連結した道路の id は 3142 である条件のもとで（行 4）、構文 7-9 の行 1 と同様に、関数 st_shortestline() と st_length() を使って、連結道の直線と直線の長さ、並びに連結先の道路 id を抽出し（行 1）、その結果を stb_min_pathway_from_toyota に書き出す。

ここで、読者からはおそらく以下の 2 つの疑問が出て来ると思われる。① b.id=3142 は最短の連結道になるか？②その b.id=3142 はどのように導き出すか？その結果は SQL 操作の過程で得ることができる。最初は、行 2 を書かずに、行 4 を order by b.id と書き換える。そうすると全ての連結道の結果が連結道の長さの順に現われる。その先頭になった結果が最短の連結道であり、その id を確認し、構文 7-13 の行 4 にいれる。

構文 7-14 は stb_min_pathway_from_toyota から連結道の geom と road_type を 4 に設定し、stb_raod_for_nwk に追加する。

これで、道路の基礎データの作成が完了した。

7.3.3　ネットワークのトポロジーの構築

次は、完成した stb_road_for_nwk の道路基礎データを使って、PostGIS の道路トポロジーを構築する【☞ 8.4「空間トポロジーの実装」】。

ステップ 1：データベースの拡張

まず、pgAdmin4 を開き、データベース car_parts_suppliers_2 の Extensons に空間トポロジーの拡張 postgis_topology を追加する【☞ 7.2「空間データベース構築」】（図 7-16）。

構文 7-13

```
1  select b.id, st_shortestline(a.geom, b.geom) as geom, st_length(st_shortestline(a.geom, b.geom)) as length
2  into s_auto_parts_association.stb_min_pathway_from_toyota
3  from s_auto_parts_association.stb_toyota a,
   s_auto_parts_association.stb_road_for_nwk b
4  where b.id = 3142
```

構文 7-14

```
1  insert into s_auto_parts_association.stb_road_for_nwk(geom, road_type)
2  select geom, 4 from s_auto_parts_association.stb_min_pathway_from_toyota
```

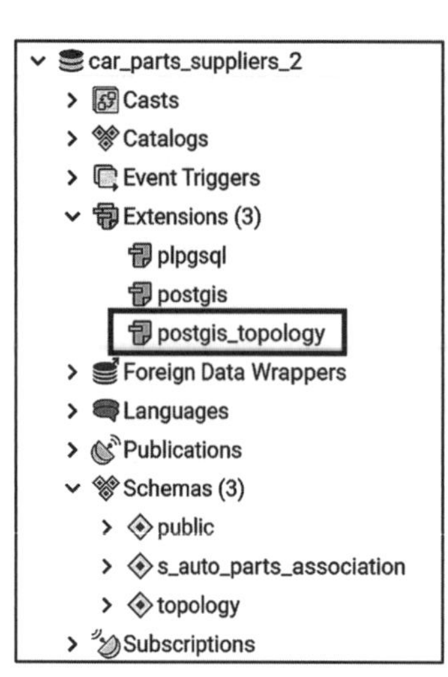

図 7-16　PostGIS トポロジーの拡張

ステップ 2：トポロジーの新規作成

次は、QGIS の DB マネジャーを使って、下記の構文 7-15 で my_road_topology という本研究専用のトポロジースキーマを新規作成する。

構文 7-15

```
1  select topology.CreateTopology(
   'my_road_topology', 3099, 0.0028, false)
```

関数 topology.CreateTopology() の引数は以下の通りである。

- Topology schema 名：my_road_topology
- 参照系の SRID：3099
- 許容精度：0.0028
- Z 軸の設定：false

図 7-17 は新規作成した my_road_topology スキーマの構造を示す。

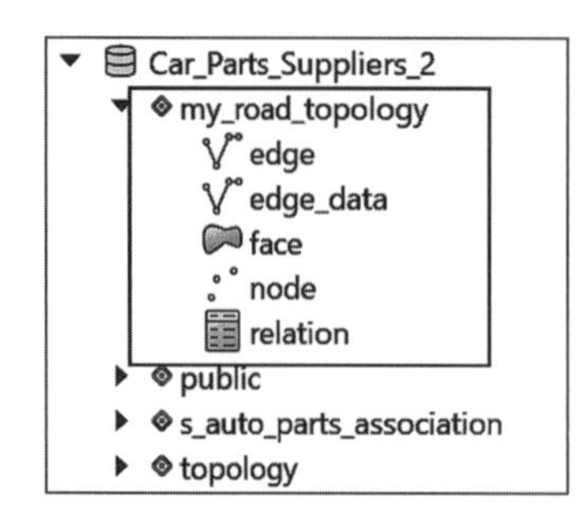

図 7-17　my_road_topology スキーマ

ステップ 3：トポロジージオメトリの追加

次は、構文 7-16 を使って、道路基礎データ stb_road_for_nwk に対し、ジオメトリ geom の地理空間情報をトポロジー情報に置き換えるための topogeom カラムを作成する。

関数 AddTopoGeometryColumn() の引数は以下の通りである。

- Topology schema 名：my_road_topology
- スキーマ名：s_auto_parts_association
- 道路基礎データ：stb_road_for_nwk
- 新規カラム名：topogeom
- ジオメトリタイプ：line

構文 7-16

```
1  select topology.AddTopoGeometryColumn(
   'my_road_topology', 's_auto_parts_association',
   'stb_road_for_nwk','topogeom', 'line')
```

ステップ 4：geom から topogeom へのデータ移入

最後に、update の SQL 基本構文を使って（構文 7-17）、既存の stb_road_for_nwk の geom カラムから、ジオメトリデータを新規のカラム topogeom へ移入する。

関数 topology.toTopoGeom() の引数については、

- 元のジオメトリカラム：geom
- Topology schema 名：my_road_topology
- 登録した topology_id：1
- 許容精度：0.0028

となっている。

構文 7-17

```
1  update s_auto_parts_association.stb_road_for_nwk
2  set topogeom = topology.toTopoGeom(
   geom, 'my_road_topology',1, 0.0028)
```

構文 7-17 のデータ移入には、多くの計算量を要するため、PC の計算負荷に注意する必要がある。本稿では、全国規模の高速道路と国道を対象に、完成したトポロジー構造に含めたエッジ数は 53771、

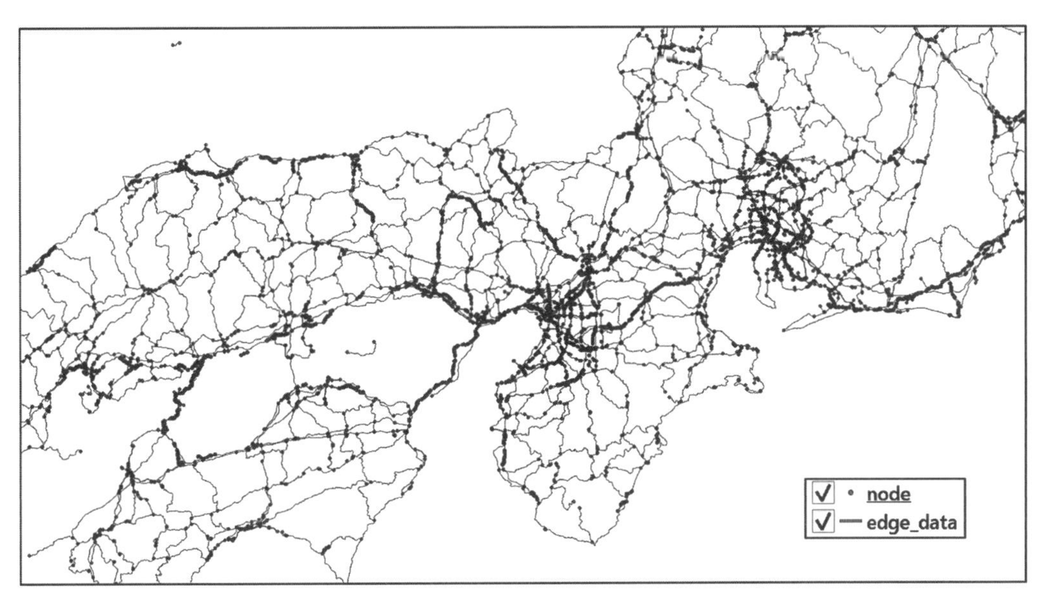

図 7-18　全国の高速道路、国道と協豊会関連企業の連結道で構成した道路トポロジー構造

ノード数は32882にのぼった。高スペックのPC（i7CPU、24GBメモリとSSD HD）を用いても、その計算時間は47分を超えた。図7-18にはトポロジーの計算結果を示す。

7.3.4　道路トポロジーに基づいたサプライチェーンの可視化

第７章の最終節として、これまで整備した道路トポロジーデータを使って、QGISのネットワーク解析ツールを用いた協豊会におけるサポライチェーンの可視化について、その方法を解説する。

QGISの［ツールボックス］＞［ネットワーク解析］＞［最短経路（始点レイヤから指定終点)］の順に選択する。その際､図7-19に示したように、終点のトヨタ自動車ははっきりと見える位置に置く。

図7-20のようにパラメータを設定する。

［ネットワークを表すベクタレイヤ］＞edge_data、［計算するパスの種類］＞最短、［始点のベクタレイヤ］＞stb_factory_kyouhoukai、［終点］＞手動でトヨタ自動車の座標を取り入れ、［実行］をクリックすると、図7-21の結果が得られる。

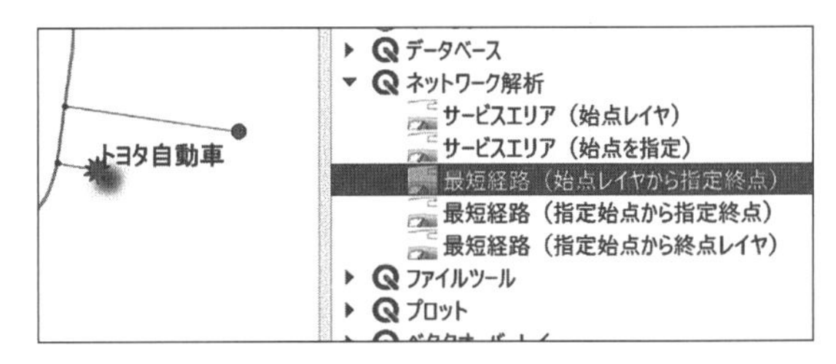

図 7-19　最短経路の分析ツール

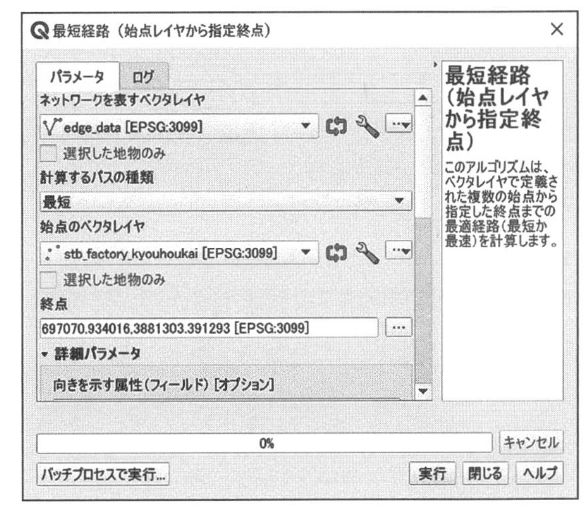

図 7-20　分析ツールのパラメータ設定

7.4　まとめ

ひと・もの・ことの関係性をデータ間の「つながり」として捉え、データ解析を通してその関係性を

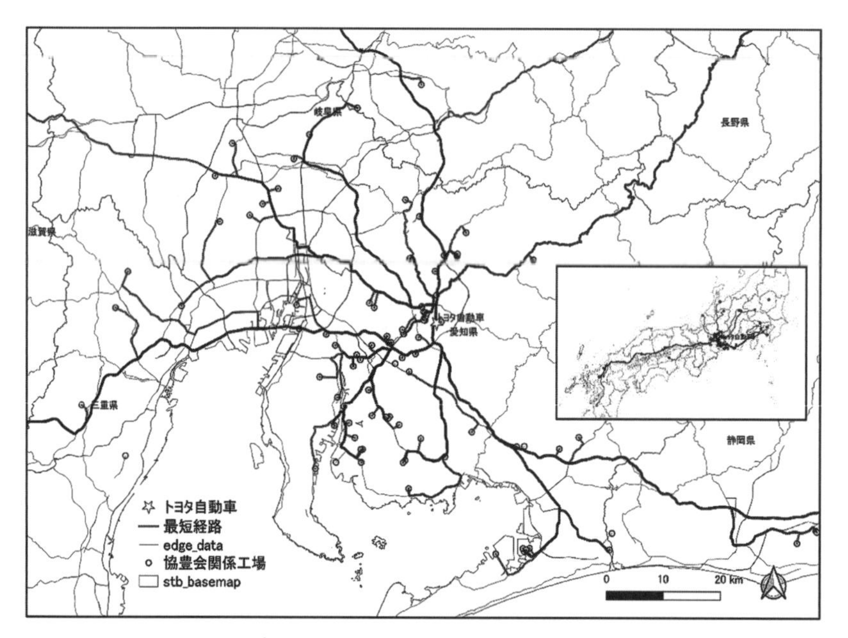

図 7-21　GIS トポロジーに基づいた協豊会サプライチェーンの可視化

可視化する新しいアプローチは、ソーシャルネットワーク科学と呼ばれる。

本章は、まず R プログラミングで、トヨタ関連の部品メーカー協力会の組織を対象に、ソーシャルネットワークを可視化した。図 7-10 は部品メーカーと協力会の関係性、つまり、関係の有・無だけに着目し、直線でネットワーク構造を可視化した。

次に、部品メーカーの緯度経度を、地理空間の立地情報として取り入れ、図 7-10 のソーシャルネットワークを図 7-11 のジオメトリネットワークに進化させた。その際、協力会のネットワークと周辺地域の地政状況を空間的に関連づけることができる。GIS 空間解析を利用すると、メーカー間の関連性に地域の特性、例えば、地域の人口構成などの社会状況、地域の産業基盤と地域自然災害因子などの要素を取り入れることが可能になる。

最後に、部品メーカーと完成車メーカー間のつながりを、直線から道路を経由した最短経路へ置き換えると、企業間の関係性を部品調達と物流量に定義することができる。このように、ネットワークのすがたが、図 7-21 の道路トポロジーに基づいた部品サプライチェーンになった。これにより、サプライチェーンを経由した道路周辺地域に対し、地政学リスクの研究を展開することができる。

物事のつながりを可視化することがこの章でテーマであった。地域研究において、企業組織に限らず、地域住民のコミュニティや、SNS ユーザーのつながり、感染者との接触ルートなど様々なつながりがある。ここに紹介した手法を読者自らの研究テーマに活用されることを期待する。

参考文献

[1] 鈴木　努（2017)、「ネットワーク分析」、第 2 版、共立出版社
[2] 池田裕一、井上寛康、谷澤俊弘（2019)、「ネットワーク科学」、共立出版社
[3] Eric D. Kolaczyk, Gabor Csardi (2020), “Statistical Analysis of Network Data with R”, Second Edition, Springer.

【道　路】
第８章

県境を越える豊橋・浜名湖道路環状線の政策データ整備

KEYWORDS

研究内容	越境地域、政策データ整備、道路環状線、広域の道路貨物流、環状線沿いの道路交通量、環状線沿いの産業集積、環状線沿いの人口分布、環状線周辺の津波災害リスク
システム環境	PostgreSQL12、PostGIS3.0、QGIS3.16
主なデータ	道路データセット、交通センサスデータ、物流センサスデータ、経済センサス基礎調査　甲調査票（2次利用）、国勢調査小地域人口、ゼンリン住宅データ、津波浸水想定区域
分析手法	統計データの処理、オーバーレイ、バッファ分析、カーネル密度分析など

8.1　はじめに

8.1.1　研究の背景

愛知県の東三河地区と静岡県の遠州地区を跨ぐ浜名湖周辺の道路環状線は「田」の字のように東西南北をつなぐ道路網となっている（図8-1）。東西方向を結ぶ高速道路（新東名高速と東名高速）とバイパス（国道23号と国道1号）を含む3つの自動車専用道路は、地域間物流の基幹道路として、その役割を果たしている。それに対し、南北方向には新東名高速の連絡通路を除き、ほとんどが一般国道と県道（国道151号、県道45号、国道301号と県道334号など）であり、地域内の主要道路の特色を持っている。

浜名湖周辺の道路環状線には、主に4つの特徴がある。1つ目の特徴は道路立地上の越境性である。愛知県と静岡県を跨ぐ道路環状線の整備は、県境を越えた政策議論の体制が必要になる。2つ目の特徴は、環状線の東西方向に走っている東名高速、新東名高速と国道1号と23号は、地域間物流の基幹道路になっている。さらに、3つ目の特徴として、環状線周辺の人口密集と産業集積により、環状線は地域の「生活道路」と「産業道路」の性格が顕著に現れている。4つ目の特徴は、環状線の沿岸部道路に潜んでいる津波災害リスクである。

図8-1　浜名湖道路環状線

本研究の目的は、県境を越える道路環状線整備に関わる政策議論に必要なデータ整備にある。本稿は、交通センサス、物流センサス、経済センサス、国勢調査の小地域人口と津波浸水想定区域など、多様な統計データを用いたGISの分析と可視化の方法を解説する。

8.1.2　主な研究内容

県境を越えた道路環状線整備の政策議論には、人口、産業、物流、道路交通量と災害リスクなど多岐にわたる視点と論拠が必要になる。そのため、政策データの整備についても多分野の統計データを取り入れ、総合的、定量的、かつ空間的な分析が欠かせない。

8.2 豊橋・浜松道路環状線

8.3 広域の道路貨物流

8.4 道路環状線沿いの道路交通量

8.5 道路環状線沿いの産業集積

8.6 道路環状線沿いの人口分布

8.7 道路環状線周辺の津波災害リスク

8.8 まとめ

図 8-2　主な研究内容

図 8-2 は本章の主な内容を示す。第 8 章 2 節では、豊橋・浜名湖道路環状線の概要を説明する。第 8 章 3 節では全国貨物純流調査の統計データを用いて、全国道路貨物流の基幹道路として、愛知県と静岡県の県境を跨ぐ環状線の役割を確認する。第 8 章 4 節では、道路交通センサスの統計データを使って、環状線の交通量と走行速度による道路混雑状態の定量化と可視化を試みる。第 8 章 5 節と第 8 章 6 節では、それぞれ経済センサス個票データと住宅ベース人口データを用いて、環状線周辺の産業集積と人口密集を解析し、環状線の「産業道路」と「生活道路」の特徴を明らかにする。最後の第 8 章 7 節は津波浸水想定区域データを利用し、環状線の津波災害リスクを分析し、防災・減災における環状線整備の意味を確認する。

本章では、多様な統計データを用いた地域研究における GIS の可能性を解説する。分析方法については、いずれもこれまでの紹介で触れていたものであり、ここには省略する。

8.1.3　データソース

表 8-1 は本研究に使用したデータソースの一覧を示す。

まず、愛知と静岡の県境を越える物流の実態を把握するために、国土交通省の「全国貨純流動調査（物流センサス）」の統計データを使用した（図 8-3）。物流センサスは、全国の荷主企業、つまり、出荷側を対象に、①業種別、②品目別、③輸送手段別、④都道府県別における貨物流の実態調査である。本研究には、都道府県間の貨物流の中から、愛知県と静岡県の間に流れる全産業貨物と自動車部品に関する物流データを使用した。

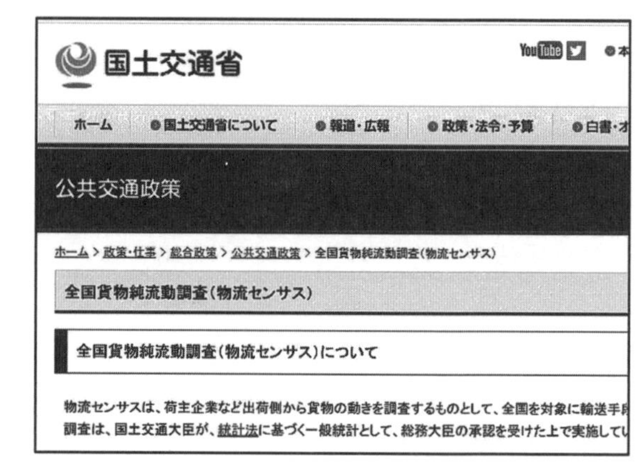

図 8-3　物流センサス（国土交通省）

次の PAREA-Traffic は、国土交通省が実施した交通センサスの数値結果に、国際航業株式会社が作成した調査地点のポイントと調査区間のラインを書き加え、国際航業株式会社が販売した GIS データセットである。本研究では、環状線周辺の交通量と走行速度のデータを使って、道路交通の混雑度を評価した。

経済センサス基礎調査の甲調査票は、全国の事業所を対象に総務省が実施した基礎調査である。大学や研究機関の学術研究のための個票データ 2 次利用制度を申請し、研究対象範囲内の調査票を入手した。本研究では、対象地域内の事業所に対し、所在地（座

表 8-1　主なデータベース

No	データソース	出典
1	全国貨物純流動調査（物流センサス）	国土交通省、2019年時点
2	PAREA-Traffic（交通センサス）	国際航業株式会社、2020年
3	経済センサス基礎調査　甲調査票（2次利用）	総務省、2014年（H26）
4	住宅地図	ゼンリン、2015年
5	国勢調査小地域人口	総務省、2015年
6	静岡県津波浸水想定区域	国土数値情報サイト、2020年
7	愛知県津波浸水想定区域	愛知県庁建設局河川課、2020年
8	ArcGIS Geo Suite	ESRI Japan、2017年

図 8-4　交通センサス（国土交通省・国際航業株式会社）

標変換用）、業種（産業分類）、従業者数、年間総売り上げの計 4 項目を使用し、全事業所の匿名データを使って分析を行った。この個票データの 2 次利用は 1 年間の期限付きであり、2019 年（令和元年）3 月の期限切れに伴い、入手した全てのデータを廃棄した。本稿では、総務省への報告書をベースに分析結果を紹介する。

また、人口分布の分析において、筆者が自作した住宅ベース人口を利用した。ゼンリン住宅地図と国勢調査小地域人口を用いて、町字単位の世帯平均人数を住宅建物の表札部屋で按分計算して得られた住宅ベース人口である。詳細については、本書の第 4 章の第 4 節に参照できる。

最後に、愛知県と静岡県の津波浸水想定区域データについては、それぞれ愛知県庁建設局河川課と国土交通省の国道数値情報サイトから入手した。また、道路などを含め、GIS 関連の基礎データは ESRI ジャパンの ArcGIS Geo Suite を利用した。

8.2　豊橋・浜名湖道路環状線

図 8-5 は本研究の対象範囲を示す。この研究範囲の選定にあたり、遠州を対象に出荷額順にトップ 50 社の企業を抽出し、その企業の立地範囲を参考にした。図 8-5 に示したように、研究範囲は蒲郡市、豊川市、豊橋市、新城市、田原市、湖西市、浜松市、掛川市、磐田市、袋井市、菊川市、御前崎市を含め、愛知県と静岡県の計 12 市に、総面積はおよそ 2569km^2 に及んでいる

環状線は、主に高速道路、主要国道とバイパスなどの自動車専用道路で構成された道路網のことを指すが、現在全長約 195km の環状道路の中で、約 148km がすでに自動車専用道路になっている。残りの国道 151、国道 301、県道 334、県道 45 などの約 47km については、まだ自動車専用の環状線としての整備はされていない。この 47km の道路整備に

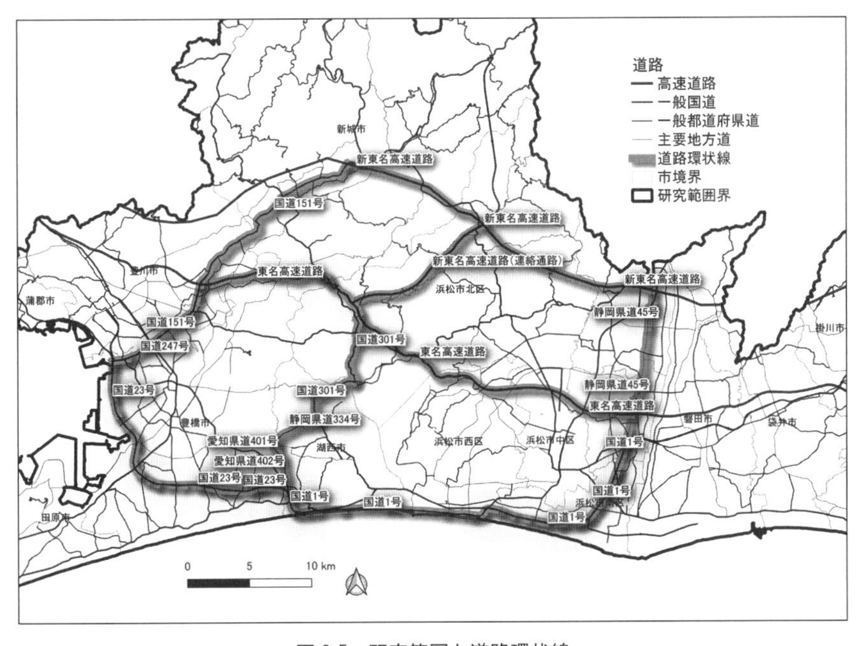

図 8-5　研究範囲と道路環状線

ついては、周辺の産業政策を見据えた方針と計画が求められており、三遠南信地域連携ビジョン推進会議においても、こうした県境を越える環状線整備の政策議論が進められている。

8.3　広域の道路貨物流

物流センサスにおける都道府県間の物流データを用いて、愛知県と静岡県の道路貨物流の実態を確認する。

表 8-2 と表 8-3 は、それぞれ全産業と自動車部品産業の貨物流を対象に、物流量の上位 6 位の相手県と割合を示す。物流量は、県ごとに出発方向と到着方向を分けて集計している。

表 8-2　全産業の道路貨物流実態

愛知県発			愛知県着		
県	割合	累積	県	割合	累積
愛　知	65.23%	65.23%	愛　知	62.33%	62.33%
岐　阜	6.27%	71.50%	三　重	10.15%	72.48%
三　重	3.53%	75.03%	岐　阜	4.94%	77.43%
静　岡	3.44%	78.47%	大　阪	3.29%	80.72%
奈　良	3.41%	81.88%	静　岡	3.21%	83.93%
長　野	2.80%	84.68%	神奈川	1.62%	85.56%
静岡県発			**静岡県着**		
県	割合	累積	県	割合	累積
静　岡	58.52%	58.52%	静　岡	56.34%	56.34%
愛　知	9.71%	68.23%	神奈川	12.27%	68.61%
埼　玉	5.86%	74.08%	愛　知	9.56%	78.17%
神奈川	4.19%	78.28%	山　梨	1.83%	80.00%
大　阪	2.89%	81.17%	千　葉	1.72%	81.72%
千　葉	2.54%	83.71%	三　重	1.72%	83.44%

表 8-3　自動車部品産業の道路貨物流実態

愛知県発			愛知県着		
県	割合	累積	県	割合	累積
愛　知	77.91%	77.91%	愛　知	71.86%	71.86%
三　重	3.32%	81.23%	静　岡	5.73%	77.59%
福　岡	2.90%	84.13%	三　重	5.23%	82.82%
静　岡	2.73%	86.86%	岐　阜	4.66%	87.48%
東　京	2.38%	89.24%	福　岡	1.49%	88.97%
岐　阜	1.52%	90.76%	兵　庫	1.22%	90.19%
静岡県発			**静岡県着**		
県	割合	累積	県	割合	累積
静　岡	47.63%	47.63%	静　岡	65.41%	65.41%
愛　知	22.74%	70.37%	愛　知	13.73%	79.13%
神奈川	7.08%	77.45%	埼　玉	2.64%	81.77%
東　京	3.97%	81.42%	兵　庫	2.18%	83.95%
栃　木	2.21%	83.62%	滋　賀	1.70%	85.65%
三　重	2.17%	85.79%	山　梨	1.68%	87.33%

まず、全産業において、愛知県の 6 割と静岡県の 5 割が県内流通している。愛知県の主要流通相手は中部三県と関西地方に対し、静岡県は愛知県と関東地方の関連が強い（表 8-2）。

次に、自動車部品産業においては、愛知県の県内の物流は 7 割を超え、自動車部品産業の県内集積が主な原因となっている。それに対し、静岡発の自動車部品の 47%が県内、22%は愛知県となっており、両県の関連が強い。また、愛知県と静岡県の自動車部品の流通経路は、主に福岡や東京などの国内主要の集積地とつながっていることがうかがえる。

表 8-2 と表 8-3 の数値結果を図 8-6 と図 8-7 の地図で可視化できる。まず、都道府県の県庁所在地のポイントを作成する。次に、県間の物流は、県庁所在地ポイント間の直線で表し、物流量は線の太さで表現する。同時に、県境を跨ぐただの 3 つの東西方向の道路幹線（東名高速道路、新東名高速道路と国道 1 号）を加えると、環状線が県間を越える物流幹線道路としての役割を視覚的に表現できる。

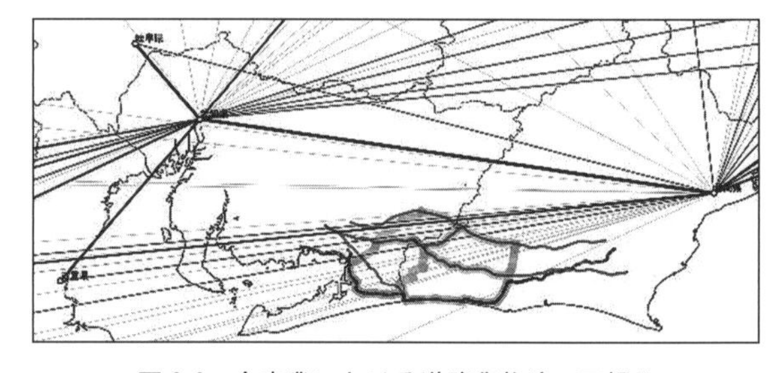

図 8-6　全産業における道路貨物流の可視化

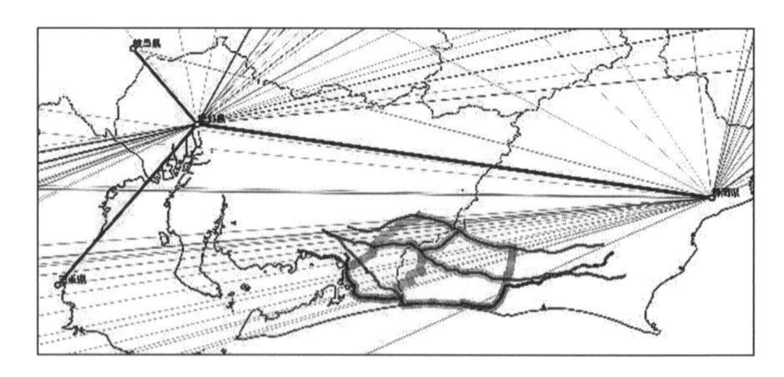

図 8-7　自動車部品産業における道路貨物流の可視化

8.4　道路環状線沿いの道路交通量

この節では、2020 年度の PAREA-Traffic 交通センサスデータを用いて、研究対象の道路環状線における日ごろの交通状態を確認する。

PAREA-Traffic データは、交通センサス区間代表点データ、区間中心線データと区間属性データの 3 つの部分により構成される。利用する際に、交通センサス区間の空間情報（調査点と調査道路の中心線）と属性情報（交通センサスの調査結果）を関連付けることで、GIS によるマッピングや空間分析ができる。

PAREA-Traffic の属性情報には、交通センサスに関わる 121 の項目が含まれるが、本研究はそのうちの交通量と走行速度の 2 項目だけを抽出し、分析を行った。具体的には、交通量は昼間（7 時～ 20 時）の全車両（大型・小型）を対象とし、下り方向で調査区間を通過する自動車の台数を指す。走行速度は昼間の混雑時に下り方向の走行速度を指す。県境間物流動向の分析結果を受け、貨物流のやや多い下り方向を選んだ。

図 8-8 と図 8-9 は、それぞれ対象地区道路の昼間交通量と昼間混雑時の走行速度を 7 階級の白黒色で表示している。図 8-8 によると、東西方向に走る東名高速道路、新東名高速道路、国道 1 号と 23 号は昼間時の交通量が多く、およそ 1 万台から 2 万台の通過規模にのぼる（灰色から黒色）。それに比べ、南北方向の一般国道の交通量はやや少なく、大抵 6 千台以下の通過台数であった（白色から灰色）。一方、図 8-9 は、昼間混雑時の走行速度を低速の黒色から高速の白色で表示している。豊橋と浜松の市街地周辺と南北方向の一般国道の走行速度は、東西方向の自動車専用道路より走行速度は遅い。注目すべきは、国道 1 号と 23 号に存在する低速走行の区間である。

さらに道路の渋滞区間を検出するために、昼間交通量が 8500 台以上、混雑時の通過速度 24km/h 以下の道路を抽出した（図 8-10）。それによると、道路の混雑区間は豊橋と浜松人口密集エリア、さらに産業集積地と重なっていることが確認される。詳細について次の節で解説する。

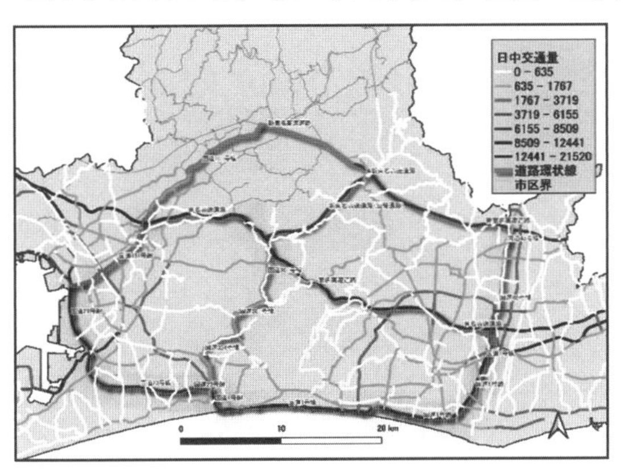

図 8-8　昼間時の道路交通量

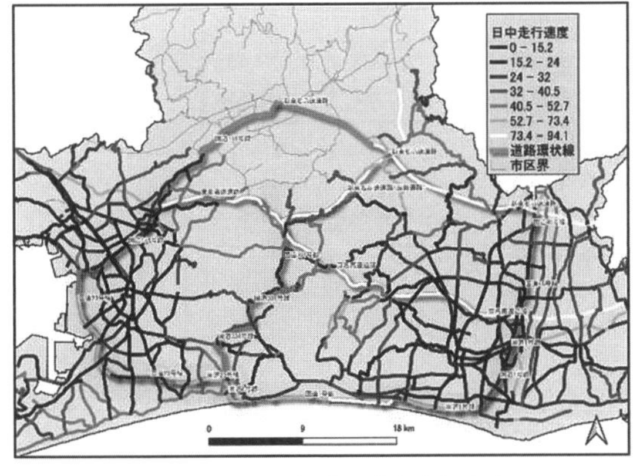

図 8-9　昼間混雑時の道路走行速度

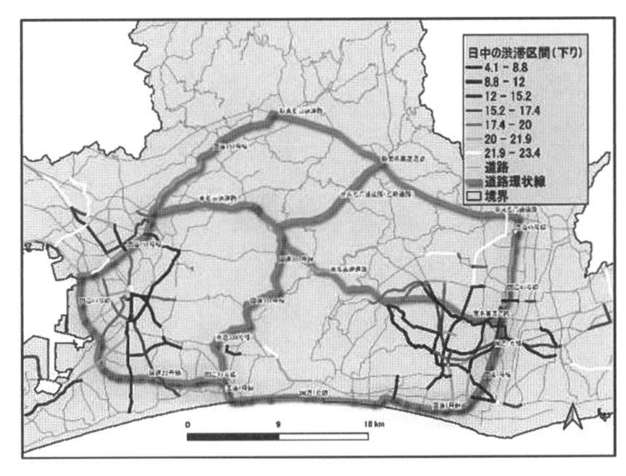

図 8-10　昼間の渋滞区間

8.5　道路環状線沿いの産業集積

この節では、経済センサスの個票データを用いて浜名湖周辺地区の産業集積と道路環状線の関連を確認する。

H26（2014）年経済センサスの基礎調査によると、研究対象区域は 65,365 の事業所が立地し、617,363 の従業者が働いている。売上高は 13.8 兆円にのぼる（図 8-11）。その売上高のうち、製造業が

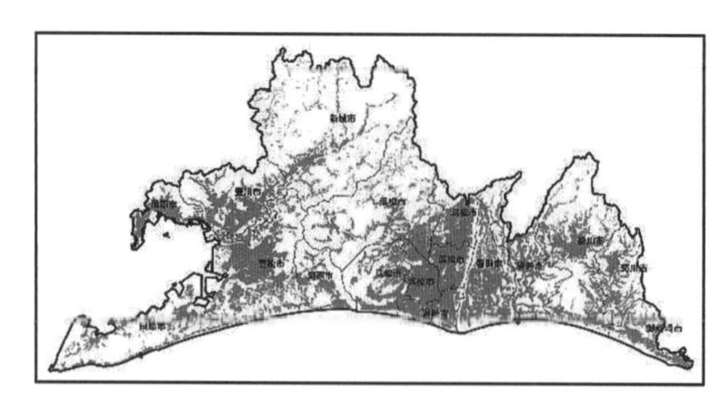

図 8-11　研究対象区域の産業分布

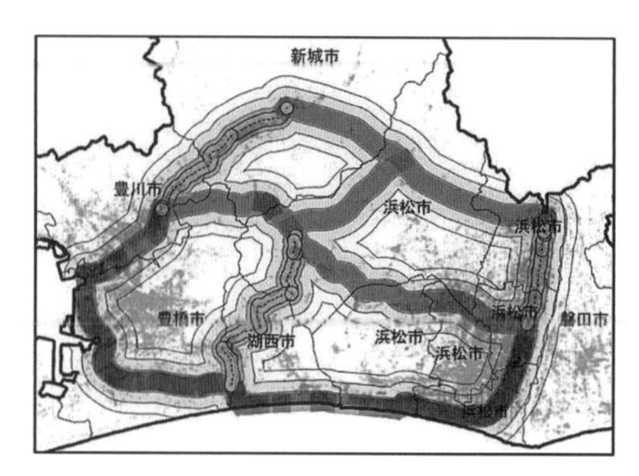

図 8-12　環状線周辺エリアと産業集積

48.86%、卸売小売業が 21.10%を占め、他産業に比べ、群をぬいて高い。

さらに、製造業の事業所数は 9,584、従業者数は 202,846､売上高は 6.7 兆円にのぼる。売上高のうち、輸送用機械器具は 51.18%、金属製品は 3.76%、汎用機械は 1.33%、生産用機械は 3.13%を占める。つまり、自動車部品関連産業だけの売上高は製造業の約 6 割にのぼった。

産業集積と道路環状線の関連を調べるために、環状線の両サイドに 1km、2km と 3km のバッファを設け（図 8-12)、そのバッファエリア内の産業集積を測定した。

表 8-4 は、環状線周辺 2km バッファエリアにおける自動車部品関連の 4 業種の集計結果を示している。環境線周辺の 2km 範囲内に集積している輸送用機械器具製造業と自動車部品関連産業（4 業種）の規模は、それぞれ、全域製造産業の 30%と 50%にのぼる。さらに、表 8-5 は道路環状線に囲まれる全域での集計結果を示す。道路環状線に囲まれるエリアに集積している輸送用機械器具製造業と自動車部品関連産業（4 業種）の規模は、それぞれ全域製造業の 36%と 71.6%に達し、売上額の合計は 4.84 兆円にのぼる。

8.6　道路環状線沿いの人口分布

次に、住宅ベース人口のデータを用いて、道路環状線と人口分布の実態を確認する。

H26（2014）年の国勢調査データとゼンリン社が

表 8-4　環状線 2 キロバッファ内の産業集積

産業分類（中分類）	事業所数	従業員数	売上額(万円)		資本金(万円)
金属製品製造業	485	5,447	11,685,422	1.73%	336,212
はん用機械器具製造業	113	1,607	2,657,995	0.39%	122,074
生産用機械器具製造業	522	7,652	9,581,798	1.42%	2,000,028
輸送用機械器具製造業	564	34,895	205,364,400	30.39%	15,481,888
バッファ内上記 4 業種の総計	3,608	82,525	338,724,177	50.13%	22,853,455
全域の製造業の総計	9,584	202,846	675,676,274	100.00%	51,401,096

表 8-5　環状線内の産業集積

産業分類（中分類）	事業所数	従業員数	売上額(万円)		資本金(万円)
金属製品製造業	788	8,929	16,815,446	2.49%	608,026
はん用機械器具製造業	190	2,876	5,867,575	0.87%	243,969
生産用機械器具製造業	846	10,827	14,687,318	2.17%	2,456,891
輸送用機械器具製造業	916	48,590	244,887,103	36.24%	16,987,843
環状線範囲内上記 4 業種の総計	6,392	141,441	483,783,115	71.60%	36,191,649
全域の製造業の総計	9,584	202,846	675,676,274	100.00%	51,401,096

提供した住宅データを用いて、研究対象エリアの住宅ベース人口を推計した。推計人口数を小地域単位で国勢調査人口数との検証を行い、その精確率は95%を超えた。

この住宅ベース人口の集計によると、研究対象区域に 756,941 の世帯と 2,006,427 人の住民が暮らしている（図 8-13）。

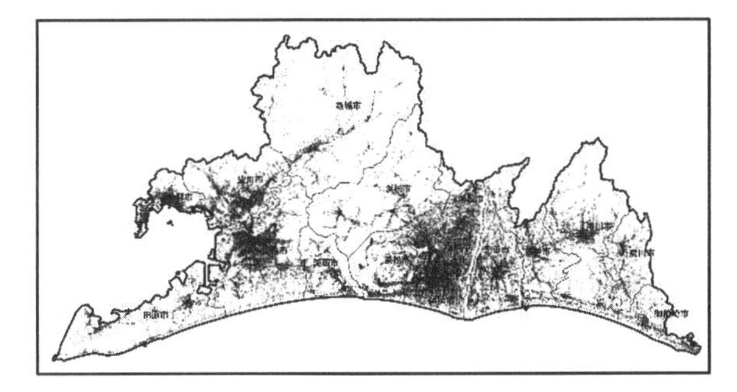

図 8-13　研究対象エリア内の人口分布

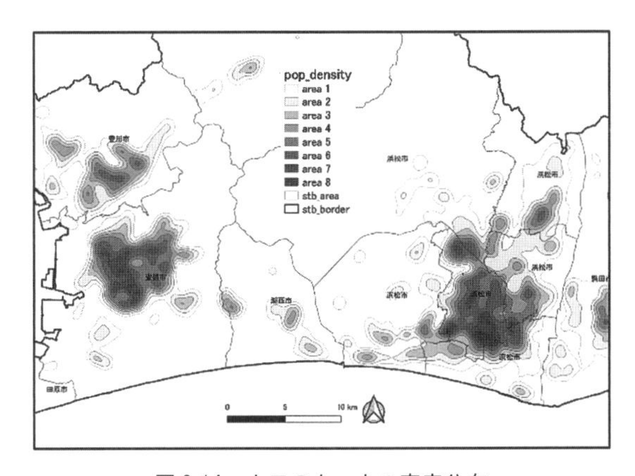

図 8-14　人口のカーネル密度分布

カーネル密度の手法を用いて、住宅ベース人口による人口密集エリアを検出した。図 8-14 は、カーネル密度の 8 レベルにおける人口密集の分布、表 8-6 は人口密度レベルにおける人口集計の結果を示す。カーネル密度分析手法の詳細については、本書の第 6 章の第 2 節を参照されたい。人口は浜松市、豊橋市と豊川市の中心部に集積しており、研究対象エリアの約 200 万人の人口の 93%、186 万人の人口は図 8-14 示した人口密集エリアに暮らしている。

図 8-15 は、道路環状線と人口密集エリアが重なっている状態を示す。道路環状線内全域の人口は 168 万人を超え､研究対象エリア全人口の 84%にのぼる。

表 8-6　人口密度レベルごとの集計

人口密集レベル	住宅数	世帯数	人口数	人口密度（人/km^2）
1	80,126	107,875	297,955	1,320
2	80,230	117,235	319,230	2,787
3	61,300	100,243	270,162	4,159
4	54,896	92,633	245,517	5,433
5	48,139	86,077	218,741	6,181
6	44,494	86,001	210,444	7,277
7	17,125	38,209	93,506	8,093
8	3,861	13,211	30,252	11,157
	合計	641,484	1,685,806	

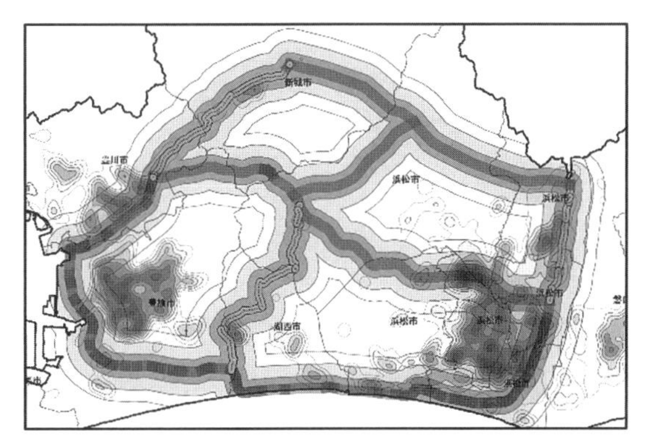

図 8-15　道路環状線と人口分布の関係

8.7　道路環状線周辺の津波災害リスク

研究対象区域の南部は太平洋、西部は三河湾に面し、沿岸部地区の津波浸水災害リスクが懸念されている。とりわけ、津波浸水の災害リスクが道路環状線整備計画に与える影響を定量的に分析することは必要不可欠である。

本研究は、愛知県庁建設局河川課と国道数値情報サイトで入手した愛知県と静岡県の津波浸水想定エリアのデータに基づき、GIS の空間分析ツールを用いて、津波浸水想定エリアと道路環状線の立地に関する空間解析を行った。

図 8-16 は、道路環状線データと津波浸水想定エリアデータをマップ上に重ね合わせ、災害リスクを可視化した。そこに、太平洋沿岸を走る国道 1 号と三河湾沿岸部を通過する国道 23 号が津波浸水想定

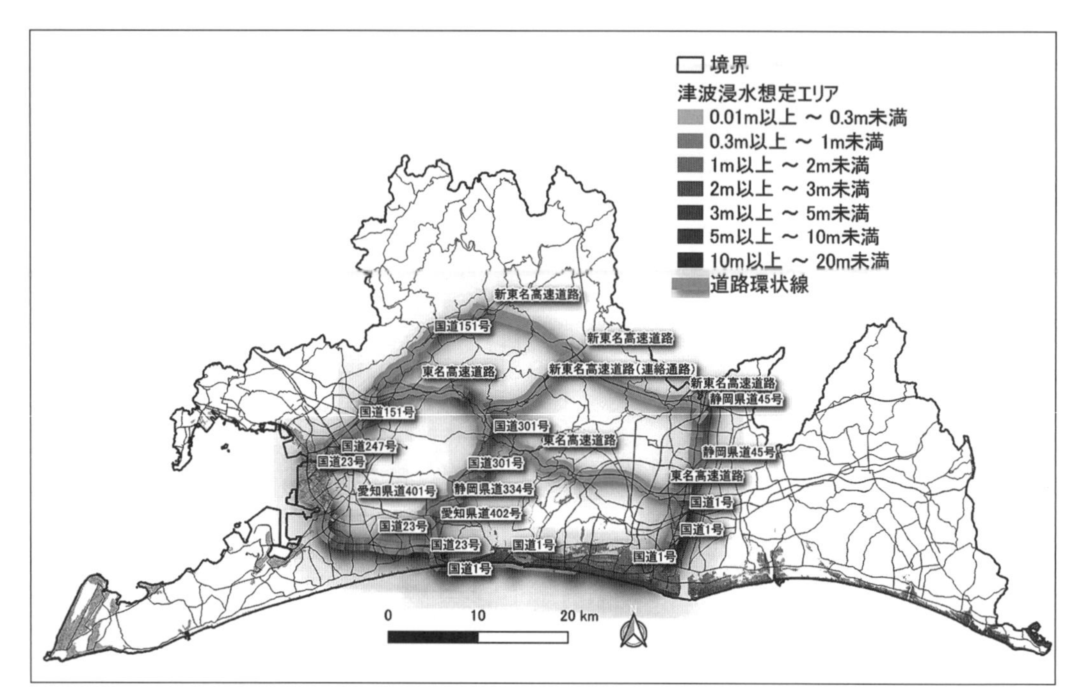

図 8-16　道路環状線と津波浸水想定区域

エリアに含まれる。東西方向に走る貨物流の基幹道路である国道 1 号と国道 23 号は、災害時に道路が寸断され、それによる経済的な損失が懸念される。

表 8-7 は研究対象全域 12 市の道路浸水に関する分析結果を示す。太平洋と三河湾の沿岸地区を中心に、津波浸水想定エリアを通過する道路の総長は約 187km にのぼる。浸水の深さをみると、浸水深さ 2m 未満の道路は浸水道路総長の約 69%を占め、その距離は 120km を超える。

道路環状線における津波浸水の分析結果は表 8-8 で示す。全長 195km の道路環状線のうち、約 29km の道路が浸水想定エリアと重なる。特に静岡県の沿岸部の国道 1 号において、約 20km の道路が津波浸水の深さ 10m ～ 20m のエリアに含まれ、甚大な被害が及ぼされることが想定される。津波浸水の深さが 5m を超える道路において、破壊的なダメージと長引く復興期間などの要因を考慮し、災害時東名高速と新東名高速への迂回道路の確保が大切である。従って、国道 151 号、国道 65 号、県道 45 号、県道 334 号と国道 301 号など南北方向の国道と県道は、災害時の迂回道路としての役割が明らかになり、そのための道路整備計画に関する政策議論は欠かせない。

表 8-7　浸水深さと冠水道路長さ（全域）

津波浸水の深さ	冠水道路長さ（km ）	割合
0.3m 未満	33.93	18%
0.3m 以上1m 未満	54.53	29%
1m 以上2m 未満	40.55	22%
3m 以上5m 未満	17.56	9%
5m 以上10m 未満	16.99	9%
10m 以上20m 未満	20.77	11%
合計	186.68	100%

表 8-8　浸水深さと冠水道路のクロス集計（環状線）

浸水レベル／道路	1	2	3	4	5	6	7	合計
東名高速	0.02	0.01	0.01					0.04
国道1号	0.5	1.03	3.46	4.37	6.89	6.57	0.05	22.87
国道23号	0.17	0.42	3.74	0.11	0.08			4.52
小坂井バイパス	0.35	0.23	0.01	0.07				0.66
その他	0.79	0.29	0.07	0.01	0.02	0.04		1.22
総計	1.84	1.97	7.29	4.56	6.99	6.61	0.05	29.31

【注】① 浸水レベル：1：<0.3m, 2:0.3m−1m, 3:1m−2m, 4:2m−3m, 5:3m−5m, 6:5m−10, 7:10m−20m.
② 冠水道路長さの単位：km

8.8　まとめ

道路整備の政策議論と意思決定には、多岐にわたるエビデンスが必要になる。本稿は、まず、広域の物流現状とローカルの交通事情を分析し、環状線の道路実態を把握した。次に、貨物流と交通渋滞の背後にある社会的な要因：産業集積と人口密集を分析し、道路環状線の「産業道路」と「生活道路」としての特徴を明らかにした。最後に津波災害という非常事態への備えを念頭に、災害リスク回避の観点から環状線の役割を指摘した。このように、政策データ整備は、政策議論の論理に沿ってデータ収集、加工、解析、可視化と考察まで、一貫したプロセスが大切である。

また､研究対象の越境性は本研究の特徴と言える。まず､県境を跨ぐ環状線が研究の対象になっている。次に物流実態や交通事情も行政区を越えた現象である。さらに、産業集積と人口密集エリア、津波浸水想定区域などは、いずれも行政区界を越えた「越境現象」と言える。こうした「越境現象」を表現するために、本研究は、多くのポイントデータとラインデータ、つまり粒度の細かい情報を使用した。その結果､産業集積エリア（図 8-12)､人口密集エリア（図 8-15)、浸水想定区域（図 8-16）などは、行政区界を越え、より実態に即した表現ができた。

参考文献

国土交通省、全国貨物純流動調査（物流センサス）、https://www.mlit.go.jp/sogoseisaku/transport/butsuryu06100.html

国際航業株式会社 PAREA-Traffic 交通センサス、https://biz.kkc.co.jp/data/geo/traffic/

三遠南信地域連携ビジョン推進会議、https://www.sena-vision.jp/

加藤達也、「浜名湖都市圏の環状道路整備と産業促進に関する分析」、愛知大学大学院経営学研究科、2019 年修士学位論文

蒋　湧（2019）「GIS を用いた地域研究における空間解析の事例紹介－浜名湖周辺の道路環状線と産業集積－」､愛知大学地域政策学ジャーナル､8 巻 1-2 号､175-178 頁

蒋　湧（2020）「政策研究と立案に必要な基礎データの整備－浜名湖周辺道路環状線と産業集積－」、愛知大学三遠南信地域連携研究センター紀要、第 6 号、84-85 頁

蒋　湧（2021）「政策研究と立案に必要な基礎データの整備－津波の災害リスクと道路環状線の実態に関する実証研究－」、愛知大学三遠南信地域連携研究センター紀要、第 7 号、103-106 頁

【道　路】
第9章

標高勾配付き道路トポロジーデータの構築

KEYWORDS

研究内容	道路交通事故の数値解析、道路トポロジー、道路沿線の標高勾配
システム環境	PostgreSQL12、PostGIS3.0、QGIS3.16
主なデータ	道路データセット、基盤地図情報、数値標高モデル5m、道路交通事故調査データ
分析手法	空間データベースとデータ構造の構築、空間トポロジーの構築、標高ベクタデータのラスタ変換、ベクタデータとラスタデータの空間参照

9.1　はじめに

道路とは、人や車が通過するために整備された通路を指す（広辞苑）。道路には地域の交通機能のみならず、都市の空間機能や市街地形成機能など、表9-1に示したような複数の機能を担うことで、多くの地域研究の対象になってきた。本章は、道路の通行機能に着目し、道路上の交通事故の数値解析に必要な道路データ構造とその実装方法を論じる。具体的には、道路間をつなぐ、道路沿線の標高勾配と道路周辺の交通事故を含め、複数の関連データを空間データベースに統合し、GIS（地理情報システム）の解析に適する道路データ構造の構築方法を提示する。

道路データとは、道路の位置、形状と属性、3つの基本要素を備えたデータセットを指す。例えば、

表9-1　都市道路の機能

機能の区分			内　容
①交通機能		通行機能	人や物資の移動の通行空間としての機能
		沿道利用機能	沿道の土地利用のための出入、自動車の駐停車、貨物の積み降ろし等の沿道サービス機能
②空間機能	都市環境機能		景観、日照、相隣等の都市環境保全のための機能
	都市防災機能	避難・救援機能	災害発生時の避難通路や救援活動のための通路としての機能
		災害防止機能	火災等の拡大を遅延・防止するための空間機能
	収容空間	公共交通機関の導入空間機能	地下鉄、都市モノレール、新交通システム、路面電車、バス等の公共交通機関の導入のための空間
		供給処理・通信情報施設の空間	上水道、下水道、ガス、電気、電話、CATV、都市廃棄物処理管路等の都市における供給処理及び通信情報施設のための空間
		道路付属物のための空間	電話ボックス、電柱、交通信号、案内板、ストリートファニチャー等のための空間
③市街地形成機能		都市構造・土地利用の誘導形成	都市の骨格として都市の主軸を形成するとともに、その発展方向や土地利用の方向を規定する
		街区形成機能	一定規模の宅地を区画する街区形成
		生活空間	人々が集い、遊び、語らう日常生活のコミュニティ空間

（出典：実務者のための新都市計画マニュアル）

国土交通省の「国土数値情報」に公開されている道路データにおいて（図 9-1）、「場所：GM_Curve」には道路の位置と形状の情報があり、それによって道路が地図上に描ける。また、「道路種別」と「路線名」などは道路の属性としてデータセットに付与されている。

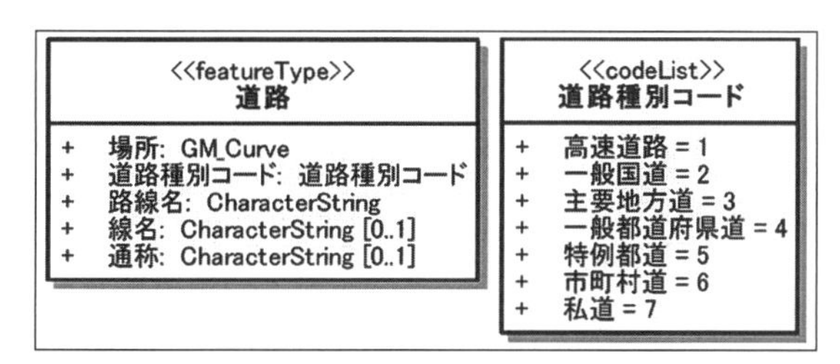

図 9-1　道路のデータ構造（出典：国土数値情報）

道路の基本要素だけで構成された道路データを道路の基礎データと呼ぶ。通常、国土数値情報などから入手した道路の基礎データをベースに、研究に必要な情報をデータ属性に追加するとともに、自らの研究に特化したデータ構造を設け、実装することが必要になる。本稿は、道路交通事故の数値解析を目的とし、①道路をつなぐ属性、②道路沿線の標高情報、③研究対象の事故個票情報、3 つの要素を入れた道路データ構造を設け、その実装について解説する。本稿では、名古屋市中心部を対象に、表 9-2 のデータと QGIS ＋ PostgreSQL の環境を用いて、道路データ構造を実装する。

図 9-2 は本章第 2 節以降の内容を示す。第 9 章 2 節には、まず、PostGIS Topology を用いて、道路基礎データのジオメトリ geom の情報から空間トポロジーデータを構築する方法を説明する。次に、道路基礎データが持つ道路類別属性を作成したトポロジーデータへ追加する。第 9 章 3 節は、5m 間隔の数値標高ベクタデータをラスタ形式に変換し、その標高ラスト情報をトポロジーのノートデータへ付与する方法を解説する。第 9 章 4 節は、道路周辺で発

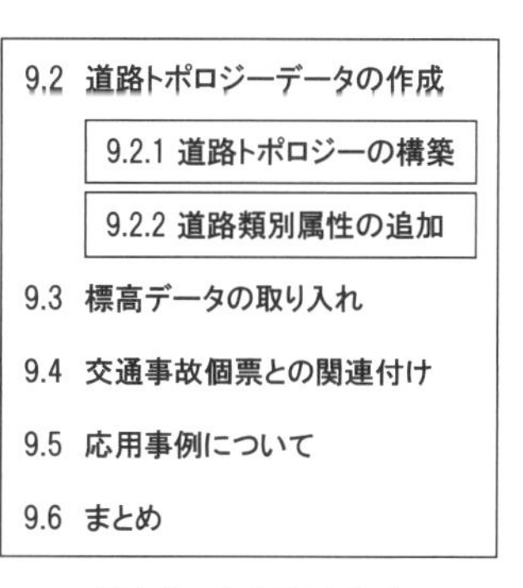

図 9-2　主な研究内容

生する事故のデータを最寄りの道路と関連付ける方法を解説する。最後の第 9 章 5 節では、構築した道路データ構造を用いた交通事故分析の応用事例を紹介する。

9.2　道路トポロジーデータの作成

本研究は、ESRI ジャパン社が提供する ArcGIS Geo Suite 詳細図 2020 の道路基礎データを利用する。ArcGIS Geo Suite の道路データには、道路（road）と細道（nroad）の 2 種類のデータがあり、筆者はそれらを 1 つの道路データセットにまとめ、図 9-3 のようなデータベース構造を実装した。テーブル stb_network_data には、識別子 id、ジオメトリカラム

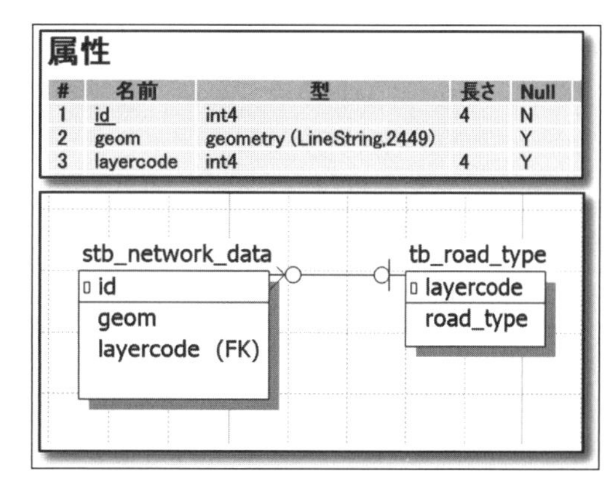

図 9-3　道路基礎データの属性と構造

表 9-2　使用する主なデータ

No	データ	出典
1	道路データ	ArcGIS Geo Suite 詳細図 2020、ESRI ジャパン
2	標高データ	国土交通省、基盤地図情報、数値標高モデル 5m
3	2009 年愛知県交通事故個票	愛知県警察本部

表 9-3　道路の類別（tb_road_type）

layercode	road_type	layercode	road_type
1	高速自動車国道	22	一般都道府県道（有料区間）
2	高速自動車国道（トンネル区間）	25	主要一般道
5	都市高速道路	26	主要一般道（トンネル区間）
6	都市高速道路（トンネル区間）	27	主要一般道（有料区間）
9	一般国道	30	一般道路
10	一般国道（トンネル区間）	31	一般道路（トンネル区間）
11	一般国道（有料区間）	32	一般道路（有料区間）
14	主要地方道	35	細道路
15	主要地方道（トンネル区間）	36	細道路（トンネル区間）
16	主要地方道（有料区間）	42	フェリー航
20	一般都道府県道	43	その他道路
21	一般都道府県道（トンネル区間）		

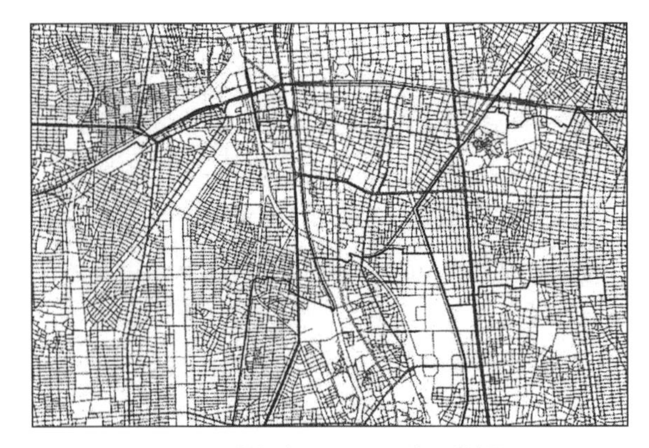

図 9-4　道路データのマッピング結果

geom と道路類別の識別子 layercode、3 つの属性を持ち、道路の類別はテーブル tb_road_type を参照している。

表 9-3 は、テーブル tb_road_type にある道路の類別を示し、図 9-4 は道路基礎データのマッピング結果を示す。

9.2.1　道路トポロジーの構築

通常、道路上の交通事故は、人々が何らかの目的で、出発地点から到達終点までの道路を通過する（自動車走行、あるいは徒歩）際に生じる。その通過する道路を「経路」と呼ぶ。経路は、利用者の目的（通勤、買い物など）と目標（始点・終点）などにより現れ、経路上の道路の性質（形状、車線、幅員など）や交通事情（交通量、走行速度）などは事故発生の原因になる。従って、経路は事故原因の解明に研究すべき空間対象である。経路とは、一般的に経由した複数道路を指す。経路の基本情報として、道路と道路をつなぐ、つまり、前の道路の終点と次の道路の始点をつなぐ情報は欠かせない。しかし、図 9-3 に示した道路基礎データ stb_network_data の 3 つの属性には、経路に関わる情報はない。道路のジオメトリ情報 geom に、道路をつなぐ情報を加えると、道路のトポロジーデータになる。次は、テーブル stb_network_data にトポロジー情報を加える実装方法の概要を解説するが、詳細については次のように参照できる【☞ 8.2「空間データベースの整備」～ 8.4「空間トポロジーの実装」】。

本研究は、データベース PostgreSQL の PostGIS を用いたトポロジーを構築する。図 9-5 はトポロジー関連のデータベース構造を示す。トポロジーの実装は、図 9-5 と図 9-6 に示した 4 つのステップを踏んで行われる。ステップ 1 は、PostgreSQL の拡張 Extensions に postgis_topology の拡張パッケージを追加する。それを行うと Schemas に topology というトポロジー管理のスキーマが現れる。次のステップでは、SQL 構文で本研究専用のトポロジースキーマ my_road_topology を新規作成する。ステップ 3 においては、SQL 構文でテーブル stb_network_data にトポロジーカラム topogeom を新規作成する（図 9-6 の下図）。最後のステップは「データ移入」である。ジオメトリ geom の道路位置情報を、道路をつなぐ情報へ変換し、その結果を新規の topogeom に書き込む。「データ移入」作業は、PostGIS の SQL 構文

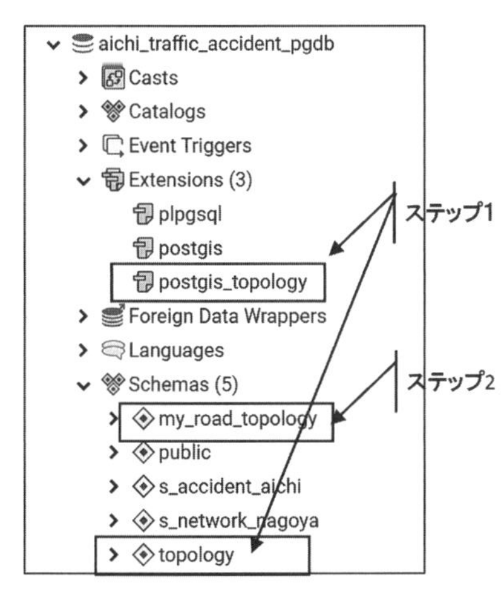

図 9-5　トポロジーのデータベース構造

	id	geom	layercode
1	1	LINESTRING	30
2	2	LINESTRING	30
3	3	LINESTRING	30
4	4	LINESTRING	30
5	5	LINESTRING	30
6	6	LINESTRING	30

ステップ3

	id	geom	layercode	topogeom
1	1	LINESTRING	30	(1,1,1,2)
2	2	LINESTRING	30	(1,1,2,2)
3	3	LINESTRING	30	(1,1,3,2)
4	4	LINESTRING	30	(1,1,4,2)
5	5	LINESTRING	30	(1,1,5,2)
6	6	LINESTRING	30	(1,1,6,2)

ステップ4

図 9-6　データ移入前後の属性表

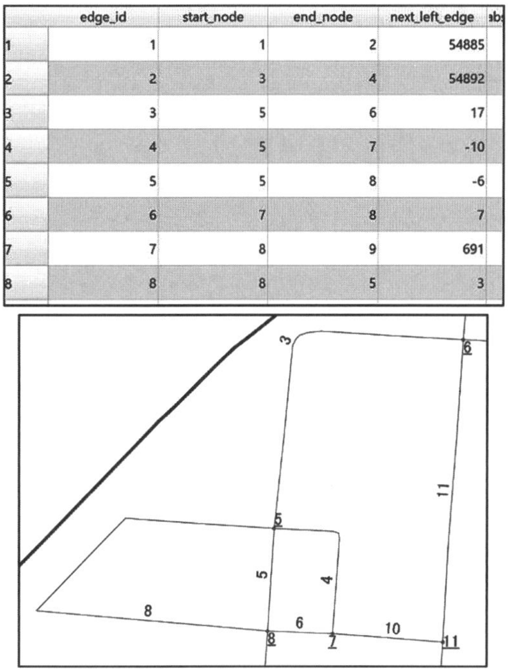

で実行される。

図 9-6 に示したように、道路基本データはジオメトリ geom の空間位置情報だけが存在しているが（図 9-6 の上図）、トポロジー加えることで topogeom の接続情報が加えられる（図 9-6 の下図）。トポロジー下構築の主な結果は my_road_topology スキーマに格納されている（図 9-7）。テーブル edge は道路セグメント、node は道路セグメント間の接点、face は近隣の道路セグメントで囲まれるポリゴンを指す。テーブル edge_data には、接点

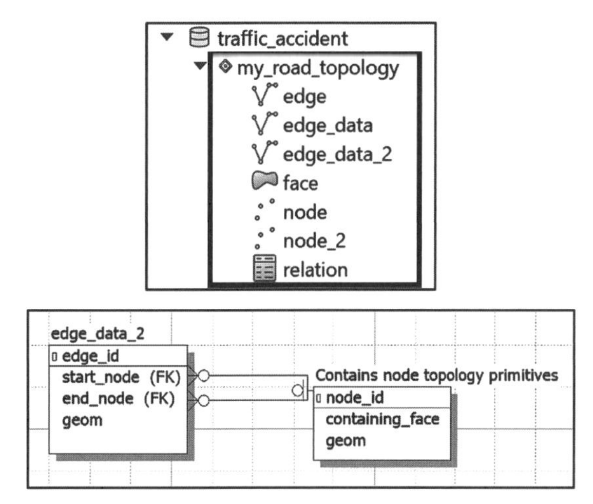

図 9-7　edge と node の関連

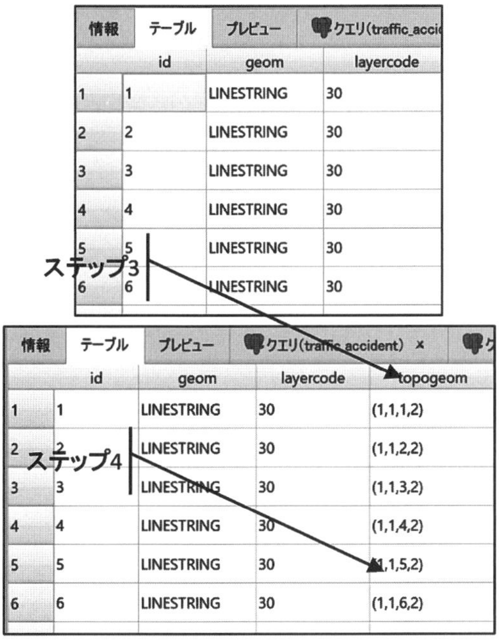

	edge_id	start_node	end_node	next_left_edge
1	1	1	2	54885
2	2	3	4	54892
3	3	5	6	17
4	4	5	7	-10
5	5	5	8	-6
6	6	7	8	7
7	7	8	9	691
8	8	8	5	3

図 9-8　edge と node による道路の接続情報

node を経由した接続情報と face により隣接情報が記述されているが、筆者は edge_data から接続情報だけを抽出し、新たに edge_data_2 を作成した（図 9-7 の下図）。

図 9-8 は接続情報の実例を示す。例えば edge_id 3 の start_node と end_node は、それぞれ 5 と 6（図 9-8 下図に下線を引く数値）。次の edge _id 4 は node 5 から node 7 へ、つまり、node 5 で edge_id 3 と edge 4_id がつながっている。図 9-9 は edge_data_2

図 9-9　edge_data_2 と node のマッピング結果

と node のマッピング結果を示す。

最後に、トポロジー構築に関する注意すべき 3 点を述べる。① start_node と end_node は単なる edge 端点の名称であり、有向 edge の意味ではない。② 現時点高架道路と交差する一般道路の対応はできないので、手動で修正する必要がある。③ PC の計算負荷が大きい。本研究は名古屋市を対象にしているが、道路基礎データ stb_network_data には 66,462 件のデータがある。それをベースに構築した edge_data と node の行数は、それぞれ 113,980 と 69,333 件にのぼる。筆者は、Intel(R) Core(TM) i7-7820HQ CPU @ 2.90GHz、32GB メモリの PC で計算時間は約 1 時間 9 分を要した。

9.2.2　道路類別属性の追加

前節で完成した edge_data の属性には、本来道路基礎データ stb network data が持つ道路の類別 layercode はない。今後の分析に備え、次は PostGIS の SQL 構文で edge_data に layercode の属性を追加する。

【構文 9-1 と構文 9-2 の解説】

構文 9-1 は edge_data のラインに中間点を作成する。スキーマ my_road_topology から edge_data を選び（行 3)、その中から edge_id と geom を選択し、PostGIS の関数 ST_LineInterpolatePoint(geom, 0.50) を用いて edge_data の中間点を求める（行 1)。その結果を、edge_id の順番で（行 4)、新規テーブル stb_ edge_middle_point へ書き出す（行 2)。構文 9-2 は、edge_data の中間点と道路基礎データ stb_network_data の空間参照（over layer）で、edge_id と layercode の関連を抽出する。スキーマ my_road_topology から stb_ edge_middle_point、s_network_nagoya から stb_network_data を選択し、それぞれ a と b の別名で定義する（行 3)。次は、テーブル a と b が交差している条件で、つまり、関数 st_intersects(a.geom, b.geom) が成り立つ場合（行 4)、a からは edge_id を、b からは layercode を抽出し（行 1)、その結果を edge_id の順で並べ替え（行 5)、edge_data_2 に書き出す（行 2)。

図 9-10 は egde_data の中間点と道路基礎データ stb_network_data のオーバーレイの様子を示し、図 9-11 は道路トポロジーを含めた道路データ構造の

構文 9-1

```
1  select edge_id, ST_LineInterpolatePoint(geom, 0.50) as geom
2  into my_road_topology.stb_edge_middle_point
3  from my_road_topology.edge_data
4  order by edge_id
```

構文 9-2

```
1  select a.edge_id, start_node, end_node, geom, b.layercode
2  into my_road.topology.dege_data_2
3  from my_road_topology.stb_edge_middle_point a, s_network_nagoya.stb_network_data b
4  where st_intersects(a.geom, b.geom)
5  order by a.edge_id
```

拡張を示す。

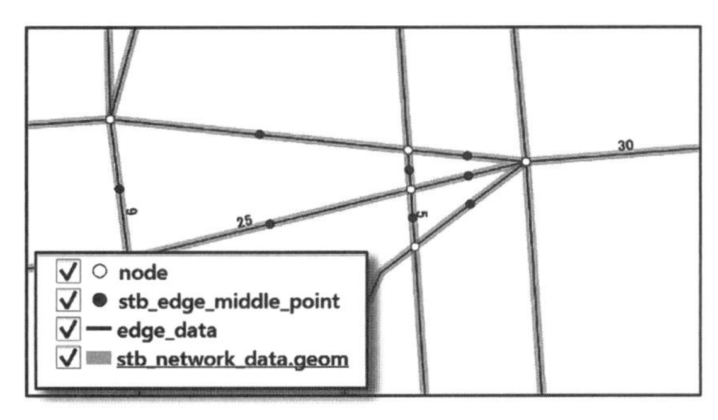

図 9-10　egde_data の中間点と stb_network_data のオーバーレイ

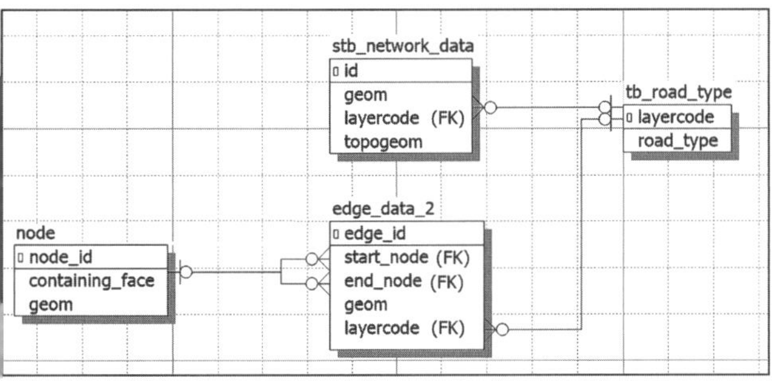

図 9-11　道路トポロジーを入れたデータ構造

9.3　標高データの取り入れ

道路交通事故と道路沿線の標高勾配の関連性を調べるために、道路データ構造に標高の情報を取り入れる。標高は、国土交通省の基盤地図情報サイトが公表されている数値標高モデル 5m のポイントデータを使用した（図 9-12 の左図）。計算負荷を考慮し、本稿は 4 つの 5 次メッシュ範囲のデータ（523666、523667、523656、523657）を取り入れ、5m 間隔の標高ポイント数は 12,572,400 に達した。それを QGIS の「ベクタのラスタ化（rasterize）」でラスタ形式へ変換した（図 9-12 の右図）。

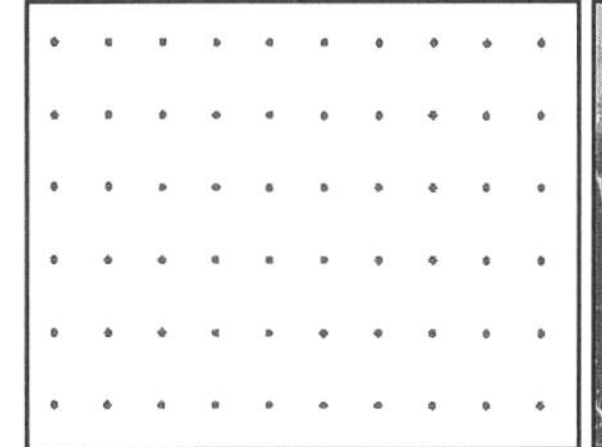
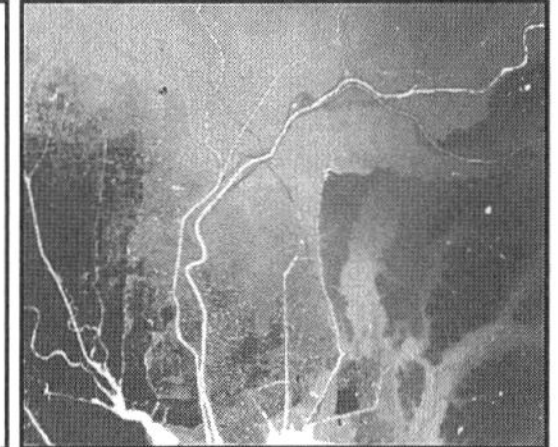

図 9-12　標高データ：左図 5m 間隔ポイント、右図ラスタ形式データ

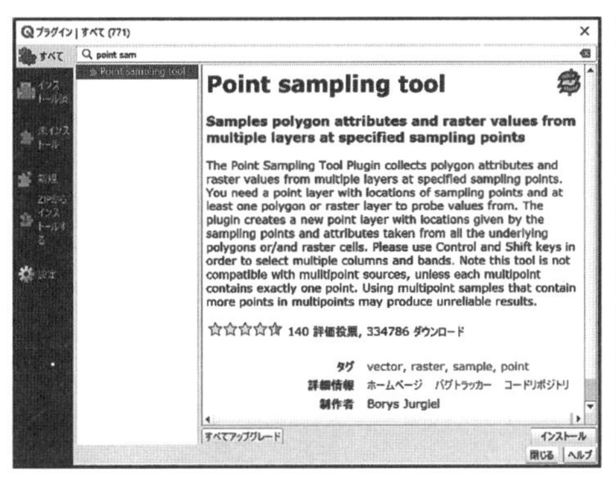

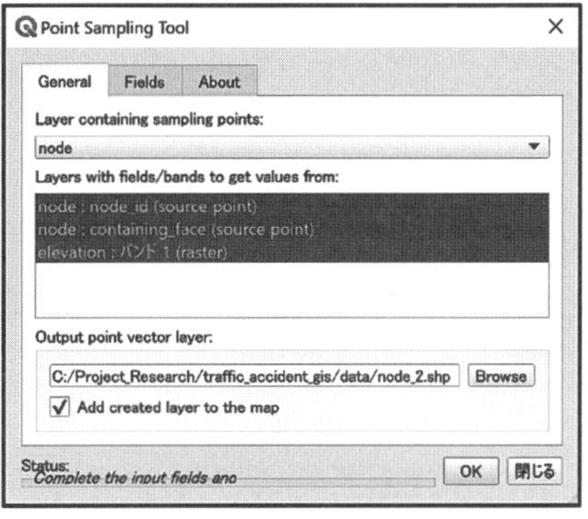

図 9-13　QGIS の Point sampling tool プラグインとその使い方

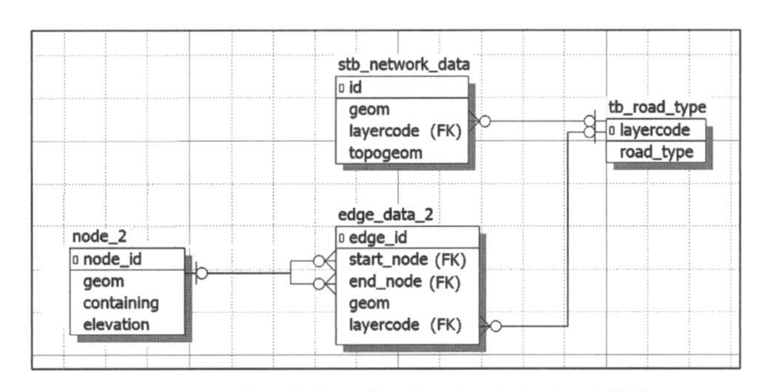

図 9-14　標高と道路トポロジーを入れたデータ構造

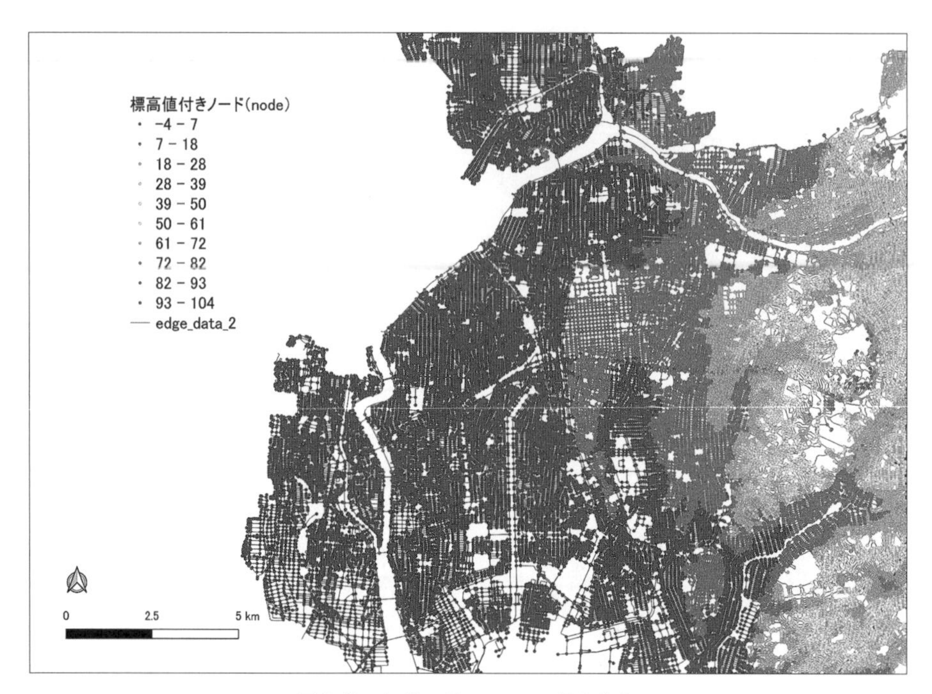

図 9-15　トポロジー node の標高分布

次に、QGIS のプラグインツール Point sampling tool（図 9-13 の左図）を使って、トポロジーの node データと標高のラスタデータ elevation をオーバーレイし、node ごとに標高データを取得する。その結果を node_2 に保存すると、図 9-14 の標高情報を取り入れたデータ構造に拡張した。

トポロジー node に標高値を入れることで、edge 両端点の標高値を用いて経路の標高勾配が計算できるようになった。図 9-15 はトポロジー node の標高値で描いた道路標高の分布図を示す。

情報　テーブル　プレビュー

	id	geom	police_office_code	acci_level	dead	injured_
1	1	POINT	143	3	0	0
2	2	POINT	143	3	0	0
3	3	POINT	116	3	0	0
4	4	POINT	116	3	0	0
5	5	POINT	263	3	0	0
6	6	POINT	263	3	0	0

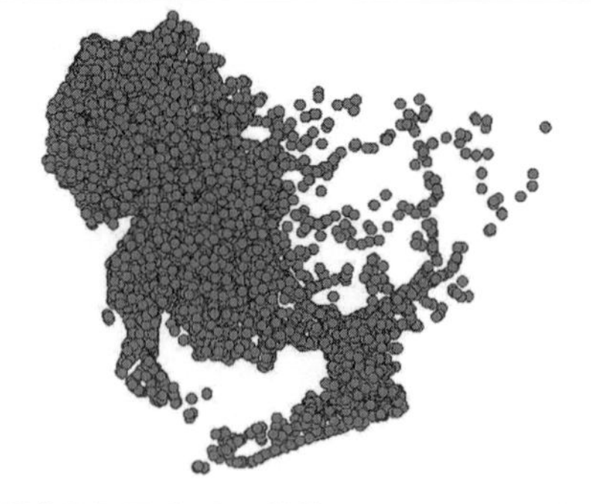

図 9-16　交通事故個票データの抜粋（上図）とその分布図（下図）

9.4　交通事故個票データとの関連付け

次は 2009 年愛知県道路交通事故の個票データを用いて、事故発生地点と道路 edge_data_2 の最短直線を求め、両者を関連付ける。図 9-16 は交通事故個票データ属性の抜粋（上図）とその分布地図を示す（下図）。愛知県の県警本部から入手した道路交通事故の個票には、事故発生地点の緯度経度をはじめ、事故に関する詳細な記録が類別ごとに記載されているが、本稿はデータ構造を示すために、その内容の一部を抜粋し、解説を行う。

次に、構文 9-3 と 9-4 を用いて、事故の発生地点と道路エッジ edge_data_2 を関連付ける。

構文 9-3

```
1  select a.id, b.edge_id, st_shortestline(a.geom, b.geom) as geom,
   st_length(st_shortestline(a.geom, b.geom)) as length
2  into s_network_nagoya.stb_accident_point_to_edge_5m_all
3  from s_network_nagoya.stb_accident_2009_nagoya a, my_road_topology.edge_data_2 b
4  where st_dwithin(a.geom, b.geom, 5)
5  order by a.id
```

構文 9-4

```
1  select a.id, a.edge_id, a.geom, a.length
2  into s_network_nagoya.stb_line_acci_to_edge_2009
3  from s_network_nagoya.stb_accident_point_to_edge_5m_all as a
4  inner join (select id, min(length) as min_length from
   s_network_nagoya.stb_accident_point_to_edge_5m_all group by id) as b
5  on a.id=b.id and a.length = b.min_length
6  order by a.id
```

【構文 9-3 と構文 9-4 の解説】

まず、構文 3 は道路 edge_data_2 周辺に 5m のバッファを発生させる。そのバッファ範囲内に含まれる事故発生地点（ポイント）と各々の道路 edge_data_2 の間の最短直線を求める。次の構文 4 は、前の結果から、事故発生地点にとって、最寄りの edge_data_2 との最短直線を抽出し、事故 id と最寄り edge_id を関連付ける。同じ計算を道路周辺 15m バッファまで拡大したところ、全ての事故 id と最寄りの edge_id に関連付けることになった。

構文 3 では、まず、交通事故データ stb_accident_2009_nagoya を a に、道路 edge_data_2 を b に定義する（行 3)。事故 a が道路 b 周辺 5m のバッファに含まれる条件の下で、つまり、関数 st_dwithin(a.geom, b.geom, 5) が成り立つの条件で（行 4)、事故 a の id、道路 edge_id、事故発生地と道路の間の最短直線 st_shortestline(a.geom, b.geom) とその長さを抽出する（行 1)。その結果を交通事故 id の順番に並び替え（行 5)、中間結果 stb_accident_point_to_edge_5m_all に格納する（行 2)。

構文 4 は、複合構文を持いて、stb_accident_point_to_edge_5m_all の中間結果から、各々の事故 id にとって最寄りの edge_id との最短直線を抽出する。行 1 と行 3 は stb_accident_point_to_edge_5m_all から全項目を抽出し、その結果を a とする。一方、行 4 の複合構文は、同じ中間結果から事故 id と事故 id ごとの直線長さの最小値を抽出し、その結果を b とする。行 5 の条件のもとで、行 1 の抽出を行い、その結果を事故 id の順に（行 6)、最終結果 stb_line_acci_to_edge_2009 に書き出す（行 2)。

図 9-17 は、構文 3 と構文 4 の実行結果を示し、図 9-18 はそれに伴う道路データ構造の拡張を示す。このデータ構造を用いて、交通事故を道路のトポロジー構造、沿線の標高勾配、道路の類別など多角的な視点から分析することが可能になる。

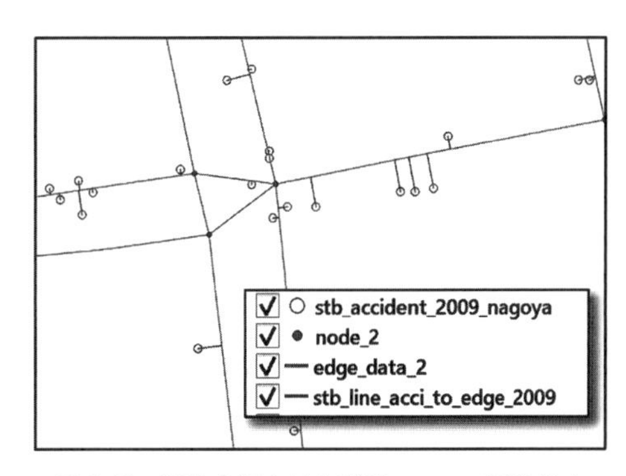

図 9-17　道路交通事故と道路 edge の関連付け

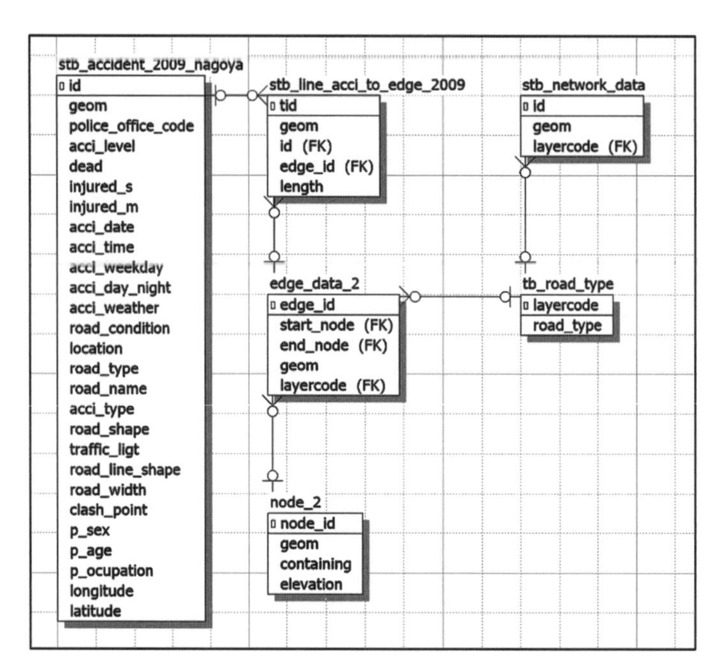

図 9-18　道路交通事故と道路 edge の関連付け

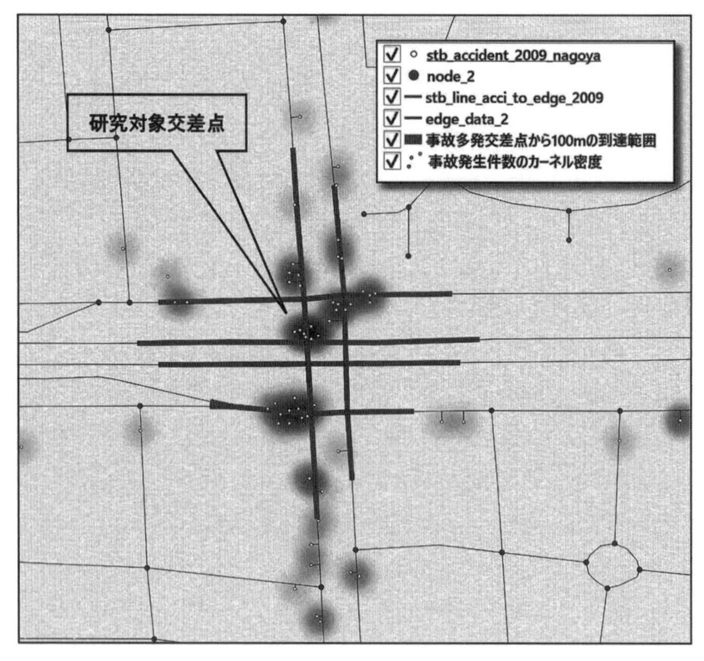

図 9-19　道路データ構造の応用事例

9.5　応用事例について

本節では、提示した道路のデータ構造を用いた研究事例を解説する。図 9-19 の背景には 2009 年交通事故の発生件数に基づいたカーネル密度の分布を表し、可視化された事故多発交差点から研究対象を特定する。また、研究対象の交差点から、QGIS のネットワーク解析のサービスエリアの機能を使って、対象交差点を通過し、100m 範囲で到達可能な経路を抽出することができる。これらの経路は事故分析の対象になる。このように提案した道路データ構造を利用し、道路の性質、標高勾配、事故の属性を含めた統合的な数値解析をすることができる。これまでの広範囲交通事故を対象に、メッシュ単位を用いた研究と比べ、本研究は経路を対象とし、道路データの空間トポロジー性質を活かしたより局部的な視点をもつことが特徴であると言えよう。

9.6　まとめ

本稿は、道路交通事故を解析するための道路データ構造を提案した。通常の道路基礎データとPostGIS Topology パッケージを使って、道路のジオメトリ geom 情報からトポロジー topogeom 情報を引き出すことができる。道路のトポロジーデータは、edge と node で構成され、node には道路沿線の標高値を付与させ、edge には周辺で発生した交通事故を関連付ける。提案した道路のデータ構造は、主に経路を対象とした交通事故の分析に使われる。例えば、通勤時間帯の主な通勤経路、主な産業集積地区間の物流経路、大型ショッピングセンターとそれをつなぐ周辺の経路、交通事故多発の交差点とそれをつなぐ周辺の経路など、様々な地域社会の視点から交通事故の特徴を分析することが考えられる。

また、提案された道路のデータ構造は、道路交通事故の研究に限らず、津波避難行動、障碍者車イスの走行ルート、競輪・ランニングの走るコースなどを含め、様々な研究分野への応用が期待される。

参考文献

蒋　湧（2022）「標高勾配付き道路トポロジーデータの構築」愛知大学「経営総合科学」115 号、1-17 頁

謝辞

本研究は、2020 年度愛知大学経営総合科学研究所の研究プロジェクト「人工知能と地理情報システムを用いた愛知県の死亡事故データ分析」の研究補助を受けた。

執筆者略歴〈執筆章〉

駒木 伸比古（こまき のぶひこ）〈第 1 章〉

1981 生まれ．筑波大学大学院生命環境科学研究科地球科学専攻修了．首都大学東京大学院都市環境科学研究科観光科学域特任助教を経て，現在愛知大学地域政策学部教授．博士（理学）．都市・商業地理学，空間分析などを専門とする．主な著書に『役に立つ地理学』（編著，2012 年，古今書院），『小商圏時代の流通システム』（分担執筆，2013 年，古今書院），『地域分析－データ入手・解析・評価』（共著，2013 年，古今書院），『まちづくりのための中心市街地活性化―イギリスと日本の実証研究』（分担執筆，2016 年，古今書院），『空き不動産問題から考える地方都市再生』（分担執筆，2021 年，ナカニシヤ出版）などがある．

飯塚 公藤（隆藤）（いいづか たかふさ）〈第 3 章〉

1980 年生まれ．立命館大学大学院文学研究科人文学専攻修了．愛知大学地域政策学部准教授を経て，現在近畿大学総合社会学部環境・まちづくり系専攻准教授．博士（文学）．歴史・文化地理学，地理情報科学，歴史 GIS などを専門とする．主な著書に『近代河川舟運の GIS 分析－淀川流域を中心に－』（単著，2020 年，古今書院），『日本あっちこっち－「データ＋地図」で読み解く地域の姿－』（共著，2021 年，清水書院），『京都まちかど遺産めぐり－なにげない風景から歴史を読み取る』（共編著，2014 年，ナカニシヤ出版），『京都の歴史 GIS』（分担執筆，2011 年，ナカニシヤ出版）などがある．

監修者略歴〈執筆章〉

蒋　湧（しょう ゆう）〈第 2 章，第 4 章～第 9 章〉

1955 年生まれ．筑波大学大学院社会工学研究科経営工学専攻修了。東京都立大学経済学部助教を経て，現在愛知大学地域政策学部教授。博士（経営工学）。応用数学，データ工学と GIS 空間解析などを専門とする。主な著書に『数値計算と経済データ分析』（単著，2003 年，学術図書出版社），『文系大学・短期大学の情報教育』（分担執筆，2003 年，学術図書出版社），『越境地域政策への視点』（分担執筆, 2014 年, 愛知大学三遠南信地域連携研究センター）などがある．

書　名	**地域研究のための空間データ分析　応用編**－QGIS と PostGIS を用いて－
コード	ISBN978-4-7722-5344-4 C3055
発行日	2022（令和 4）年 3 月 31 日　初版第 1 刷発行
編　者	**愛知大学三遠南信地域連携研究センター**
監修者	**蒋　湧**
	Copyright © 2022 Research Center for San-En-Nanshin Regional Collaboration, Aichi University
発行者	株式会社古今書院　橋本寿資
印刷所	株式会社太平印刷社
発行所	**株式会社古 今 書 院**
	〒 113-0021　東京都文京区本駒込 5-16-3
電　話	03-5834-2874
F A X	03-5834-2875
U R L	http://www.kokon.co.jp/
	検印省略・Printed in Japan